MikroComputer-Praxis

Die Teubner Buch- und Diskettenreihe für
Schule, Ausbildung, Beruf, Freizeit, Hobby

Becker/Beicher: **TURBO-PROLOG in Beispielen**
In Vorbereitung

Becker/Mehl: **Textverarbeitung mit Microsoft WORD**
2. Aufl. 279 Seiten. DM 29,80

Bielig-Schulz/Schulz: **3D-Grafik in PASCAL**
216 Seiten. DM 25,80

Buschlinger: **Softwareentwickiung mit UNIX**
277 Seiten. DM 38,—

Danckwerts/Vogel/Bovermann: **Elementare Methoden der Kombinatorik**
Abzählen — Aufzählen — Optimieren — mit Programmbeispielen in ELAN
206 Seiten. DM 24,80

Duenbostl/Oudin: **BASIC-Physikprogramme**
152 Seiten. DM 24,80

Duenbostl/Oudin/Baschy: **BASIC-Physikprogramme 2**
176 Seiten. DM 24,80

Erbs: **33 Spiele mit PASCAL**
. . . und wie man sie (auch in BASIC) programmiert
326 Seiten. DM 36,—

Erbs/Stolz: **Einführung in die Programmierung mit PASCAL**
3. Aufl. 240 Seiten. DM 25,80

Fischer: **COMAL in Beispielen**
208 Seiten. DM 24,80

Glaeser: **3D-Programmierung mit BASIC**
192 Seiten. DM 24,80

Grabowski: **Computer-Grafik mit dem Mikrocomputer**
215 Seiten. DM 25,80

Grabowski: **Textverarbeitung mit BASIC**
204 Seiten. DM 25,80

Haase/Stucky/Wegner: **Datenverarbeitung heute**
mit Einführung in BASIC
2. Aufl. 284 Seiten. DM 24,80

Hainer: **Numerik mit BASIC-Tischrechnern**
251 Seiten. DM 28,80

Hanus: **Problemlösen mit PROLOG**
2. Aufl. 224 Seiten. DM 25,80

Holland: **Problemlösen mit micro-PROLOG**
Eine Einführung mit ausgewählten Beispielen
aus der künstlichen Intelligenz
239 Seiten. DM 26,80

Hoppe/Löthe: **Problemlösen und Programmieren mit LOGO**
Ausgewählte Beispiele aus Mathematik und Informatik
168 Seiten. DM 24,80

Klingen/Liedtke: **ELAN in 100 Beispielen**
239 Seiten. DM 26,80

Fortsetzung auf der 3. Umschlagseite

MikroComputer–Praxis

Herausgegeben von
Dr. L. H. Klingen, Bonn, Prof. Dr. K. Menzel, Schwäbisch Gmünd
und Prof. Dr. W. Stucky, Karlsruhe

Problemlösen mit PROLOG

Von Michael Hanus, Dortmund

2., überarbeitete und erweiterte Auflage

B. G. Teubner Stuttgart 1987

CIP-Kurztitelaufnahme der Deutschen Bibliothek

Hanus, Michael:
Problemlösen mit PROLOG / von Michael
Hanus. – 2., überarb. u. erw. Aufl. –
Stuttgart : Teubner, 1987
  (MikroComputer-Praxis)
  ISBN 978-3-519-12541-9   ISBN 978-3-322-96761-9 (eBook)
  DOI 10.1007/978-3-322-96761-9

Gesamtherstellung: Beltz Offsetdruck, Hemsbach/Bergstraße
Umschlaggestaltung: M. Koch, Reutlingen

Vorwort

Die Programmiersprache Prolog ist zu Beginn der 70er Jahre von einer Forschungsgruppe für "Künstliche Intelligenz" in Marseille entwickelt worden und findet gerade in diesem Bereich seit einigen Jahren immer stärkere Verbreitung. Prolog ist aber keine Spezialsprache für Anwendungen in der "Künstlichen Intelligenz", sondern kann wegen des einfachen Aufbaus und der allgemeinen Anwendbarkeit auch Anfängern im Bereich der Computerprogrammierung als erste Sprache dienen.

"Prolog" steht für "**Programmieren in Logik**". In Prolog werden die logischen Zusammenhänge eines zu lösenden Problems beschrieben. Die Lösungsfindung ist dann Aufgabe des Computers. Dies ist der prinzipielle Unterschied zwischen Prolog und herkömmlichen Programmiersprachen wie BASIC, FORTRAN oder PASCAL. Bei diesen beschreibt der Programmierer, welche Aktionen ein Computer ausführen muß, um eine Lösung eines vorgegebenen Problems zu finden. Dagegen wird bei Prolog nur das zu lösende Problem formuliert.

Prolog ist eine Sprache zur Problembeschreibung, bei der es zunächst nicht notwendig ist zu wissen, wie ein Computer arbeitet. Wesentlich ist nur, die logischen Zusammenhänge eines vorgegebenen Problems zu erkennen. Prolog ist eine universelle Programmiersprache wie die anderen herkömmlichen Sprachen auch, und daher in vielen Bereichen einsetzbar. Sie ist aber besonders geeignet für Anwendungen, bei denen numerische Berechnungen nicht im Vordergrund stehen, wie z.B. bei Datenbanken, nicht-numerischer Mathematik, Verarbeitung natürlicher Sprache, Übersetzerbau und in Gebieten der "Künstlichen Intelligenz".

Dieses Buch gibt eine elementare Einführung in die Programmiersprache Prolog, deren theoretische Grundlagen und praktische Anwendungen. Es wendet sich an alle, die Prolog noch nicht kennen, insbesondere an Schüler der Sekundarstufe II und Studenten verschiedener Fachrichtungen. Die Leser dieses Buches brauchen keine Programmiersprache zu beherrschen. Zum Ausprobieren der praktischen Beispiele sollte aber der elementare Umgang mit einem Computer bekannt sein. (Wie werden Programme aufgerufen? Was sind Dateien?)

Für die Programmiersprache Prolog gibt es noch keine einheitliche Definition. Aus diesem Grund unterscheiden sich die verschiedenen Prolog-Systeme (Programme, die Prolog auf einem Computer verfügbar machen) voneinander. Jeder Hersteller hat in seinem Prolog-System leichte Abweichungen gegenüber anderen. Die in diesem Buch vorgestellte Sprache enthält nur die Teile, die in den meisten Prolog-Systemen zu finden sind. Daher können die angegebenen Beispiele auf den meisten Prolog-Systemen direkt nachvollzogen werden. Im Zweifelsfall sind genaue Informationen in den Beschreibungen der speziellen Prolog-Systeme zu finden. Grundsätzlich sollten die Beispiele und Übungsaufgaben in dem Buch auch praktisch ausprobiert werden, weil dies das Erlernen der Sprache vereinfacht.

Das erste Kapitel dieses Buches enthält einen oberflächlichen Überblick über Prolog. Eine systematische Einführung erfolgt in den darauf folgenden Kapiteln. Im zweiten Kapitel werden die Objekte, mit denen man in Prolog überhaupt arbeiten kann, eingeführt. In Kapitel 3 wird gezeigt, wie das Wissen über solche Objekte in Form von Fakten und Regeln formuliert und wie Aussagen aufgrund dieses Wissens bewiesen werden können. Dabei wird der für Prolog wichtige Begriff der "Unifikation" erläutert und die Bedeutung von Variablen in Prolog hervorgehoben. Kapitel 4 enthält Beispiele aus verschiedenen Bereichen und zeigt dabei grundlegende Lösungstechniken in Prolog auf.

Nach Durcharbeiten der ersten vier Kapitel kann der Leser den Sinn vieler Prolog-Programme intuitiv verstehen; um aber in Zweifelsfällen die genaue Bedeutung von Prolog-Programmen und eventuell auftretende Probleme zu überblicken, werden in Kapitel 5 logische Programme und deren genaue Semantik eingeführt und dieses Konzept mit Prolog verglichen. Will der Leser selbst größere Programme in Prolog schreiben, dann muß er wissen, wie der Computer die Lösung der in Prolog formulierten Probleme findet. Diese Lösungssuche wird aus konzeptioneller Sicht in Kapitel 5 definiert und in Kapitel 6 praktisch erläutert. Zur Lösung vieler praktischer Probleme werden Möglichkeiten benötigt, um z.B. Werte auszugeben und einzulesen, Berechnungen durchzuführen und ähnliches. Welche Möglichkeiten in den üblichen Prolog-Systemen zur Verfügung stehen, wird ebenfalls in Kapitel 6 einführend erläutert und in Kapitel 7 genau definiert.

Kapitel 8 beschäftigt sich mit der Frage, wie Prolog-Programme aufgebaut sein sollten, damit auch größere Probleme erfolgreich gelöst werden können. Außerdem werden typische Fehler bei der Erstellung von Prolog-Programmen aufgelistet und Möglichkeiten angegeben, bei einem nicht korrekten Prolog-Programm Fehler zu finden.

In Kapitel 9 wird eine Erweiterung von Prolog vorgestellt, mit deren Hilfe es möglich ist, Probleme im Zusammenhang mit der Analyse und Verarbeitung von Sprachen zu lösen.

In Kapitel 10 folgen Beispiele, Hinweise und Anregungen für die Bearbeitung größerer Projekte mit Prolog. Im Anhang dieses Buches befindet sich u.a. eine Übersicht über die in dem Buch vorkommenden Prolog-Programme und Hinweise zur Benutzung konkreter Prolog-Systeme.

Zum Abschluß jedes Kapitels sind Übungsaufgaben angegeben, mit denen der Leser seinen eigenen Wissensstand prüfen kann. Die Lösungen zu einigen ausgewählten Aufgaben befinden sich am Ende des Buches.

In der vorliegenden 2. Auflage dieses Buches ist in Kapitel 10 ein größeres Anwendungsbeispiel aufgenommen worden, um die Entwicklung umfangreicher Prolog-Programme zu demonstrieren. In diesem Buch werden grundsätzlich im Text definierte Begriffe durch Fettdruck hervorgehoben. Prolog-Programmtexte oder Teile davon werden entweder in separaten Zeilen eingerückt notiert oder im laufenden Text in `dieser Schriftart` gedruckt (z.B. `atom(a)`). Bei abgedruckten Dialogen mit dem Prolog-System sind die Eingaben des Benutzers in der Regel *kursiv* notiert, während die Ausgaben des Prolog-Systems `normal` gedruckt sind.

Zum Schluß möchte ich allen danken, die durch ihre Mithilfe und zahlreichen Diskussionen zur Entstehung dieses Buches beigetragen haben. Erwähnen möchte ich an dieser Stelle Prof. Volker Claus, Prof. Harald Ganzinger, Ludger Frese, Birgit Femmer, Andreas Kulik und Mechthild Thölking. Mein ganz besonderer Dank gilt Ute Willingmann.

Dortmund, Juli 1987   Michael Hanus

Inhalt:

1. Einleitung und Überblick

Prolog ist eine Programmiersprache, die wegen ihrer einfachen und zugleich mächtigen Konzepte sowohl für Anfänger als auch für Fortgeschrittene geeignet ist. Insbesondere durch die Tatsache, daß man bei einfachen Anwendungen (im Gegensatz zu anderen Programmiersprachen) nur sehr wenig über Aufbau und Arbeitsweise eines Computers wissen muß, wird der Zugang zum Problemlösen mit Hilfe von Computern durch Prolog erleichtert. Man muß sich aber auch bei Prolog darüber klar sein, welche Aufgaben ein Computer prinzipiell lösen kann. Daher führen wir zunächst die für Prolog relevante Sichtweise von Computern ein. Anhand eines Beispiels werden wir dann sehen, wie bestimmte Aufgaben mit der Sprache Prolog gelöst werden können. Da dieses Kapitel nur eine Einführung in das Programmieren mit Prolog sein soll, wird die Sprache sehr kurz vorgestellt. Eine ausführlichere Einführung in die Konzepte der Sprache folgt in den darauffolgenden Kapiteln. Am Ende dieses Kapitels werden noch einige grundsätzliche Anmerkungen zur Methode des Problemlösens mit Prolog gemacht. Sie wenden sich hauptsächlich an Leser, die schon Erfahrungen mit anderen Programmiersprachen wie z.B. BASIC, FORTRAN oder PASCAL haben.

1.1. Der Computer als regelbasiertes System

Computer sind (recht komplizierte) Maschinen, die sich von den herkömmlichen in einer bestimmten Weise unterscheiden. In diesem Kapitel werden wir diesen Unterschied erläutern und unsere spezielle Sichtweise von Computern einführen.

Als Beispiel für eine gewöhnliche Maschine betrachten wir ein Auto: Der Fahrer eines Autos betätigt die Bedienungselemente (Zündschlüssel, Gaspedal, Bremse etc.) und das Auto reagiert darauf in einer genau festgelegten Weise. Wir sagen auch: Das *Ein-/Ausgabeverhalten* des Autos ist vorgegeben und nicht veränderbar, denn die eingegebenen Informationen (Antworten auf Fragen wie: "Wie weit ist das Gaspedal durchgetreten?", "Welcher Gang ist eingelegt?") bewirken ein exakt definiertes Ausgabeverhalten (Fortbewegung mit einer bestimmten Geschwindigkeit). Das *unterscheidende Merkmal des Computers* zu herkömmlichen Maschinen liegt darin, daß das Ein-/Ausgabeverhalten nicht fixiert, sondern veränderbar ist: Der gleiche Computer kann dazu benutzt werden, Rechenaufgaben zu lösen, Briefe oder längere Texte zu schreiben oder er kann auch die gesamte Buchhaltung einer Firma verwalten. Bei Benutzung herkömmlicher Technologie müßte für jede dieser Aufgaben eine eigene Maschine konstruiert werden. Bei Computern ist dies nicht notwendig, weil Computer *universell verwendbare Maschinen* sind.

Das Ein-/Ausgabeverhalten von Computern wird durch *Regeln* festgelegt, wie die eingegebenen Informationen zu verarbeiten sind und welche Ausgaben erfolgen sollen. Diese Regeln sind austauschbar, wodurch die *Universalität des Computers* erreicht wird. Beim Umgang mit Computern muß man sich einer Tatsache immer bewußt sein: *Ein Computer ist dumm:* Jede Regel, wie Informationen zu verarbeiten sind, muß ihm mitgeteilt werden. Er kann auch nicht beurteilen, ob die eingegebenen Regeln irgendeinen Sinn haben. Geben wir ihm falsche Regeln ein, so erhalten wir auch falsche Ergebnisse. Diese Tatsache wird häufig dadurch verdeckt, daß ein Computer, wenn wir ihn sehen, schon viele Regeln besitzt, die ihm vorschreiben, wie er neue Informationen zu verarbeiten hat.

Betrachten wir z.B. einen Computer zum Lösen von Rechenaufgaben: Er besitzt schon Regeln, wie er auf bestimmte Eingaben zu reagieren hat: Gibt man ihm "3+8=" ein, so schreiben ihm seine Regeln vor, daß er "11" ausgeben soll. Gibt man ihm dagegen die einfache Frage "Wie ist das Wetter heute?" ein, so wird er mit der Meldung antworten, daß er mit der Eingabe nichts anfangen kann, weil ihm für die Frage keine Verarbeitungsregeln bekannt sind.

Zum Verständnis der Sprache Prolog müssen wir uns bewußt sein, daß ein Computer seine Antworten *nur auf der Basis der eingegebenen Regeln* finden kann. Geben wir ihm keine Regeln ein, so kann er auf keine Frage eine Antwort geben. Die Sprache Prolog basiert auf der Grundidee, daß die Tatsachen und Regeln, die über ein bestimmtes Problem bekannt sind, dem Computer mitgeteilt werden, und der Computer versucht dann, mit Hilfe dieser Regeln das Problem zu lösen. Wie solche Regeln eingegeben werden, sehen wir an einem Beispiel im nächsten Kapitel.

1.2. Die Grundelemente von Prolog

Dieses Kapitel dient zur Erklärung grundlegender Begriffe von Prolog und soll eine grobe Vorstellung darüber vermitteln, wie man mit Hilfe eines Computers, der die Sprache Prolog versteht, Probleme lösen kann. Wir werden die wichtigsten Elemente kennenlernen, aus denen jedes Prolog-Programm zusammengesetzt ist. Hier ist noch keine vollständige Beschreibung von Prolog angegeben, sondern die hier gemachten Aussagen werden später verallgemeinert. Die in diesem Kapitel angegebenen Beispiele sind jedoch so gewählt, daß jeder, der Zugang zu einem Computer mit der Sprache Prolog hat, diese selbst ausprobieren kann. Allerdings ist zu bemerken, daß es noch keinen Standard für die Sprache Prolog gibt, sondern es kann vorkommen, daß verschiedene Computer unterschiedliche Dialekte der Sprache verstehen. In diesem Buch wird ein Dialekt vorgestellt, der schon auf vielen Computertypen eingesetzt wird und somit fast als Standard-Prolog bezeichnet werden kann. Trotzdem wird es in einigen Fällen notwendig sein, die genaue Dokumentation des Prolog-Systems auf dem jeweiligen Computer zu studieren. Im Anhang sind zur Hilfestellung einige Hinweise zur Benutzung von Prolog-Systemen angegeben.

Als Beispiel betrachten wir in diesem Kapitel Personen und ihre verwandtschaftlichen Beziehungen untereinander. Unser Ziel ist es, Fragen zu beantworten wie "Wer ist der Großvater der Person X?" oder "Welche Tanten hat die Person Y?". Dazu müssen wir uns zunächst überlegen, welche Informationen wir zur Beantwortung solcher Fragen benötigen. Am einfachsten wäre es, wenn wir zu jeder Person sämtliche Verwandten aufschreiben würden. Dies würde bedeuten, daß wir zu jeder Person die Eltern, sämtliche Geschwister, Tanten, Onkel, Großväter usw. notieren. Der Vorteil wäre, daß wir Fragen der obigen Form sehr schnell beantworten könnten. Die Nachteile dieser Methode sind aber schwerwiegend: Wenn zwei Personen heiraten, ergeben sich viele neue Verwandtschaftsbeziehungen und wir müssen an vielen Stellen unsere Verwandtschaftslisten ergänzen. Möchte jemand Beziehungen wissen, die wir noch nicht notiert haben ("Welche Cousinen hat die Person X?", "Welche Enkel hat die Person Y?"), dann nützen uns die Verwandtschaftslisten nicht sehr viel: Wir müßten sie ganz überarbeiten.

Zur Umgehung dieser Probleme überlegen wir uns zunächst, wie wir die Verwandtschaftslisten erstellen: Wenn wir alle Tanten einer Person aufschreiben wollen, müssen wir wissen, was überhaupt "Tanten" sind. Befassen wir uns mit einer konkreten Familie, dann können wir beispielsweise sagen: `theresia` heißt Tante von `maria`, wenn `theresia` eine Schwester des Vaters oder der Mutter von `maria` ist. Den Begriff der "Schwester" können wir wiederum zurückführen auf den Begriff der "Mutter": So heißt `theresia` Schwester von `anton`, wenn beide die gleiche Mutter haben. Wenn wir auf diese Weise auch die anderen Verwandtschaftsbeziehungen analysieren, dann erkennen wir, daß zur

Beantwortung von Fragen zu Verwandtschaftsbeziehungen nur folgende Tatsachen benötigt werden:

1. Ist eine Person männlich oder weiblich?

2. Welche Frau ist mit welchem Mann verheiratet?

3. Wer ist die Mutter einer Person?

In der nachfolgenden Skizze ist ein Ausschnitt aus einem Familienstammbaum wiedergegeben. Waagerechte Linien bedeuten, daß diese Personen verheiratet sind, senkrechte und diagonale Linien verbinden Kinder und Mütter. In der Skizze ist nicht explizit gekennzeichnet, ob eine Person männlich oder weiblich ist, weil dies in dem gegebenen Familienstammbaum aus dem Vornamen ersichtlich ist.

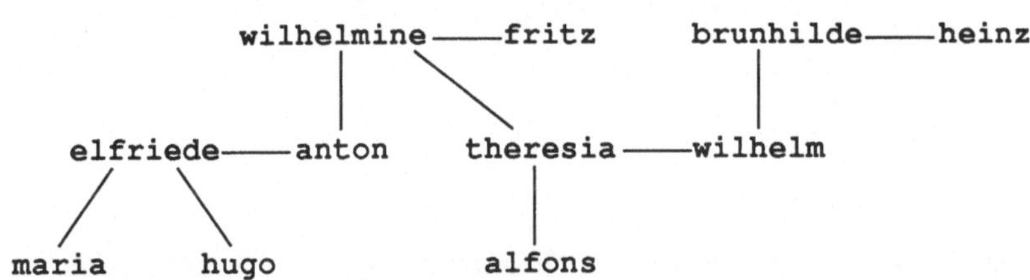

Aus diesem Diagramm können wir folgende Tatsachen ableiten (dabei gehen wir von idealisierten "normalen" Familienverhältnissen aus: Es gibt keine Scheidungen und auch keine unehelichen Kinder):

1. theresia ist Schwester von anton, weil sie die gleiche Mutter (wilhelmine) haben und theresia weiblich ist.

2. anton ist Vater von maria, weil er mit elfriede verheiratet und elfriede Mutter von maria ist.

3. theresia ist Tante von maria, weil theresia eine Schwester von anton (dem Vater von maria) ist.

Somit haben wir in drei Schritten anhand der unmittelbaren und abgeleiteten Verwandtschaftsbeziehungen gezeigt, daß theresia eine Tante von maria ist. Dies ist auch die Methode, mit der in Prolog Aufgaben gelöst werden: Wir geben dem Computer die bekannten Tatsachen ein und stellen eine Frage. Daraufhin versucht der Computer mit Hilfe der eingegebenen Sachverhalte eine Antwort auf diese Frage zu finden.

Bei der Eingabe der Tatsachen in den Computer ergibt sich ein Problem: Der Computer versteht leider keine umgangssprachlichen Sätze, sondern er verarbeitet nur Folgen von Zeichen, die nach genau festgelegten Mustern aufgebaut sind. Eine **Programmiersprache** legt fest, welche Muster zulässig sind. Eine Folge von Befehlen, Tatbeständen oder Regeln, die in einer Programmiersprache formuliert sind und die es einem Computer ermöglichen, ein bestimmtes Problem zu lösen, wird als **Programm** bezeichnet. Die Programmiersprache Prolog hat den Vorteil, daß sie sehr einfach aufgebaut ist. Wir wollen uns an dieser Stelle damit zufrieden geben, mit Beispielen die Struktur der Sprache Prolog zu zeigen.

In Prolog formulieren wir Tatsachen über das zu lösende Problem. Tatsachen sind Aussagen über *Objekte*, die als richtig angenommen werden. So ist die Tatsache "maria ist weiblich" eine Aussage über das Objekt `maria`. "theresia ist weiblich" ist eine ähnliche Aussage, jedoch diesmal über das Objekt `theresia`. Aussagen, die *Eigenschaften von Objekten* beschreiben, werden in Prolog wie folgt notiert: Zunächst muß der Name der Eigenschaft (hier: `weiblich`) angegeben werden, und direkt dahinter folgt in Klammern das Objekt, das diese Eigenschaft besitzt. In unserem Verwandtschaftsbeispiel können wir die Eigenschaften `weiblich` und `maennlich` wie folgt in Prolog aufschreiben (jede einzelne Tatsache muß durch einen Punkt und einen Zeilenvorschub abgeschlossen werden):

```
weiblich(wilhelmine).
weiblich(brunhilde).
weiblich(elfriede).
weiblich(theresia).
weiblich(maria).


maennlich(fritz).
maennlich(heinz).
maennlich(anton).
maennlich(wilhelm).
maennlich(hugo).
maennlich(alfons).
```

Tatsachen, die mehrere Objekte gleichzeitig betreffen, werden umgangssprachlich als "Beziehung" zwischen diesen Objekten bezeichnet. In Prolog schreiben wir solche *Beziehungen* genauso wie Eigenschaften einzelner Objekte auf: Die Tatsache, daß zwei Personen verheiratet sind, können wir in Prolog als Eigenschaft `verheiratet` notieren, wobei die beiden Personennamen - durch Komma getrennt - dahinter geschrieben werden (weil die Reihenfolge der Objekte wichtig ist, legen wir fest, daß die Ehefrau zuerst genannt wird). Somit können wir alle unmittelbaren Beziehungen in unserem Beispiel wie folgt in Prolog notieren:

```
verheiratet(wilhelmine,fritz).
verheiratet(brunhilde,heinz).
verheiratet(elfriede,anton).
verheiratet(theresia,wilhelm).

istMutterVon(wilhelmine,anton).
istMutterVon(wilhelmine,theresia).
istMutterVon(brunhilde,wilhelm).
istMutterVon(elfriede,maria).
istMutterVon(elfriede,hugo).
istMutterVon(theresia,alfons).
```

Damit sind dem Computer alle unmittelbaren Tatsachen unserer Verwandtschaft bekannt. Jedoch weiß er nicht, daß `anton` der Vater von `maria` ist, denn dazu müssen wir ihm erst eine *Regel* mitteilen, anhand der er diese Beziehung überprüfen kann (an dieser Stelle profitieren wir von den idealisierten Familienverhältnissen: Wir brauchen dem Computer nicht mitzuteilen, welchen Vater jedes Kind hat, sondern können dies aus den vorhandenen Tatsachen folgern). Umgangssprachlich ausgedrückt heißt `anton` Vater von `maria`, wenn zwei Aussagen richtig sind:

1. `anton` ist mit `elfriede` verheiratet.

2. `elfriede` ist die Mutter von `maria`.

Die Vater-Kind-Relation ist somit eine Schlußfolgerung:

> **Wenn** die zwei angegebenen Aussagen richtig sind, **dann** ist auch die Aussage über die Vater-Kind-Relation für die angegebenen Personen richtig.

Schlußfolgerungen werden in Prolog so notiert: Alle Voraussetzungen werden durch Komma getrennt aufgelistet und davor (durch `:-` getrennt) wird die neue Aussage aufgeschrieben. In unserem Beispiel sieht die Schlußfolgerung so aus:

```
istVaterVon(anton,maria) :-
        verheiratet(elfriede,anton), istMutterVon(elfriede,maria).
```

Entsprechend können wir, falls `theresia` und `anton` die gleiche Mutter haben und `theresia` weiblich ist, folgern, daß `theresia` eine Schwester von `anton` ist:

```
istSchwesterVon(theresia,anton) :-
        weiblich(theresia),
        istMutterVon(wilhelmine,theresia),
        istMutterVon(wilhelmine,anton).
```

Die oben erwähnte Schlußfolgerung, daß `theresia` eine Tante von `maria` ist, formulieren wir in Prolog wie folgt:

```
istTanteVon(theresia,maria) :-
        istSchwesterVon(theresia,anton), istVaterVon(anton,maria).
```

Wenn wir den Computer nun fragen, ob `theresia` wirklich eine Tante von `maria` ist, prüft er zunächst, ob ihm diese Eigenschaft unmittelbar bekannt ist. Da er hierfür aber nur eine Schlußfolgerung hat, muß er die Richtigkeit der Voraussetzungen überprüfen. Also muß er die Richtigkeit von

```
istSchwesterVon(theresia,anton)
```

und von

```
istVaterVon(anton,maria)
```

zeigen. Da dies ebenfalls nur durch Schlußfolgerungen zu zeigen ist, muß er dazu deren Voraussetzungen wieder prüfen usw. Erst wenn er alle Voraussetzungen als richtig bewiesen hat ("richtig" bedeutet, daß dem Computer diese als Tatsachen eingegeben wurden), kann er die gestellten Fragen positiv mit `yes` beantworten. Ist es ihm dagegen nicht möglich, aufgrund des eingegebenen Wissens die Richtigkeit einer gestellten Frage zu zeigen, antwortet er mit `no`. Mit dem Wissen, was wir bisher eingegeben haben, erhalten wir folgende Anworten (Fragen werden in Prolog durch ein Fragezeichen und einen Bindestrich am Anfang gekennzeichnet; die Eingaben des Benutzers in das Prolog-System sind kursiv geschrieben):

```
?- weiblich(elfriede).
yes
?- maennlich(maria).
no
```

```
?- istVaterVon(anton,maria).
yes
?- istVaterVon(anton,hugo).
no
```

Bemerkenswert ist die letzte Antwort: Obwohl `maria` und `hugo` dieselbe Mutter haben, kann der Computer bei `maria` nachweisen, daß `anton` der Vater ist, aber bei `hugo` nicht. Dies liegt daran, daß wir ihm im Falle von `maria` eine spezielle Schlußfolgerung mitgeteilt haben, aber nicht für `hugo`. Damit der Computer weiß, daß `anton` auch Vater von `hugo` ist, müssen wir ihm dafür folgende Schlußfolgerung eingeben:

```
istVaterVon(anton,hugo) :-
        verheiratet(elfriede,anton), istMutterVon(elfriede,hugo).
```

Weil diese Schlußfolgerung dem Computer zum Zeitpunkt der letzten Frage noch nicht bekannt war, hat er mit `no` geantwortet. Haben wir ihm diese zusätzliche Schlußfolgerung eingegeben, so erhalten wir nun eine andere Antwort:

```
?- istVaterVon(anton,hugo).
yes
```

Das soeben aufgetretene Problem hätten wir auch dadurch lösen können, daß wir dem Computer eine allgemeine Regel angeben, nach der er für beliebige Personen feststellen kann, ob sie in der Vater-Kind-Beziehung stehen. Darauf kommen wir später noch zurück.

Hiermit haben wir das *Grundprinzip des Problemlösens mit Prolog* kennengelernt: Zunächst teilen wir dem Computer unser bekanntes Wissen über ein Problem in Form von unmittelbaren Tatsachen und Schlußfolgerungen mit. Dann stellen wir eine Frage, deren Richtigkeit der Computer beweisen soll. Falls er es nicht kann, dann können wir ihm weiteres Wissen mitteilen. Prolog ist also eine *dialogorientierte Programmiersprache*: Probleme werden dadurch gelöst, daß wir dem Computer Fragen stellen und, falls der Computer sie nicht beantworten kann, wir ihm eventuell mehr Wissen über das Problem mitteilen. Die Problemlösung kann daher als *Dialog von Frage, Antwort und Wissensvermittlung* aufgefaßt werden. Aber Vorsicht: Im Gegensatz zu Dialogen mit Menschen müssen wir uns hier bewußt sein, daß wir es mit einem nicht-denkenden Dialogpartner zu tun haben. Der "Dialogpartner" Computer ist von unseren Eingaben (Wissen) abhängig!

"Rechnen" mit Prolog bedeutet *beweisen*, daß eine Aussage auf der Basis des vorhandenen Wissens richtig ist. Dies unterscheidet Prolog von vielen anderen Programmiersprachen. Aufgrund der bisherigen Beispiele ist noch nicht ersichtlich, worin die Stärke von Prolog begründet ist. Dies liegt daran, daß wir ein wichtiges Konzept noch nicht kennengelernt haben: Die Verwendung von unbestimmten Objekten.

Wir haben oben eine Schlußfolgerung angegeben, unter welchen Voraussetzungen `theresia` die Tante von `maria` ist. Dabei haben wir gleich die dritte beteiligte Person, nämlich den Vater, mit dem richtigen Namen eingesetzt. Wenn wir aber den Namen des Vaters von `maria` nicht kennen, müßten wir im Prinzip für jeden Namen eine Schlußfolgerung angeben:

```
istTanteVon(theresia,maria) :-
        istSchwesterVon(theresia,wilhelmine),
        istVaterVon(wilhelmine,maria).
istTanteVon(theresia,maria) :-
        istSchwesterVon(theresia,fritz), istVaterVon(fritz,maria).
istTanteVon(theresia,maria) :-
        istSchwesterVon(theresia,brunhilde),
        istVaterVon(brunhilde,maria).
istTanteVon(theresia,maria) :-
        istSchwesterVon(theresia,heinz), istVaterVon(heinz,maria).
 ...
```

Jede dieser Schlußfolgerungen repräsentiert eine in der Realität richtige Aussage. So besagt die erste umgangssprachlich:

> "Wenn `theresia` eine Schwester von `wilhelmine` und `wilhelmine` der Vater von `maria` ist, dann ist `theresia` eine Tante von `maria`."

Diese Aussage ist insgesamt gesehen richtig, auch wenn sie uns für das Auffinden neuer Tanten nichts nützt, weil eben `theresia` keine Schwester von `wilhelmine` ist. Andererseits ist dies der Sinn von Schlußfolgerungen: Um mit einer solchen etwas anzufangen, müssen zunächst die angegebenen Voraussetzungen geprüft werden. Sind diese wahr, dann erhalten wir eine neue wahre Aussage ("dann-Teil"). Falls eine der Voraussetzungen nicht wahr ist, nützt die Schlußfolgerung nichts. Aus diesem Grund kann man - wie in unserem Beispiel - meistens viel mehr Schlußfolgerungen angeben als konkret anwendbar sind.

Die einzelnen Schlußfolgerungen für die Aussage `istTanteVon(theresia,maria)` unterscheiden sich nur durch den Namen des (angenommenen) Vaters. Da es aber im Prinzip unendlich viele (nicht unbedingt sinnvolle) Namen gibt, müßten wir auch unendlich viele Schlußfolgerungen angeben, was aber in endlicher Zeit nicht möglich ist. Aus diesem Grund bietet Prolog die Möglichkeit, statt konkreter Objekte auch Variablen zu verwenden: Eine **Variable** ist ein Symbol, an dessen Stelle ein beliebiges konkretes Objekt eingesetzt werden kann. Als Bezeichner für Variablen können in Prolog Folgen von Buchstaben und Ziffern, die mit einem Großbuchstaben beginnen, verwendet werden. Aus diesem Grund wurden bisher alle Personennamen klein geschrieben, um sie nicht mit Variablennamen zu verwechseln. Wird das gleiche Variablensymbol (wir nennen es auch den **Namen** der Variablen) in einer Schlußfolgerung mehrfach verwendet, so darf an jeder Stelle auch nur das gleiche konkrete Objekt eingesetzt werden.

Durch Verwendung einer Variablen können wir in unserem Beispiel durch eine einzige Schlußfolgerung definieren, ob `theresia` eine Tante von `maria` ist, ohne den Namen des Vaters zu kennen:

```
istTanteVon(theresia,maria) :-
        istSchwesterVon(theresia,Vater), istVaterVon(Vater,maria).
```

Umgangssprachlich bedeutet diese Regel: "Diese Schlußfolgerung gilt für alle Objekte, die anstelle des Variablennamens `Vater` eingesetzt werden." Somit repräsentiert diese einzelne Regel logisch gesehen unendlich viele Schlußfolgerungen, wobei auch die oben aufgeführten vorkommen.

An dieser Stelle sei darauf hingewiesen, daß Variablennamen nur bestimmte Folgen von Zeichen sind, an deren Stelle Objekte eingesetzt werden können. Ansonsten haben sie keine Bedeutung. In der obigen Regel hätten wir statt `Vater` auch Namen wie `X`, `Y` oder `Mutter` (was aber den Leser nur verwirren würde) einsetzen können, ohne die Bedeutung zu ändern. Wichtig ist nur, daß an beiden Stellen in der Schlußfolgerung der gleiche Name verwendet wird!

Entsprechend können wir eine Schlußfolgerung für `istVaterVon(anton,hugo)` angeben, ohne den konkreten Namen der Mutter zu verwenden:

```
istVaterVon(anton,hugo) :-
      verheiratet(M,anton), istMutterVon(M,hugo).
```

Ersetzen wir in dieser Regel die konkreten Namen `anton` und `hugo` auch durch entsprechende Variablen, dann erhalten wir eine **allgemeine Regel für die Vater-Kind-Beziehung:**

```
istVaterVon(V,K) :- verheiratet(M,V), istMutterVon(M,K).
```

In Worten bedeutet diese Prolog-Regel:

"Eine Person `V` heißt Vater einer Person `K`, wenn `V` mit einer Person `M` verheiratet und `M` die Mutter von `K` ist."

Weil einzelne Buchstaben wie `M`, `V` oder `K` nicht sehr aussagekräftig sind, können wir diese Regel auch mit anderen Variablennamen notieren, ohne ihre Bedeutung zu verändern:

```
istVaterVon(Vater,Kind) :-
      verheiratet(Mutter,Vater), istMutterVon(Mutter,Kind).
```

Nun können wir in analoger Weise allgemeine Regeln für die Beziehungen `istSchwesterVon` und `istTanteVon` angeben:

```
istSchwesterVon(Schwester,Person) :-
      weiblich(Schwester),
      istMutterVon(Mutter,Schwester),
      istMutterVon(Mutter,Person).

istTanteVon(Tante,Person) :-
      istSchwesterVon(Tante,Vater), istVaterVon(Vater,Person).
istTanteVon(Tante,Person) :-
      istSchwesterVon(Tante,Mutter), istMutterVon(Mutter,Person).
```

Vielleicht ist dem Leser aufgefallen, daß durch diese Definition von Tanten nicht alle Personen erfaßt sind, die auch in Wirklichkeit als Tanten bezeichnet werden. Deswegen gibt es hierzu noch eine Übungsaufgabe am Ende des ersten Kapitels.

Wir können jetzt sehen, wie die Ausdruckskraft der Sprache Prolog durch Verwendung von Variablen gestiegen ist, weil jede Variable für unendlich viele Möglichkeiten steht. Wenn wir dem Computer *Fragen* stellen und in einer Frage Variablen benutzen, dann bedeutet dies: Es sollen alle Objekte ausgegeben werden, die die Antwort `yes` ergeben, wenn sie anstelle der Variablen eingesetzt werden. Zur Veranschaulichung dieses Konzepts wollen wir alle Frauen, die dem Computer bekannt sind (dies sind alle bisher eingegebenen weiblichen Personen), ausgeben lassen. Dazu stellen wir die Frage, ob eine Person weiblich ist und geben anstelle eines konkreten Namens eine Variable an:

```
?- weiblich(Person).
Person = wilhelmine
```

Der Computer antwortet statt mit `yes` oder `no` mit dem Wert `wilhelmine` für die angegebene Variable `Person`. Dies bedeutet folgendes: Wird der Wert `wilhelmine` anstelle der Variablen `Person` in der Frage eingesetzt, so würde er mit `yes` antworten. Wir sagen auch: Die Frage `weiblich(Person)` ist für die **Variablenbelegung** `Person = wilhelmine` *erfüllt*. Von der Richtigkeit der ausgegebenen Antwort können wir uns leicht überzeugen, in dem wir sie in die Frage einsetzen:

```
?- weiblich(wilhelmine).
yes
```

Wollen wir außer dem Wert `wilhelmine` auch noch alle anderen Werte für die Variable `Person` wissen, auf die der Computer mit `yes` antworten würde, so brauchen wir hinter der Ausgabe des Computers nur ein Semikolon einzugeben. Dies hat die Bedeutung: Gib eine andere Variablenbelegung aus, für die die Frage erfüllt ist. In unserem Beispiel erhalten wir folgende Antworten:

```
?- weiblich(Person).
Person = wilhelmine ;
Person = brunhilde ;
Person = elfriede ;
Person = theresia ;
Person = maria ;
no
```

Das letzte `no` bedeutet, daß der Computer keine weiteren Variablenbelegungen finden kann. Betrachten wir ein weiteres Beispiel: Wir möchten wissen, welche Kinder `elfriede` hat. Dazu können wir ausnutzen, daß der Computer weiß, welche Mütter zu welchen Kindern gehören, weil wir ihm ja entsprechende Fakten mit dem Namen `istMutterVon` eingegeben haben. Wenn wir also die Frage

```
?- istMutterVon(elfriede,Kind).
```

stellen, erhalten wir als Antwort alle Belegungen der Variablen `Kind`, für welche die Frage erfüllt ist. Mit anderen Worten: Als Ausgabe erhalten wir alle Kinder von `elfriede`:

```
?- istMutterVon(elfriede,Kind).
Kind = maria ;
Kind = hugo ;
no
```

Wir können auch mehr als eine Variable in den Fragen angeben: Wenn wir daran interessiert sind, welche Tanten zu welcher Person gehören, dann fragen wir nach der Beziehung `istTanteVon` und geben statt konkreter Objekte zwei Variablen an:

```
?- istTanteVon(Tante,Person).
Tante = theresia
Person = maria ;
Tante = theresia
Person = hugo ;
Tante = theresia
Person = alfons ;
no
```

Die ersten beiden Antworten sind korrekt, aber die letzte Antwort stimmt mit der Realität nicht überein: `theresia` ist die Mutter, aber nicht die Tante von `alfons`. Folglich müssen wir dem Computer falsche Tatsachen mitgeteilt haben, weil er seine Antworten nur aufgrund der eingegebenen Tatbestände ermittelt. Wenn wir die eingegebenen Tatsachen und Schlußfolgerungen analysieren (dies sollte der Leser an dieser Stelle auch wirklich tun), stellen wir fest, daß die allgemeine Schlußfolgerung für die `istSchwesterVon`-Beziehung nicht ganz korrekt ist. Denn für die Variablenbelegung

```
Schwester = theresia
Person = theresia
Mutter = wilhelmine
```

kann die Schlußfolgerung gezogen werden, daß

```
istSchwesterVon(theresia,theresia)
```

richtig ist. Dies bedeutet umgangssprachlich: `theresia` ist ihre eigene Schwester. Folglich müssen wir in die Schlußfolgerung noch die Voraussetzung aufnehmen, daß die `Schwester` und die `Person` verschieden sein müssen. Wie man dies in Prolog formulieren kann, werden wir später sehen.

Die unmittelbaren Tatsachen über Eigenschaften von Objekten und den dazwischen bestehenden Beziehungen, die wir dem Computer mitteilen, werden in Prolog als **Fakten** bezeichnet. Die beteiligten Objekte heißen **Argumente**. So ist

```
verheiratet(elfriede,anton).
```

ein Faktum, wobei das erste Argument `elfriede` und das zweite Argument `anton` ist. Die mitgeteilten Schlußfolgerungen heißen **Regeln**. Weil eine Eigenschaft oder Beziehung sowohl durch Fakten als auch durch Regeln definiert werden kann, nennen wir Fakten und Regeln allgemein **Klauseln**. Um nicht immer von "Eigenschaften oder Beziehungen" zu sprechen, benutzen wir den aus der Mathematik bekannten Ausdruck **Prädikat**. Ein Prädikat ist eine Funktion, die - auf konkrete Objekte angewendet - das Ergebnis "wahr" oder "falsch" liefert. In unserem Beispiel ist `verheiratet` ein Prädikat, welches angewendet auf `elfriede` und `anton` das Ergebnis "wahr" liefert, und bei `maria` und `hugo` liefert es das Ergebnis "falsch". Als Synonym zu "Prädikat" wird häufig auch der Begriff **Relation** verwendet. Mit **Stelligkeit** wird die Anzahl der Objekte (Argumente), über die ein Prädikat eine Aussage macht, bezeichnet. `weiblich` ist ein 1-stelliges und `verheiratet` ein 2-stelliges Prädikat. Die Fragen, die in Prolog dem Computer gestellt werden (gekennzeichnet durch die Zeichen `?-` am Anfang), werden auch **Anfragen** (englisch: **goals**) genannt.

Fakten und Regeln sind die Konstrukte (gedanklichen Konstruktionen), mit denen ein Problem in Prolog gelöst wird. Wie dies genau geschieht, wird in den nächsten Kapiteln erläutert. An dieser Stelle sollte man nur die zugrundeliegende Idee ("Rechnen=Beweisen") prinzipiell verstanden haben. Das Arbeiten mit Fakten und Regeln ist ähnlich wie die menschliche Denkweise: Wenn ein Mensch sich neues Wissen aneignet, macht er dies häufig dadurch, daß er gewisse Tatsachen ("Es sind keine Wolken am Himmel") und Regeln ("Regen kommt aus den Wolken") lernt und durch Anwendung der Regeln auf bekannte Tatsachen neue Tatsachen folgert und als richtig anerkennt ("Jetzt regnet es nicht"). Diese Denkprozesse laufen in der Regel unbewußt ab, so daß uns viele Schlußfolgerungen selbstverständlich erscheinen. Bei der Programmierung eines Computers müssen wir uns dagegen dieser Schlußfolgerungen bewußt werden, da schon bei einer fehlenden oder fehlerhaften Tatsache bzw. Regel der Computer zu falschen Ergebnissen kommt (ein Beispiel ist das obige Problem mit der fehlerhaften Regel für die Beziehung `istSchwesterVon`).

Hier soll nicht behauptet werden, daß mit der Sprache Prolog ein Computer so wie ein Mensch denken kann. Im Gegenteil: Das menschliche Denken ist vermutlich zu komplex, um es auf einem einfachen Computer nachzuvollziehen (weil sich z.B. die Fakten und auch die Regeln zeitlich und durch Emotionen ändern können). Es soll an dieser Stelle lediglich zum Ausdruck gebracht werden, daß Prolog im Gegensatz zu anderen Programmiersprachen bei vielen Problemen dem menschlichen Denken angepaßter ist, weil spezielle Dinge über Aufbau und Arbeitsweise des zugrundeliegenden Computers nicht erlernt werden müssen. Einigen Lesern, die schon andere Programmiersprachen kennengelernt haben, mag die Art der Programmierung in Prolog ungewohnt und zunächst unverständlich erscheinen. Insbesondere diesen Lesern ist das nächste Kapitel gewidmet.

1.3. Was ist das Besondere bei Prolog?

Wie in Kapitel 1.1 erwähnt wurde, ist eine der Stärken des Computers die universelle Verwendbarkeit. Je nach Programmierung kann ein Computer sehr unterschiedliche Probleme lösen. Andererseits kann ein und dasselbe Problem auf verschiedene Arten gelöst werden, wobei die Art der Lösung stark von der verwendeten Programmiersprache abhängig ist. Bei den meisten herkömmlichen Sprachen (BASIC, FORTRAN, COBOL, PASCAL u.ä.) muß man die *Operationen* finden, die nacheinander auszuführen sind, um die Lösung eines gegebenen Problems zu erhalten (diese Sprachen werden als *imperative Programmiersprachen* bezeichnet). Eine solche Folge von Operationen nennen wir einen **Algorithmus**. Anschließend wird der Algorithmus in die entsprechende Programmiersprache übersetzt (das Ergebnis heißt **Programm**) und durch einen Computer ausgeführt.

Ganz anders gehen wir dagegen vor, wenn wir die Sprache Prolog verwenden. Hier muß nicht angegeben werden, *wie* ein Problem gelöst wird, sondern dem Computer muß das bekannte Wissen über ein Problem in Form von Fakten und Regeln mitgeteilt werden, d.h. es wird angegeben, *was* zu lösen ist. Die Methode der Lösungsfindung wird bei Prolog vollständig dem Computer überlassen.

Diese grundsätzlich andere Arbeitsweise als mit imperativen Programmiersprachen hat wichtige Konsequenzen. Beim Programmieren mit imperativen Sprachen muß der strukturelle Aufbau eines heute gebräuchlichen Computers bekannt sein. Ein Computer besitzt eine Menge von Speicherzellen, wobei jede einzelne einen Namen hat. Durch Angabe des Speicherzellen-Namens können darin Werte aufgenommen werden oder aufbewahrte Werte gelesen und eventuell mit anderen addiert, multipliziert etc. werden. Die sogenannte "Zentraleinheit" des Computers (engl. "central processing unit") ist dafür verantwortlich, daß solche Anweisungen korrekt ausgeführt werden. In den imperativen Sprachen spiegelt sich genau diese Grundstruktur des Computers wieder: Hier heißen die Speicherzellen "Variablen" (diese sind aber nicht mit Variablen in Prolog zu verwechseln!) und ein Programm ist eine Folge von Anweisungen, die die Werte der Variablen verändern und miteinander verknüpfen.

Dagegen braucht dieses Computermodell in Prolog nicht bekannt zu sein: Hier gibt es keine Variablen als Speicherzellen und auch keine Anweisungen wie in imperativen Sprachen. Das Problemlösen mit Prolog verlangt im wesentlichen logisches Denken und die Fähigkeit, ein Problem auf die relevanten logischen Zusammenhänge zu reduzieren. Daher kann die Sprache Prolog auch "Computerneulingen" den Einstieg erleichtern.

Übungen:

1.1: Wir haben im Beispiel mit den Verwandtschaftsbeziehungen eine Tante als Schwester des Vaters oder der Mutter einer Person definiert. Hierdurch wird nicht erfaßt, daß in unserem Beispiel auch `elfriede` eine Tante von `alfons` ist, weil `elfriede` die Frau vom Bruder (`anton`) der Mutter (`theresia`) ist. Ergänzen Sie das Wissen über die Verwandtschaft um Klauseln für die Tatsache: "Die Frau vom Bruder des Vaters oder der Mutter einer Person heißt auch Tante dieser Person."

1.2: Geben Sie Fakten für Beziehungen zwischen Kontinenten, Ländern und Hauptstädten an. Verwenden Sie dabei die Objekte

```
afrika, amerika, asien, europa, frankreich, grossbritannien,
italien, kanada, lagos, london, moskau, nigeria, ottawa,
paris, rom, udssr, usa, washington
```

und definieren Sie die Relationen

```
hauptstadtVon(...,...)
landInKontinent(...,...)
```

durch entsprechende Klauseln.

1.3: Formulieren Sie mit den Relationen aus der vorigen Aufgabe Regeln, die folgende Sachverhalte beschreiben:

a) Rom liegt in Europa, wenn Rom die Hauptstadt von Italien ist und Italien in Europa liegt.

b) Eine Stadt liegt in Europa, wenn ...

c) Eine Stadt liegt in einem Kontinent, wenn ...

1.4: Formulieren Sie mit den Relationen aus den beiden vorigen Aufgaben folgende Anfragen in Prolog:

a) Ist Rom die Hauptstadt von Frankreich?

b) Ist Paris die Hauptstadt von Frankreich?

c) Sind die USA ein Teil von Amerika?

d) Gehört Nigeria zu Asien?

e) Wie lautet die Hauptstadt von Italien?

f) Von welchem Land ist Moskau die Hauptstadt?

g) Welche Länder sind von Europa bekannt?

h) Welche Hauptstädte Europas sind bekannt?

i) Welche Städte welcher Kontinente sind bekannt?

2. Objekte in Prolog

Wie wir im ersten Kapitel gesehen haben, wird ein gegebenes Problem mit Prolog dadurch gelöst, daß das Wissen über das Problem dem Computer mitgeteilt wird. Dabei ist es nicht möglich, dem Computer das Wissen in beliebiger Weise anzugeben, sondern es muß in die Form von Fakten und Regeln gebracht werden. Fakten beschreiben Eigenschaften von Objekten oder Beziehungen zwischen diesen. **Objekte** sind hier aber keine materiellen Gegenstände des täglichen Lebens, sondern Dinge aus unser Vorstellungswelt oder Abstraktionen von realen Gegenständen. Um also ein Problem der realen Welt mit Prolog zu lösen, müssen wir uns zuerst überlegen, durch welche Angaben wir die realen Gegenstände charakterisieren können. Genau dies haben wir im vorhergehenden Kapitel gemacht: Weil wir die reale Person "elfriede" nicht in einen Computer hineinbringen können, haben wir sie charakterisiert durch eine Folge von 8 Buchstaben, nämlich "e-l-f-r-i-e-d-e". Wenn wir über diese Person Aussagen gemacht haben, so taten wir das nur durch Angabe dieser 8 Buchstaben: Beispielsweise haben wir durch `weiblich(elfriede).` die Tatsache ausgedrückt, daß die reale Person "elfriede" die Eigenschaft besitzt, weiblich zu sein. Wir haben somit die reale Person auf ihren Vornamen reduziert. In unserem Beispiel ist dies zur Lösung des gestellten Problems ausreichend.

Eine solche Reduktion wäre nicht ausreichend, wenn in der Verwandtschaft zwei Personen mit dem gleichen Vornamen existieren würden, denn in diesem Fall reicht die Angabe des Vornamens zur Identifizierung einer ganz bestimmten realen Person nicht aus. Wir müßten dann die Mitglieder der Verwandtschaft durch Angabe des Vornamens, Nachnamens und eventuell des Geburtsdatums charakterisieren. In diesem Fall wäre eine Person ein Objekt, welches aus zwei Namen und einem Geburtsdatum besteht. Wie man solche Objekte in Prolog darstellen kann und welche Objekte überhaupt darstellbar sind, wird in diesem Kapitel erläutert. Wenn nicht anders vermerkt, ist bei den Beispielen vorausgesetzt, daß die Fakten und Regeln aus dem vorigen Kapitel dem Computer eingegeben worden sind.

2.1. Zahlen, Atome und Strukturen

Jede Klausel (Fakten und Regeln zur Beschreibung einer Eigenschaft oder Beziehung) oder Frage, die wir aufschreiben, ist eine Folge von Zeichen (auf vielen Computern sind dies die im Anhang 11.B angegebenen ASCII-Zeichen). Aus der Menge dieser zulässigen Zeichen zeichnen wir folgende vier Kategorien aus:

Großbuchstaben: A B C D E F G H I J K L M N O P Q R S T U V W X Y Z

Kleinbuchstaben: a b c d e f g h i j k l m n o p q r s t u v w x y z

Ziffern: 0 1 2 3 4 5 6 7 8 9

Sonderzeichen: + – * / < = > ' \ : . ? @ # $ & ^ ~

Aus den Ziffern wird die erste Sorte der Grundobjekte in Prolog gebildet:

Eine **Zahl** ist eine Zeichenfolge, die nur Ziffern enthält.

Auf Zahlen sind gewisse arithmetische Operationen vordefiniert, die wir später kennenlernen werden. Nachfolgend einige Beispiele für Zahlen:

```
3    0    10    256    12306    7301
```

Zahlen sind standardmäßig natürliche Zahlen (in diesem Buch wird die Null zu den natürlichen Zahlen gezählt), wobei der Bereich eingeschränkt ist auf Zahlen bis zu einer bestimmten Obergrenze (genauere Informationen findet man in den Handbüchern der Prolog-Systeme). Negative und rationale Zahlen sind in der Regel nicht erlaubt, aber dies ist nicht unbedingt eine Einschränkung, denn wir können dem Computer ja das Wissen mitteilen, wie er mit negativen und rationalen Zahlen umzugehen hat. Im übrigen wird man nach einiger Zeit vielleicht feststellen, daß bei vielen Aufgaben, die durch den Computer gelöst werden sollen, nur sehr wenig gerechnet werden muß (bei unserem Verwandtschaftsbeispiel waren überhaupt keine arithmetischen Berechnungen erforderlich). Lediglich bei der Lösung von Problemen aus naturwissenschaftlich-mathematischen Bereichen können aufwendigere Berechnungen erforderlich sein. In diesem Fall müssen wir dafür neue Regeln eingeben, wobei dies in einigen Prolog-Systemen schon standardmäßig realisiert ist.

Atome sind Zeichenfolgen, die nach einer der vier folgenden Regeln aufgebaut sind:

1. Die Zeichenfolge beginnt mit einem Kleinbuchstaben und dahinter folgen nur Großbuchstaben, Kleinbuchstaben, Ziffern oder Unterstriche (_).

2. Die Zeichenfolge besteht nur aus Sonderzeichen.

3. Das erste und das letzte Zeichen der Folge ist ein Apostroph ('). Die anderen Zeichen können beliebig sein, wobei ein Apostroph innerhalb eines Atoms doppelt geschrieben werden muß.

4. Die folgenden vier Zeichenfolgen sind Atome, die aber eine besondere Bedeutung in Prolog haben und nicht beliebig verwendet werden können:

```
,      ;    !    []
```

Aufgrund dieser Regeln sind die folgenden fünf Zeichenfolgen Atome:

```
fritz ludwig_14 :- 'Dies ist ein Atom.' 'Nun wird''s interessant'
```

Diese Zeichenfolgen sind dagegen keine Atome:

```
Elfriede    otto-meyer    _xyz    123
```

Zahlen und Atome werden in Prolog auch als **Konstanten** bezeichnet.

In unserem Verwandtschaftsbeispiel interessieren wir uns nun auch für den Geburtstag der einzelnen Personen. Dazu müssen wir dem Computer die entsprechenden Informationen mitteilen. Wir definieren eine neue Beziehung zwischen Personen und Geburtsdaten mit dem Namen "geboren" und geben folgende Fakten ein:

```
geboren(wilhelmine,13,4,1919).
geboren(fritz,1,6,1927).
geboren(brunhilde,29,2,1924).
...
```

Eigentlich wollen wir ausdrücken, daß "geboren" eine Beziehung zwischen zwei Objekten, nämlich Personennamen und Geburtsdaten ist. Was wir aber definiert haben, ist eine Beziehung zwischen 4 Objekten. Um dies zu ändern, müßten wir das Datum, das aus drei Komponenten besteht, als *ein Objekt* auffassen. Dies können wir in Prolog durch Bildung von Strukturen erreichen:

> Eine **Struktur** repräsentiert ein Objekt, das aus mehreren anderen Objekten zusammengesetzt ist. Sie wird aufgeschrieben durch Angabe eines Namens für diese Struktur, genannt **Funktor**, und Aufzählung der **Komponenten**. Der Funktor muß ein Atom und die Komponenten können Konstanten oder Strukturen sein. Die einzelnen Komponenten werden durch ein Komma voneinander getrennt und unmittelbar hinter dem Funktor in runde Klammern eingeschlossen aufgeschrieben. Die Anzahl der Komponenten heißt **Stelligkeit** der Struktur.

Beispiel:
Wir können ein Datum als Struktur mit dem Funktor `datum` und drei Komponenten auffassen. Der 1. April 1985 kann dann in der Form `datum(1,4,85)` aufgeschrieben werden (wir lassen das Jahrhundert weg, weil unsere Beispiele immer im 20. Jahrhundert angesiedelt sind). In dieser Notation können wir die Relation `geboren` als Beziehung zwischen zwei Objekten aufschreiben:

```
geboren(wilhelmine,datum(13,4,19)).
geboren(fritz,datum(1,6,27)).
geboren(brunhilde,datum(29,2,24)).
...
```

Ein Datum ist somit *ein* Objekt, das aus drei Zahlen zusammengesetzt ist. Mit anderen Worten: Ein Datum ist eine 3-stellige Struktur.

Wollen wir eine sekundengenaue Uhrzeit als ein Objekt darstellen, dann ist dieses Objekt ebenfalls aus drei Zahlen zusammengesetzt (Stunden, Minuten, Sekunden). Zur Unterscheidung zwischen Datums- und Uhrzeitobjekten wird in Prolog der Funktor benutzt: Datumsobjekte kennzeichnen wir durch den Funktor `datum`, Uhrzeiten durch den Funktor `zeit`. Somit steht `datum(9,6,35)` für den 9. Juni 1935, während das Objekt `zeit(9,6,35)`, das aus den gleichen Komponenten besteht, die Uhrzeit 9.06 Uhr und 35 Sekunden symbolisiert.

Die Komponenten einer Struktur können wiederum Strukturen sein. Eine Struktur, die in einer anderen Struktur als Komponente enthalten ist, wird auch **Unterstruktur** genannt. Unterstrukturen von Unterstrukturen heißen ebenfalls Unterstrukturen. Wenn beispielsweise der Vorname einer Person zu ihrer Charakterisierung nicht ausreicht, müssen wir weitere Informationen hinzunehmen. Wir könnten daher eine Person durch eine Struktur mit dem Funktor `person` und den Komponenten Vorname (ein Atom), Nachname (ein Atom) und Geburtsdatum (eine Struktur) repräsentieren. In diesem Fall würden Personen wie folgt notiert:

```
person(wilhelmine,meier,datum(13,4,19))
person(fritz,meier,datum(1,6,27))
...
```

Die Struktur `datum(1,6,27)` ist eine Unterstruktur der letzten Struktur.

2.2. Operatoren

Arithmetische Ausdrücke wie "1+3*4" können in Prolog als Strukturen notiert werden: Der Funktor ist der arithmetische Operator (wie +, −, *, /) und die Komponenten sind die beiden Operanden. Somit können wir die Summe aus der Zahl 1 und dem Produkt aus 3 und 4 in Prolog als Struktur `+(1,*(3,4))` notieren. Diese Darstellung trifft zwar eindeutig den Sachverhalt, ist aber etwas umständlich und ungewohnt aufzuschreiben. Daher bietet Prolog die Möglichkeit, Strukturen mit ein oder zwei Komponenten auch in der **Operatorschreibweise** ohne Klammern und Kommas zu notieren (`1+3*4`). In diesem Fall werden die Funktoren als **Operatoren** bezeichnet.

Bei Strukturen mit nur einer Komponente bieten sich zwei Operatorschreibweisen an:

1. Der Operator wird **vor** dem Operanden notiert (dann bezeichnet man ihn als **Präfixoperator**), wie bei der Negation von arithmetischen Ausdrücken:

   `-2`   steht für die Struktur   `-(2)`

2. Der Operator wird nach dem Operanden notiert (dann bezeichnet man ihn als **Postfixoperator**):

   `3 fakultaet fakultaet`   steht für   `fakultaet(fakultaet(3))`

Bei Strukturen mit zwei Komponenten kann der Operator zwischen den Operanden notiert werden (dann wird er als **Infixoperator** bezeichnet):

   `2+3`   steht für die Struktur   `+(2,3)`

Durch die Verwendung von Infixoperatoren entstehen aber auch neue Probleme. So würde der Ausdruck

   `1-2-3`

nicht eindeutig sein, weil er sowohl für die Struktur

   `-(-(1,2),3)`

als auch für

   `-(1,-(2,3))`

stehen kann. Zur Lösung dieses Problems kann man jedem Operator eine **Assoziativität** zuordnen, durch welche geregelt wird, in welcher Weise zwei aufeinanderfolgende Operatoren in einem Ausdruck interpretiert werden. Wenn zuerst die Komponenten um den ersten Operator als eine Struktur interpretiert werden (dies ist im obigen Beispiel `-(-(1,2),3)`), dann nennt man den Operator **linksassoziativ**. Werden dagegen die Komponenten um den zweiten Operator zuerst zusammengefaßt (im obigen Beispiel `-(1,-(2,3))`), dann nennt man den Operator **rechtsassoziativ**. Die üblichen arithmetischen Operatoren sind als linksassoziativ vereinbart.

Ein weiteres Problem zeigt sich, wenn verschiedene Operatoren in einem Ausdruck vorkommen, wie in

   `12/6+1`

Dieser kann interpretiert werden als `+(/(12,6),1)` oder `/(12,+(6,1))`. Daher wird allen Operatoren eine **Präzedenz** oder **Rangfolge** gegeben, durch welche festgelegt ist, welche Operatoren in einem Ausdruck vor anderen Operatoren zu Strukturen zusammengefaßt werden. Grundsätzlich gilt:

> Operatoren mit kleineren Präzedenzen bilden Unterstrukturen von Operatoren mit größeren Präzedenzen.

(Dieser Präzedenzbegriff weicht von dem in der Mathematik üblichen Präzedenzbegriff ab.) Wenn `/` eine kleinere Präzedenz als `+` hat, so wird der obige Ausdruck interpretiert als `+(/(12,6),1)`. Hat dagegen `+` die kleinere Präzedenz, dann wird er interpretiert als `/(12,+(6,1))`.

Der Benutzer kann in Prolog selbst Operatoren definieren und dabei die Art (Präfix, Infix, Postfix), die Präzedenz und die Assoziativität angeben. Darauf werden wir später noch genauer eingehen. In jedem Prolog-System sind eine Reihe von Operatoren vordefiniert, die wir noch kennenlernen werden. Bei den arithmetischen Operatoren sind die üblichen mathematischen Konventionen (Punktrechnung vor Strichrechnung, Linksassoziativität) in den Definitionen berücksichtigt. Die Präzedenz- und Assoziativitätsregelungen können in einem Ausdruck durch Setzen von Klammern immer durchbrochen werden. So wird

    1-(2-3)

interpretiert als Struktur `-(1,-(2,3))` und der Ausdruck

    2*(4+6)

als `*(2,+(4,6))` (im Gegensatz zur Interpretation dieser Ausdrücke ohne Klammern). Teilausdrücke, die durch Klammern eingefaßt sind, werden grundsätzlich zu einer Struktur zusammengefaßt. Aus diesem Grund sollte man im Zweifelsfall und zur besseren Lesbarkeit komplexer Ausdrücke Klammern innerhalb von Ausdrücken benutzen.

2.3. Listen

In Kapitel 2.1 haben wir gesehen, wie mehrere Objekte zu einem mittels Strukturen zusammengefaßt werden. Dabei war die Anzahl der zusammenzufassenden Objekte im voraus bekannt (z.B. bilden 3 Zahlen ein Datumsobjekt). Wenn die Anzahl der Objekte, die ein neues Objekt bilden sollen, im vorhinein unbekannt ist (z.B. die Aufzählung aller weiblichen Vornamen), dann benötigen wir Datenstrukturen, deren Größe nicht fest ist. Zu diesem Zweck bietet Prolog eine spezielle Struktur, sogenannte Listen, an. Eine *Liste* ist umgangssprachlich eine *Folge von Objekten*. Etwas genauer ist die Definition von Listen in Prolog:

> Eine **Liste** ist entweder
>
> - die leere Liste (in Prolog dargestellt durch das Atom `[]`), oder
> - die Struktur mit dem Funktor `.` und zwei Komponenten, wobei die zweite Komponente wiederum eine Liste ist.

Nach dieser Definition sind folgende Strukturen Listen:

    []   .(1,[])   .(x,.(y,[]))   .(a,.(b,.(c,[])))

Die linken Komponenten der Struktur mit dem Funktor `.` nennen wir **Elemente** der Liste. So ist

```
. (x, . (y, []))
```

eine 2-elementige Liste, deren erstes Element x und deren zweites y ist. Weil die Strukturschreibweise mit runden Klammern gerade bei längeren Listen umständlich und unübersichtlich ist, gibt es auch eine spezielle **Listennotation**. In dieser werden die einzelnen Listenelemente durch Komma getrennt aufgezählt und alles mit eckigen Klammern umschlossen:

```
[]        [1]        [x,y]        [a,b,c]
```

Die einzelnen Listenelemente können beliebige Prolog-Objekte sein, also insbesondere auch Listen. Das Prolog-Objekt

```
[[a,b,c],[x,y,z]]
```

ist ein Beispiel für eine Liste, die als Elemente zwei 3-elementige Listen enthält.

Wir werden später sehen, daß Manipulationen von Listen sehr häufig zur Lösung von Problemen in Prolog benutzt werden. Eine der wichtigsten Operationen auf Listen ist die Aufspaltung einer nicht-leeren Liste in das erste Element (genannt **Listenkopf**) und den Rest der Liste. Prolog bietet hierfür eine spezielle Notation an: Der Listenkopf und der Listenrest werden durch einen senkrechten Strich getrennt in eckige Klammern eingefaßt:

```
[1|[]]        [x|[y]]        [a|[b|[c]]]
```

Auch Mischformen aus diesen Notationen sind möglich. So können vor dem senkrechten Strich statt des Listenkopfes auch mehrere Elemente der Liste durch Komma getrennt aufgeführt werden. Alle nachfolgenden Schreibweisen bezeichnen die Liste mit den drei Elementen a, b und c:

```
[a,b,c]        [a|[b,c]]        [a,b|[c]]        [a,b,c|[]]        [a,b| . (c,[])]
```

Texte können wir auffassen als Folge von Zeichen und somit in Prolog als Listen darstellen. Da oft das Problem besteht, Texte einzulesen, zu verarbeiten und auszugeben, bietet Prolog die Möglichkeit, Texte nicht in der Listennotation, sondern direkt durch Anführungszeichen eingefaßt aufzuschreiben. Steht ein Text in Anführungszeichen, dann wird die Zeichenfolge intern umgewandelt in eine Liste, deren Elemente die "ASCII-Werte" (s. Anhang) der einzelnen Zeichen sind. Somit darf in Prolog die Zeichenfolge

```
"Prolog"
```

notiert werden, welche automatisch in das Listenobjekt

```
[80,114,111,108,111,103]
```

umgewandelt wird (vgl. Anhang 11.B).

Interessant wird die Manipulation von Listen und Strukturen in Prolog, wenn an gewissen Stellen noch keine konkreten Objekte eingesetzt werden. Soll z.B. für alle beliebigen Listen definiert werden, was das letzte Elemente einer Liste ist oder wann ein Element in einer Liste enthalten ist, so können wir dies nicht durch Angabe von Fakten und Regeln für konkrete Listen erreichen, denn es gibt unendlich viele konkrete Listen. In solchen Fällen ist es beispielsweise notwendig, von "Listen mit mindestens einem Element" zu sprechen. Daher beschäftigen wir uns im nächsten Kapitel mit dem Konzept von Variablen in Prolog.

2.4. Variablen

Die Struktur und die Werte aller Objekte, die wir bisher kennengelernt haben, waren exakt festgelegt. Somit können wir nur Aussagen über vollständig bekannte Objekte machen, was aber zur Lösung von allgemeinen Problemen nicht ausreichend ist. Vielmehr ist es notwendig, auch von Objekten zu sprechen, die ganz oder teilweise unbekannte Werte haben, wie beispielsweise "Eine Frau", "Die Liste, deren erstes Element eine 1 ist" oder "Ein Datum aus dem Jahre 1968". Wir wollen also ausdrücken, daß bestimmte Teile eines Objektes für uns unbekannte Werte haben. Dafür bietet Prolog *Variablen* an.

> Warnung an Leser, die schon mit Programmiersprachen wie BASIC, PASCAL, COBOL, FORTRAN o.ä. programmiert haben: In diesen Sprachen symbolisieren Variablen Speicherzellen des Computers. Unter Angabe des Variablennamens können Werte gespeichert und abgerufen werden. Dieser Variablenbegriff hat aber nichts mit Variablen in Prolog zu tun!

Eine **Variable** wird dargestellt durch einen Namen; ein **Variablenname** ist eine Zeichenfolge, welche mit einem Großbuchstaben oder einem Unterstrich beginnt und bei der dahinter nur Großbuchstaben, Kleinbuchstaben, Ziffern oder Unterstriche folgen. Diese Zeichenfolgen sind Variablen:

```
Kind   Jahr   M   V   _elfriede   _45   _X_1
```

Die *Bedeutung von Variablen* ist die von Platzhaltern:

> **Anstelle einer Variablen kann ein beliebiges Prolog-Objekt eingesetzt werden.**

So symbolisiert die Struktur

```
datum(1,4,Jahr)
```

einen 1. Apriltag in einem beliebigen Jahr, da für den Variablennamen `Jahr` jedes beliebige Objekt eingesetzt werden darf. Es ist in Prolog nicht möglich vorzuschreiben, daß anstelle einer Variablen nur Objekte eines bestimmten Typs eingesetzt werden dürfen (z.B. nur Zahlen). In der letzten Struktur dürfen anstelle der Variablen `Jahr` nicht nur Jahreszahlen eingesetzt werden (was sinnvoll ist), sondern auch Objekte wie `anton`, `[1,2,3]` usw. Aus diesem Grund muß der Programmierer bei der Definition der Regeln darauf achten, daß diese Regeln nur für sinnvolle Objekte, die anstelle der Variablen eingesetzt werden, anwendbar sind. Die Möglichkeiten hierzu werden später vorgestellt.

Die Struktur

```
[a|Liste]
```

steht für alle Listen, deren erstes Element das Atom `a` ist, während

```
[A,B|L]
```

für alle Listen mit mindestens zwei Elementen steht.

Um nicht immer von Konstanten, Strukturen und Variablen zu sprechen, gebrauchen wir allgemein den Begriff "Term":

> Ein **Term** ist entweder eine Konstante (Zahl oder Atom), eine Variable oder eine Struktur, wobei zugelassen ist, daß Strukturen als Komponenten Konstanten, Variablen und Strukturen enthalten können. Ein Term heißt **Grundterm**, wenn er keine Variablen enthält, also vollständig spezifiziert ist.

Mit dieser Sprechweise können wir sagen, daß anstelle von Variablen beliebige Terme eingesetzt werden dürfen. Insbesondere ist es erlaubt, anstelle einer Variablen eine andere Variable oder eine Struktur mit Variablen einzusetzen:

Der Term `[a|Liste]` kann beispielsweise für die Terme

```
[a|X]        [a|[]]        [a,b,c,d|Rest]
```

stehen.

Kommt eine Variable innerhalb einer Klausel (Faktum/Regel) oder Frage mehrfach vor, so darf *an jeder Stelle* für die Variable nur *dasselbe Objekt* eingesetzt werden. Aus diesem Grund ist der Name einer Variablen relevant, weil durch ihn ausgedrückt wird, daß Aussagen nur dann wahr sind, wenn an verschiedenen Stellen gleiche Objekte eingesetzt werden.

Beispiel:
Betrachten wir eine Regel für die Mutter-Tochter-Beziehung:

```
istTochterVon(Tochter,Mutter) :-
        istMutterVon(Mutter,Tochter), weiblich(Tochter).
```

Ersetzt man an einer Stelle in der Schlußfolgerung die Variable mit dem Namen `Tochter` durch das konkrete Objekt `maria`, so muß auch jedes andere Vorkommen von `Tochter` innerhalb dieser Regel durch das Objekt `maria` ersetzt werden, damit die so modifizierte Regel wahr ist.

Wenn wir ausdrücken wollen, daß an einer Stelle in einer Klausel oder Frage ein beliebiges Objekt eingesetzt werden kann, uns aber nicht interessiert, um welches Objekt es sich handelt, dann können wir dazu eine Variable benutzen, wobei der Name dieser Variablen überflüssig ist. Um diesen Sachverhalt auszudrücken, gibt es in Prolog **unbenannte Variablen** (oder **anonyme Variablen**), die durch einen einzelnen Unterstrich dargestellt werden. Anstelle einer unbenannten Variablen kann jedes beliebige Objekt eingesetzt werden. Kommen innerhalb einer Klausel oder Frage mehrere unbenannte Variablen vor, so kann an jeder Stelle ein anderes Objekt eingesetzt werden!

Beispiel:
Die Tatsache, daß eine Person ein Ehemann ist, können wir durch folgende Regel definieren:

```
istEhemann(Person) :- verheiratet(_,Person).
```

Anstelle des Unterstrichs kann in dieser Schlußfolgerung jeder beliebige Term eingesetzt werden, was umgangssprachlich bedeutet: Für die Eigenschaft, daß eine Person ein Ehemann ist, ist nur die Tatsache interessant, daß er verheiratet und der männliche Ehepartner ist; dagegen ist es uninteressant, mit wem er verheiratet ist.

Beispiel: Suchen von Elementen in einer Liste
Um den Umgang mit Konstanten, Variablen und Strukturen noch etwas zu üben, wollen wir ein Prädikat definieren, mit dem es möglich ist, festzustellen, ob in einer Liste ein bestimmtes Element enthalten ist oder nicht. Wenn wir beispielsweise eine Liste mit Namen haben, wie

```
[fritz,heinz,anton,hugo]
```

dann möchten wir vom Prolog-System wissen, ob ein bestimmter Name in der Liste enthalten ist oder nicht. Die Frage formulieren wir als Beziehung `enthaelt` zwischen einer Liste und einem Objekt. Die Beziehung ist genau dann erfüllt, wenn die Liste das Objekt als Element enthält. So ist das Prädikat

```
enthaelt([fritz,heinz,anton,hugo],anton)
```

erfüllt, weil `anton` das dritte Element der angegebenen Liste ist. Dagegen ist

```
enthaelt([fritz,heinz,anton,hugo],alfons)
```

nicht erfüllt.

Damit der Computer Fragen nach der Erfüllbarkeit des Prädikats `enthaelt` beantworten kann, müssen wir ihm dafür Fakten und Regeln eingeben. Dazu überlegen wir uns zuerst, nach welchen Gesetzmäßigkeiten wir selbst herausfinden, ob ein Objekt in einer Liste enthalten ist oder nicht. Diese Gesetzmäßigkeiten lauten wie folgt:

- Ist das gegebene Objekt gleich dem ersten Element der Liste, dann ist es in dieser enthalten.

- Ist das gegebene Objekt gleich dem zweiten Element der Liste, dann ist es in dieser enthalten.

- Ist das gegebene Objekt gleich dem dritten Element der Liste, dann ist es in dieser enthalten.

- ...

Diese Aufzählung könnte endlos weitergehen, da es für die Länge der Listen keine Obergrenze gibt. Da wir einem Computer aber nur endlich viele Tatsachen mitteilen können, müssen wir die Gesetzmäßigkeiten anders formulieren. Dazu überlegen wir uns, daß eine nicht-leere Liste immer aufgeteilt werden kann in das erste Element und den Listenrest ohne das erste Element. Damit können wir folgende Aussagen über die Beziehung `enthaelt` machen:

- Ist das gegebene Objekt gleich dem ersten Element der Liste, dann ist es in dieser enthalten.

- Wenn das gegebene Objekt im Rest der Liste enthalten ist, dann ist es auch in der gesamten Liste enthalten.

Durch diese beiden Regeln ist die Beziehung vollständig beschrieben (der Leser überlege sich, warum nach diesen Regeln das Objekt `anton` in der Liste

```
[fritz,heinz,anton,hugo]
```

enthalten ist). Nun müssen wir diese Regeln nur noch von der Umgangssprache in die Sprache Prolog übersetzen:

```
enthaelt([Element|_],Element).

enthaelt([_|Rest],Element) :- enthaelt(Rest,Element).
```

Erinnern wir uns: In der Schreibweise `[X|Y]` steht `X` für das erste Element einer Liste und `Y` für die restliche Liste. Der Unterstrich symbolisiert eine anonyme Variable, d.h. er steht für Objekte, über die wir keine Aussagen machen wollen (in der ersten Aussage interessieren wir uns nicht für den Listenrest, in der zweiten nicht für das erste Element). Die erste Aussage ist ein Faktum, die zweite eine Schlußfolgerung ("Wenn-dann"-Aussage in der Umgangssprache). Die Gleichheit der Objekte, die in der umgangssprachlichen Formulierung explizit gefordert ist, wird in Prolog durch Verwendung gleicher Namen innerhalb einer Klausel ausgedrückt, weil für gleiche Namen auch nur gleiche Objekte eingesetzt werden dürfen (innerhalb einer Klausel oder eines Terms!). Somit steht das erste Faktum für die (unendlich vielen) Fakten

```
enthaelt([1|_],1).
...
enthaelt([fritz|_],fritz).
...
enthaelt([datum(1,4,1968)|_],datum(1,4,1968)).
...
```

nicht jedoch für die Fakten

```
enthaelt([3|_],1).
enthaelt([fritz|_],alfons).
```

Die Regel steht z.B. für die modifizierte Regel

```
enthaelt([a|[b,c]],b) :- enthaelt([b,c],b).
```

Haben wir die beiden Klauseln dem Prolog-System eingegeben, so erhalten wir die folgenden Antworten:

```
?- enthaelt([fritz,heinz,anton,hugo],anton).
yes
?- enthaelt([fritz,heinz,anton,hugo],alfons).
no
```

Geben wir als zweites Argument anstelle eines konkreten Objektes eine Variable an, so erhalten wir eine Aufzählung aller Elemente, die in der Liste enthalten sind:

```
?- enthaelt([fritz,heinz,anton,hugo],E).
E = fritz ;
E = heinz ;
E = anton;
E = hugo ;
no
```

Die Klauseln für die Beziehung enthaelt zeigen schon etwas von der Stärke des Variablenkonzeptes in Prolog: Mit nur zwei allgemeinen Klauseln haben wir für alle in Prolog darstellbaren Objekte und Listen definiert, wann ein Objekt in einer Liste enthalten ist. In diesem Buch werden wir noch viele weitere Beispiele kennenlernen, die die Mächtigkeit von Prolog bei der Verarbeitung von Termen aufzeigen. Zuvor müssen wir aber eine wichtige Frage bei der Verarbeitung von Termen beantworten: Wir haben oft die Formulierung benutzt "Wenn ein Objekt gleich einem anderen ist, dann ...", aber nicht gesagt, was *gleich* bei beliebigen Termen bedeutet. Diese Frage werden wir im nächsten Kapitel behandeln.

2.5. Gleichheit von Termen

In unserem Beispiel aus Kapitel 1 haben wir unter anderem folgende Fakten eingegeben:

```
verheiratet(wilhelmine,fritz).
verheiratet(brunhilde,heinz).
verheiratet(elfriede,anton).
verheiratet(theresia,wilhelm).
```

Wie wir in diesem Kapitel gesehen haben, kann jedes einzelne Faktum als Struktur mit dem Funktor `verheiratet` interpretiert werden. Wenn wir die Frage

```
?- verheiratet(brunhilde,heinz).
```

stellen, dann muß der Computer entscheiden, ob der Term in der Frage mit einem der vorher eingegebenen Fakten gleich ist oder nicht. Da in diesem Fall sofort zu sehen ist, daß der Term in der Frage mit dem zweiten eingegebenen Faktum gleich ist, kann diese Frage mit `yes` beantwortet werden. Aufgrund dieses Beispieles könnte man annehmen, daß die Frage, wann zwei Terme gleich oder ungleich sind, immer sehr einfach zu beantworten ist und daher keiner weiteren Diskussion bedarf. Betrachten wir aber das folgende Beispiel:

> Die Summe der Zahlen 2 und 3 stellen wir als Term mit dem Infixoperator + in der Form 2+3 dar. Sind dann die Terme 5 und 2+3 gleich oder ungleich?

Bei herkömmlichen (imperativen) Programmiersprachen würde man zu der Ansicht neigen, daß die Terme gleich sind, weil es dort kein Unterschied ist, ob einer Speicherzelle der Wert 5 oder der Ausdruck 2+3 zugewiesen wird. Bei diesen Programmiersprachen wird häufig die Tatsache verdeckt, daß durch die Frage "Ist 5=2+3?" in Wirklichkeit gemeint ist: "Addiere die Zahlen 2 und 3 und nenne das Ergebnis z.B. X. Gilt nun 5=X?" Obwohl nur eine Frage gestellt wird, die mit ja oder nein zu beantworten ist, werden in Wirklichkeit zuerst Anweisungen ausgeführt und dann die Frage beantwortet. Bei Prolog ist dies anders. Hier bedeutet die Frage, ob zwei Terme gleich sind, daß nur diese Frage beantwortet werden soll und nicht zuvor noch Berechnungen auf der Basis bestimmter Regeln durchgeführt werden. In Prolog sind daher die Terme 5 und 2+3 ungleich. Wenn vor dem Vergleich die Terme vereinfacht (ausgerechnet) werden sollen, dann muß dies explizit angegeben werden (wie man das macht, sehen wir später).

Die Überprüfung der Gleichheit zweier Terme erfolgt nach folgenden Gesetzmäßigkeiten:

1. *Zahlen und Atome sind nur zu sich selbst gleich,* d.h. `1903` ist gleich `1903` und `elfriede` ist gleich `elfriede`, aber `1903` und `1905` bzw. `fritz` und `hugo` sind jeweils ungleich.

2. *Eine Variable ist gleich einer anderen, wenn die Namen gleich sind.* Beispielsweise ist `Mutter` gleich `Mutter` und `_13` ist gleich `_13`.

3. *Zwei Strukturen sind gleich, wenn sie den gleichen Funktor und die gleiche Anzahl von Komponenten haben und wenn die entsprechenden Komponenten der ersten und der zweiten Struktur paarweise gleich sind.* Z.B. sind

   ```
   weiblich(maria)    und    weiblich(maria)
   ```
   gleich, während
   ```
   istMutterVon(elfriede,maria)    und    istMutterVon(elfriede,hugo)
   ```
   ungleich sind.

Mit diesen Festlegungen ist es sehr einfach zu entscheiden, wann zwei Terme gleich sind. Man beachte aber, daß mit Gleichheit in Prolog *strukturelle und nicht textuelle Gleichheit* gemeint ist: Die Objekte `+(2,3)` und `2+3` sind in Prolog gleich (weil sie den gleichen Funktor und paarweise gleiche Komponenten haben), obwohl sie textuell unterschiedlich sind (einmal ist der Ausdruck in Struktur- und einmal in Operatorschreibweise dargestellt).

Betrachten wir das Beispiel aus Kapitel 1. Wenn wir die Frage

```
?- verheiratet(M,anton).
```

stellen, dann muß der Computer entscheiden, ob der Term `verheiratet(M,anton)` mit einem der ihm bekannten Fakten gleich ist oder nicht. Nach den bisherigen Gesetzen für Gleichheit ist `verheiratet(M,anton)` mit keinem der bekannten Fakten gleich, nur das Faktum `verheiratet(elfriede,anton)` ist sehr ähnlich. Über die Bedeutung von Variablen wurde im letzten Kapitel gesagt, daß anstelle einer Variablen jeder beliebige Term eingesetzt werden darf. Ersetzen wir also die Variable `M` durch das Atom `elfriede`, dann sind die Terme `verheiratet(M,anton)` und `verheiratet(elfriede,anton)` gleich und wir hätten somit bewiesen, daß die Aussage in der obigen Anfrage wahr ist, wenn die Variable `M` durch das Atom `elfriede` ersetzt wird. Dies ist die Antwort, die auch das Prolog-System ausgibt.

Der Prozeß des Ersetzens von Variablen ("Gleichmachen von Termen durch Ersetzung von Variablen durch andere Terme") heißt **Unifikation**. Die Unifikation ist eine der wichtigsten Techniken, mit denen ein Prolog-System die Korrektheit von Aussagen beweist. Wir werden darauf in einem eigenen Kapitel genauer eingehen. An dieser Stelle sei nur darauf hingewiesen, daß wir es mit *zwei Gleichheitsbegriffen* zu tun haben: Einerseits haben wir oben definiert, wann zwei Terme gleich sind. Nach dieser Definition sind `datum(1,4,85)` und `datum(1,4,Jahr)` nicht gleich, weil diese Terme sich in der letzten Komponente unterscheiden. Andererseits kann anstelle einer Variablen jeder beliebige Term eingesetzt werden. Also sind die Terme `datum(1,4,85)` und `datum(1,4,Jahr)` gleich, wenn die Variable `Jahr` durch den Wert `85` ersetzt wird (unifizieren der Terme). Dieser Gleichheitsbegriff ist gemeint, wenn in Prolog das Gleichheitszeichen steht:

Sind `T1` und `T2` Terme, dann ist

```
T1 = T2
```

beweisbar, wenn `T1` und `T2` unifizierbar sind, d.h. wenn die Terme `T1` und `T2` durch Ersetzung von Variablen angeglichen werden können.

Wenn wir diesen zweiten Gleichheitsbegriff meinen, dann sprechen wir zukünftig von **Unifizierbarkeit** statt von Gleichheit. In diesem Sinne sind

```
verheiratet(M,V)   und   verheiratet(elfriede,anton)
```

unifizierbar, während

```
datum(1,4,Jahr)   und   datum(2,4,85)
```

nicht unifizierbar sind.

Übungen:

2.1: In dem Verwandtschaftsbeispiel aus Kapitel 1 sollen die Geburtsdaten von Personen als zusätzliche Fakten in der Form

```
geboren(...,...).
```

dem Prolog-System mitgeteilt werden, wie beispielsweise

```
geboren(fritz,datum(1,6,27)).
geboren(brunhilde,datum(29,2,24)).
```

Formulieren Sie unter Verwendung dieser zusätzlichen Fakten folgende Anfragen:

a) Welche Personen wurden am 1. April geboren?

b) Welche Personen wurden im Jahr 1960 geboren?

Definieren Sie die folgenden Prädikate in Prolog:

a) `zwilling(X,Y)`: "Sind `X` und `Y` ein Zwillingspaar?"

b) `geburtstag(Tag,Monat)`: "Hat jemand am `Tag.Monat.` seinen Geburtstag?"

2.2: Welche Operatoren haben Sie bisher in der Sprache Prolog kennengelernt? Welche Rangfolge und Assoziativitäten gelten für diese?

3. Rechnen in Prolog = Beweisen von Aussagen

3.1. Fakten, Regeln und Anfragen

Problemlösen mit Prolog bedeutet Schlußfolgerungen aus einer vorgegebenen Wissensbasis zu ziehen. Das Ziehen der Schlußfolgerungen ist Aufgabe des Computers, auf dem das Prolog-System abläuft. Die Schwierigkeit für den Benutzer liegt darin, das Wissen über ein Problem in die Form zu bringen, die die Sprache Prolog verlangt. Zur *Beschreibung von Wissen* bietet Prolog zwei Möglichkeiten an:

1. Tatsachen über Eigenschaften von Objekten und Beziehungen zwischen diesen.

2. Regeln, wie man aus bekannten Tatsachen neue gewinnt.

Beschreibungen der ersten Art werden als **Fakten** bezeichnet. Jedes Faktum muß einen Namen haben, der so gewählt werden sollte, daß aus ihm die umgangssprachliche Bedeutung dieses Faktums ersichtlich ist. Der Name eines Faktums muß ein Atom sein. Direkt hinter dem Namen werden die Objekte, über die das Faktum etwas aussagen soll, in Klammern und durch Komma getrennt aufgelistet:

```
maennlich(fritz).
verheiratet(elfriede,anton).
hat_die_eltern(alfons,theresia,wilhelm).
```

Diese Fakten können wir in Worten so ausdrücken:

"fritz ist männlich"
"elfriede ist mit anton verheiratet"
"alfons hat die Eltern theresia und wilhelm"

Die Objekte, über die ein Faktum etwas aussagt, können nicht nur Atome, sondern beliebige Terme sein:

```
geboren(fritz,datum(1,6,27)).
```

soll aussagen, daß `fritz` am 1. Juni 1927 geboren ist. Insbesondere können die Terme auch Variablen sein bzw. enthalten:

```
feiertag(datum(25,12,Jahr)).
```

Im vorigen Kapitel wurde gesagt, daß anstelle von Variablen beliebige Terme eingesetzt werden können. Das letzte Faktum kann daher als Aussage interpretiert werden "Jedes Datum mit dem Tag 25 im 12. Monat ist ein Feiertag".

Fakten und Regeln bilden in Prolog das Grundwissen über ein Problem. Es sind Aussagen, deren Richtigkeit nicht überprüft wird, sondern die als wahr vorausgesetzt werden. Der Wahrheitsgehalt von Fakten muß nichts mit der realen Welt zu tun haben (dies könnte ein Computer auch nicht nachprüfen): So steht das Faktum

```
verheiratet(maria,hugo).
```

für die Aussage, daß `maria` und `hugo` miteinander verheiratet sind. Wenn wir dies einem Prolog-System mitteilen, dann wird diese Aussage als wahr *angenommen*, unabhängig davon, ob `maria` und `hugo` in der Realität miteinander verheiratet sind (was in unserem Verwandtschaftsbeispiel nicht zutrifft). Gibt man dem Computer Fakten ein, die in der realen Welt falsch sind, dann erhält man auch Ergebnisse, die nichts mit der Realität zu tun haben. In Zukunft werden wir daher nicht von wahren, sondern von **beweisbaren Aussagen** sprechen, um anzudeuten, daß diese Aussagen aufgrund des eingegebenen Wissens zwar richtig, aber nicht unbedingt in der Realität wahr sind. In dieser Sprechweise haben Fakten die Bedeutung:

Jedes Faktum ist eine beweisbare Aussage.

Weil beim Lösen von Problemen mit Computern nur die Beweisbarkeit (und nicht die Wahrheit) eine Rolle spielt, müssen wir uns immer sorgfältig überlegen, welches "Wissen" wir dem Computer mitteilen. In den seltensten Fällen sind fehlerhafte Ergebnisse auf Fehler im Computer selbst zurückzuführen, sondern fast immer auf nicht korrekte Eingabedaten oder Programme (in Prolog: Fakten und Regeln).

Geben wir einem Prolog-System nur Fakten ein, dann kann es nicht mehr leisten als ein Notizbuch: Wir können lediglich fragen, ob ein bestimmtes Faktum schon eingegeben worden ist oder nicht. Ein Prolog-System, das nur Fakten enthält, würde uns für die Lösung allgemeinerer Probleme nicht viel nutzen. Es fehlt ein Mechanismus, mit dem ein Prolog-System aus einer Menge gegebener Fakten neue Tatsachen ableiten kann. Eine Möglichkeit für einen solchen Mechanismus sind "Wenn-dann"-Aussagen:

Wenn `elfriede` mit `anton` verheiratet *und* `elfriede` die Mutter von `maria` ist, **dann** ist `anton` der Vater von `maria`.

Solche Schlußfolgerungen können wir auch in Prolog formulieren, wobei die Notation etwas anders ist als die umgangssprachliche: Zuerst wird das Ergebnis der Schlußfolgerung ("dann-Teil") und dahinter, durch `:-` getrennt, die Voraussetzungen ("wenn-Teil") aufgeschrieben. Mehrere durch "und" verbundene Voraussetzungen werden in Prolog durch Komma getrennt. Schließlich muß jede einzelne Voraussetzung und das Ergebnis der Schlußfolgerung die Form eines Faktums haben. Insgesamt wird die obige Schlußfolgerung in Prolog so notiert:

```
istVaterVon(anton,maria) :-
        verheiratet(elfriede,anton), istMutterVon(elfriede,maria).
```

Schlußfolgerungen werden in Prolog als **Regeln** bezeichnet. Die Bedeutung dieser Regel ist wie folgt definiert:

Wenn
```
    verheiratet(elfriede,anton)
```
und
```
    istMutterVon(elfriede,maria)
```
beweisbar sind, **dann** ist auch
```
    istVaterVon(anton,maria)
```
beweisbar.

Nun sind `verheiratet(elfriede,anton)` und `istMutterVon(elfriede,maria)` in unserem Verwandtschaftsbeispiel Fakten. Aufgrund der Bedeutung von Fakten (siehe oben) sind dies beweisbare Aussagen. Also ist auch

```
    istVaterVon(anton,maria)
```

eine beweisbare Aussage.

Im allgemeinen hat eine Regel die folgende Form:

```
L :- L₁, L₂, ..., Lₙ.
```

L heißt **linke Seite** und L_1, L_2, ..., L_n **rechte Seite** der Regel. L, L_1, L_2, ..., L_n müssen Literale sein. Ein **Literal** hat die gleiche Form wie ein Faktum; es besteht aus einem Namen, dem eventuell ein oder mehrere Objekte in Klammern und durch Komma getrennt folgen. *Literale stellen Aussagen über Objekte dar,* wobei der Name des Literals die umgangssprachliche Bedeutung der Aussage wiedergeben sollte. Das Literal

```
istVaterVon(anton,maria).
```

symbolisiert die umgangssprachliche Aussage

"anton ist der Vater von maria."

Somit repräsentieren Fakten Literale, die als beweisbar vorausgesetzt werden.

Die allgemeine **Bedeutung von Regeln** ist so definiert:

Wenn jedes der Literale L_1, L_2, ... und L_n beweisbar und

```
L :- L₁, L₂, ..., Lₙ.
```

eine Regel ist, dann ist das Literal `L` beweisbar.

Diese wichtige Schlußregel ist in der mathematischen Logik schon lange bekannt unter der Bezeichnung **Modus ponens** oder **Abtrennungsregel**. Erst durch sie erhält ein Prolog-Programm, das ja aus einer Menge von Fakten und Regeln besteht, eine Bedeutung.

Die Umkehrung des Modus ponens ergibt eine Methode, wie man prüfen kann, ob ein Literal beweisbar ist oder nicht. Diese Methode heißt

Resolutionsprinzip:

Ist

```
L :- L₁, L₂, ..., Lₙ.
```

eine Regel, dann ist das Literal `L` beweisbar, wenn jedes der Literale L_1, L_2, ..., L_n beweisbar ist.

Das Resolutionsprinzip und die Abtrennungsregel sind in ihren Aussagen äquivalent, nur ist die Sichtweise beim Resolutionsprinzip etwas anders. In Prolog sollen immer Aussagen (Anfragen) auf der Basis von Fakten und Regeln bewiesen werden. Wenn die zu beweisende Aussage ein Faktum ist, dann ist sie bewiesen. Andernfalls sagt das Resolutionsprinzip, daß die Aussage beweisbar ist, wenn (mindestens) eine Regel existiert, deren linke Seite identisch mit der zu beweisenden Aussage ist und deren Literale auf der rechten Seiten alle beweisbar sind. Das Resolutionsprinzip gibt somit ein Verfahren zum Beweisen von Aussagen an. Erst die Verwendung dieses wichtigen Prinzips ermöglichte die Realisierung einer Sprache wie Prolog auf einem Computer (das Resolutionsprinzip wird später noch um die Unifikation von Termen erweitert).

Beispiel:

In unserem Beispiel aus Kapitel 1 hatten wir die Regel

```
istVaterVon(anton,maria) :-
        verheiratet(elfriede,anton), istMutterVon(elfriede,maria).
```

angegeben. Nun sagt das Resolutionsprinzip aus:

Das Literal

```
istVaterVon(anton,maria)
```

ist beweisbar, wenn

```
verheiratet(elfriede,anton)   und   istMutterVon(elfriede,maria)
```

beweisbare Literale sind. Oder anders formuliert: Der Beweis von

```
istVaterVon(anton,maria)
```

kann zurückgeführt werden auf den Beweis von

```
verheiratet(elfriede,anton)   und   istMutterVon(elfriede,maria)
```

Das Resolutionsprinzip gibt eine Möglichkeit an, wie eine Aussage bewiesen werden kann: Entweder ist die Aussage ein Faktum (dann ist sie bewiesen) oder man suche eine Regel, bei der die linke Seite der zu beweisenden Aussage gleicht, und beweise die Literale auf der rechten Seite. Das Problem beim Resolutionsprinzip ist, daß es mehrere Regeln mit der gleichen linken Seite geben kann. In unserem Verwandtschaftsbeispiel müßten wir die Großmutter-Enkel-Beziehung durch zwei Regeln definieren, weil sowohl die Mutter der Mutter als auch die Mutter des Vaters als Großmutter bezeichnet werden. Wir können beispielsweise die beiden folgenden Regeln angeben:

```
istOmaVon(wilhelmine,maria)  :-
       istMutterVon(wilhelmine,elfriede),
       istMutterVon(elfriede,maria).

istOmaVon(wilhelmine,maria)  :-
       istMutterVon(wilhelmine,anton),
       istVaterVon(anton,maria).
```

Wenn wir wissen wollen, ob `wilhelmine` die Großmutter von `maria` ist, d.h. ob das Literal

```
istOmaVon(wilhelmine,maria)
```

beweisbar ist, dann sagt das Resolutionsprinzip, daß der Beweis mit Hilfe einer der beiden Regeln auf den Beweis der Literale auf der rechten Seite zurückgeführt werden kann. Wählen wir die erste Regel, dann kann der Beweis von

```
istOmaVon(wilhelmine,maria)
```

auf den Beweis der Literale

```
istMutterVon(wilhelmine,elfriede)
```

und

```
istMutterVon(elfriede,maria)
```

zurückgeführt werden. Leider ist `istMutterVon(wilhelmine,elfriede)` weder ein Faktum noch existiert eine entsprechende Regel dafür. Also ist das Literal nicht beweisbar und wir können die gewünschte Aussage unter Verwendung der ersten Regel nicht beweisen.

Bei Verwendung der zweiten Regel erhalten wir folgende Beweiskette (die Symbolfolge "$L_1 \vdash L_2$" steht für "Der Beweis von L_1 läßt sich zurückführen auf den Beweis von L_2"):

```
istOmaVon(wilhelmine,maria)
       ⊢                        (wir verwenden die zweite Regel)
istMutterVon(wilhelmine,anton), istVaterVon(anton,maria)
       ⊢                        (das erste Literal ist ein Faktum und damit bewiesen)
istVaterVon(anton,maria)
       ⊢                        (wir verwenden die Regel für dieses Literal)
verheiratet(elfriede,anton), istMutterVon(elfriede,maria)
       ⊢                        (das erste Literal ist ein Faktum)
istMutterVon(elfriede,maria)
       ⊢                        (dieses Literal ist ein Faktum)
    ☐
```

☐ steht für die leere Aussage, bei der es nichts mehr zu beweisen gibt.
Es gilt der folgende Sachverhalt:

**Kann eine Aussage in mehreren Schritten unter Verwendung des Resolutions-
prinzips auf die leere Aussage ☐ zurückgeführt werden, dann ist diese Aussage
beweisbar.**

Dies ist genau die Technik, mit der ein Prolog-System Aussagen beweist: Aufgrund der
vorhanden Fakten und Regeln versucht es, die zu beweisende Aussage auf ☐ zurückzuführen.
Falls dies gelingt, ist die Aussage bewiesen. Wie wir aber gesehen haben, kann man durch
eine falsche Wahl einer Regel in "Sackgassen" geraten, d.h. Beweiswege, auf denen man
nicht zu ☐ gelangt. Aus diesem Grund probiert ein Prolog-System verschiedene
Möglichkeiten aus, um zum Ziel zu gelangen. Wir könnten somit annehmen, daß ein Prolog-
System immer mit `yes` antwortet, wenn die eingegebene Aussage beweisbar ist, und sonst
mit `no`. Leider gibt es hier ein prinzipielles Problem. Aus theoretischen Untersuchungen ist
der folgende Sachverhalt bekannt:

Satz: Es existiert kein automatisches Beweisverfahren, welches immer mit `yes` antwortet,
wenn eine Aussage auf der Basis eingegebener Fakten und Regeln beweisbar ist, und
sonst mit `no`.

Es kann bei jedem einigermaßen "guten" Beweisverfahren vorkommen, daß es beim Versuch
eines bestimmten Beweises überhaupt nicht anhält. Es probiert immer neue Beweismöglichkeiten aus und würde endlos weiterlaufen, wenn es nicht abgebrochen wird. (Anmerkung für
Leser, denen die theoretischen Grundlagen der Informatik bekannt sind: Die Ursache dieses
Satzes liegt in der Unentscheidbarkeit der Prädikatenlogik erster Stufe.)

Bei jedem Prolog-System sind prinzipiell die folgenden Ergebnisse möglich:

`yes`:   Die angegebene Aussage ist aufgrund der eingegebenen Fakten und
                    Regeln beweisbar.

`no`:   Die angegebene Aussage ist aufgrund der eingegebenen Fakten und
                    Regeln nicht beweisbar. Eventuell ist die Aussage richtig, nur sind die
                    Fakten und Regeln unvollständig.

hält nicht an: Die angegebene Aussage *könnte* aufgrund der eingegebenen Fakten und
                    Regeln nicht beweisbar sein.

Die Fälle, bei denen ein Prolog-System nicht anhält, sind bei sorgfältig überlegten Fakten und
Regeln nur sehr selten. Wann dies passieren kann, ist abhängig von der Strategie, nach der ein
Prolog-System die beim Beweis verwendeten Regeln auswählt. Wir werden später darauf

genauer eingehen. Zunächst wollen wir diesen Aspekt unbeachtet lassen und müssen uns nur bewußt sein, was es bedeutet, wenn ein Prolog-System mit yes oder no antwortet.

Die Gefahr des "Nicht-Anhaltens" ist keine spezielle Eigenschaft von Prolog; vielmehr steckt diese Gefahr in jeder einigermaßen mächtigen Programmiersprache. Auch in Sprachen wie BASIC, PASCAL, FORTRAN usw. kann man sehr einfach Programme schreiben, die bei ihrer Ausführung nie anhalten würden. Diese Gefahr läßt sich bei der Programmierung von Computern durch sorgfältige Überlegung nur verringern, aber nie ausschließen.

Wir fassen *die drei wichtigsten Elemente zum Problemlösen mit Prolog* noch einmal zusammen:

Fakten: Dies sind Literale, die als beweisbar vorausgesetzt werden. Man notiert sie in der Form

$$name\,(O_1, O_2, \ldots, O_n)\,.$$

wobei name ein Atom und O_1, O_2, ..., O_n Prolog-Objekte sind. Sie haben die umgangssprachliche Bedeutung: "O_1 und O_2 und ... und O_n stehen in der Beziehung name zueinander".

Regeln: Dies sind Definitionen, wie aus beweisbaren Literalen neue beweisbare Literale abgeleitet werden können. Sie werden aufgeschrieben in der Form

$$L \;:-\; L_1,\; L_2,\; \ldots,\; L_n.$$

wobei L, L_1, L_2, ..., L_n Literale sind. Die umgangssprachliche Bedeutung einer solchen Regel ist: "Wenn L_1 und L_2 und ... und L_n beweisbar sind, dann ist auch L beweisbar".

Anfragen: Dies sind Aussagen, deren Wahrheitsgehalt (genauer: Beweisbarkeit) geprüft werden soll. Anfragen werden aufgeschrieben in der Form

$$?-\; L_1,\; L_2,\; \ldots,\; L_n.$$

wobei L_1, L_2, ..., L_n Literale sind. Die Bedeutung einer solchen Anfrage ist: "Ist L_1 *und* L_2 *und* ... *und* L_n beweisbar?"

Ein wichtiger Unterschied zwischen Klauseln (Fakten/Regeln) und Anfragen ist, daß Klauseln als wahr vorausgesetzt werden, während bei Anfragen der Wahrheitsgehalt der Aussagen unbekannt ist und überprüft werden soll. Daher werden Klauseln manchmal auch als **Axiome** bezeichnet.

3.2. Bedeutung von Variablen

Wir wollen noch einmal auf die Bedeutung von Variablen in Klauseln und Anfragen eingehen. Oben hatten wir gesagt, daß anstelle einer Variablen jedes Prolog-Objekt (Term) eingesetzt werden darf. Klauseln und Anfragen, in denen Variablen vorkommen, müssen folgendermaßen interpretiert werden:

1. Enthält ein Faktum F die Variablen X_1, X_2, ..., X_k, so hat es die Bedeutung: Wird jedes Vorkommen von X_1 in F durch einen Term ersetzt, jedes Vorkommen von X_2 in F durch einen Term usw., dann ist das sich ergebende Faktum ein beweisbares Literal.

2. Enthält die Regel

```
L :- L₁, L₂, ..., Lₙ.
```

die Variablen X_1, X_2, ..., X_k, so hat sie die Bedeutung: Wird jedes Vorkommen von X_1 in der Regel durch einen Term ersetzt, jedes Vorkommen von X_2 durch einen Term usw., dann ist die so modifizierte Regel auch eine gültige Regel.

3. Enthält eine Anfrage

```
?- L₁, L₂, ..., Lₙ.
```

die Variablen X_1, X_2, ..., X_k, so hat sie die Bedeutung: Für welche Terme, die anstelle der Variablen X_1, X_2, ..., X_k in die Anfrage eingesetzt werden, ist die so modifizierte Anfrage beweisbar?

Durch Verwendung von Variablen in Klauseln kann man unendlich viele Klauseln definieren. Dies zeigt deutlich, wie die Verwendung von Variablen die Ausdruckskraft von Klauseln steigert. Nachfolgend sind einige Beispiele angegeben. Zunächst die Prolog-Notation, und dann die intendierte Bedeutung in Umgangssprache:

```
farbe(rot).
```
  "rot ist eine Farbe."

```
feiertag(datum(1,1,Jahr)).
```
  "Für alle Werte, die man anstelle von Jahr einsetzt, ist
  datum(1,1,Jahr) ein Feiertag" oder:
  "Der 1. Januar ist in jedem Jahr ein Feiertag."

```
istOmaVon(wilhelmine,alfons) :-
        istMutterVon(wilhelmine,M), istMutterVon(M,alfons).
```
  "Für alle Werte M gilt: wilhelmine ist die Oma von alfons, falls
  wilhelmine die Mutter von M und M die Mutter von alfons ist."

```
istOmaVon(O,E) :-
        istMutter(O,M), istMutterVon(M,E).
```
  "Für alle Werte O, E und M gilt: O ist die Oma von E, falls
  O die Mutter von M und M die Mutter von E ist." oder:
  "Die Mutter der Mutter von E ist die Oma."

```
?- feiertag(datum(1,5,1986)).
```
  "Ist der 1. Mai 1986 ein Feiertag?"

```
?- istOmaVon(O,maria).
```
  "Für welche Werte von O ist O die Großmutter von maria?" oder:
  "Welche Großmütter hat maria?"

```
?- istMutterVon(elfriede,T), weiblich(T).
```
  "Für welche Werte von T gilt: elfriede ist die Mutter von T und
  T ist weiblich?" oder:
  "Welche Töchter hat elfriede?"

Bei der Verwendung von Variablen ist immer zu beachten:

> Kommt eine Variable innerhalb einer Klausel oder Anfrage mehrfach vor, so darf bei jedem Vorkommen nur dasselbe Objekt anstelle der Variablen ersetzt werden.

In Kurzform: **Gleiche Variable - gleiches Objekt** (innerhalb einer Klausel oder Anfrage). In verschiedenen Fakten und Regeln können dagegen verschiedene Werte für die gleiche Variable eingesetzt werden (siehe Variable M in den obigen Beispielen).

Das bisherige Resolutionsprinzip zur Lösung von Anfragen lautete:
Man kann den Beweis der Anfrage

```
?- P, L, Q.
```

auf den Beweis der Anfrage

$$?-\ P,\ L_1,\ L_2,\ \ldots,\ L_n,\ Q.$$

zurückführen, wenn

$$L\ :-\ L_1,\ L_2,\ \ldots,\ L_n.$$

eine Regel ist (P und Q sind andere, durch Komma getrennte Literale).
Nun ist es aber häufig so, daß die Regeln sehr allgemein gehalten sind und nicht direkt zu der eingegebenen Anfrage passen.

Beispiel:
Die Vater-Kind-Beziehung ist wie folgt definiert:

```
istVaterVon(Vater,Kind) :-
        verheiratet(Mutter,Vater), istMutterVon(Mutter,Kind).
```

Wenn die Frage

```
(1)      ?- istVaterVon(anton,hugo).
```

gestellt wird, müssen wir nach dem Resolutionsprinzip zum Beweisen dieser Aussage eine Regel der Form

```
istVaterVon(anton,hugo) :- ...
```

finden. Solch eine Regel ist direkt nicht vorhanden, aber wir erhalten, wenn wir in der obigen Regel anstelle der Variablen Vater den Wert anton und anstelle von Kind den Wert hugo einsetzen, die Regel:

```
istVaterVon(anton,hugo) :-
        verheiratet(Mutter,anton), istMutterVon(Mutter,hugo).
```

Nun können wir den Beweis der Anfrage (1) auf den Beweis von

```
(2)      ?- verheiratet(Mutter,anton), istMutterVon(Mutter,hugo).
```

zurückführen. Das Literal verheiratet(Mutter,anton) können wir beweisen, wenn wir die Variable Mutter durch elfriede ersetzen, weil

```
verheiratet(elfriede,anton).
```

ein Faktum ist. Nach dem Prinzip "Gleiche Variablen - gleiche Objekte" müssen wir jedes Vorkommen von Mutter in der Anfrage (2) durch elfriede ersetzen. Somit können wir den Beweis von (2) zurückführen auf

```
(3)        ?- istMutterVon(elfriede,hugo).
```

Weil dies ein Faktum ist, haben wir die Anfrage (1) bewiesen.

Bei Verwendung von Variablen muß in dem Resolutionsprinzip berücksichtigt werden, daß das zu beweisende Literal und eine "passende" Klausel durch Ersetzung von Variablen zur Deckung gebracht werden. Eine solche Ersetzung hatten wir im Kapitel 2 unter dem Begriff *Unifikation* kennengelernt. Im nächsten Kapitel werden wir genauer darauf eingehen. Hier wollen wir nur noch das erweiterte Resolutionsprinzip angeben, in dem berücksichtigt wird, daß das zu beweisende Literal und eine vorhandene Klausel durch Unifikation erst aneinander angepaßt werden müssen.

Resolutionsprinzip:

Der Beweis der Anfrage

```
?- P, L, Q.
```

(L ist ein Literal, P und Q symbolisieren durch Komma getrennte Literale) läßt sich zurückführen auf den Beweis von

```
?- P, L1, L2, ..., Ln, Q.
```

wenn

```
L0 :- L1, L2, ..., Ln.
```

eine Regel ist, deren Variablen verschieden sind von denen in P,L,Q (was man durch Umbenennung der Variablen in L0 :- L1, L2, ..., Ln. erreichen kann) und wenn gilt:

1. Jede Variable in L0 :- L1, L2, ..., Ln. und ?- P, L, Q. wird durch einen neuen Term ersetzt. Gleiche Variablen werden durch gleiche Terme ersetzt. Die sich durch diese Ersetzung ergebenden Literale sind unterstrichen (so ist L das Literal, das sich ergibt, wenn man im Literal L die Variablen durch die neuen Terme ersetzt).

2. Die Literale L und L0 sind gleich, d.h. L und L0 sind unifizierbar.

(Fakten kann man auffassen als Regeln mit leerer rechter Seite. In diesem Sinne ist das Resolutionsprinzip auch für Fakten gültig.)

Das Beweisen mit Hilfe des Resolutionsprinzips wollen wir noch einmal an einem kleinen Beispiel erläutern. Es soll ein Prädikat letztes(L,E) definiert werden, das dann erfüllt ist, wenn L eine Liste und E das letzte Element dieser Liste ist. Folgende Anfragen sollen also möglich sein:

```
?- letztes([1,2,3],a).
no
?- letztes([a,b,c,d],d).
yes
?- letztes([x,y],E).
E = y
yes
```

Wie Prädikate auf Listen definiert werden können, haben wir schon im Kapitel 2 beim Prädikat enthaelt gesehen: Eine Klausel behandelt den Spezialfall und eine andere den allgemeinen Fall. Beim Prädikat letztes(L,E) ist der Spezialfall der, daß die Liste L nur aus einem Element besteht. In diesem Fall ist dieses Element auch das letzte Element der Liste. Im allgemeinen Fall ist eine Liste zerlegbar in den Listenkopf und den Listenrest. Das

letzte Element der restlichen Liste ist gleichzeitig das letzte Element der gesamten Liste.
Übersetzt in Prolog erhalten wir ein Faktum und eine Regel:

```
letztes([E],E).
letztes([K|R],E) :- letztes(R,E).
```

Wenn wir diese Klauseln dem Prolog-System eingegeben haben und wir möchten das letzte
Element der Liste `[a,b]` wissen, dann stellen wir die Anfrage

```
?- letztes([a,b],E).
E = b
```

und der Computer antwortet mit dem Wert des letzten Elements. Wir zeigen nun, wie das
Prolog-System diese Anfrage unter Berücksichtigung des Resolutionsprinzips bewiesen hat.
Die Anfrage

```
(1)        ?- letztes([a,b],E).
```

besteht nur aus einem Literal. Weil das erste Argument keine einelementige Liste ist, kann
nur die *Regel* für `letztes` angewendet werden. Die Variablen in der Regel müssen zuvor so
umbenannt werden, daß ihre Namen verschieden von den Variablen in (1) sind. Wir machen
dies durch Anhängen einer `1` an die Variablennamen und erhalten die Regel

```
letztes([K1|R1],E1) :- letztes(R1,E1).
```

Die linke Seite der Regel wird mit dem Literal in der Anfrage (1) angeglichen (unifiziert),
indem

```
K1     durch    a
R1     durch    [b]
E1     durch    E
```

ersetzt wird. Dadurch ergibt sich die Regel

```
letztes([a,b],E) :- letztes([b],E).
```

Somit läßt sich nach dem Resolutionsprinzip der Beweis von (1) auf den Beweis von

```
(2)        ?- letztes([b],E).
```

zurückführen. Das erste Argument dieses Literals ist eine einelementige Liste; wir können
versuchen, das *Faktum* für `letztes` zum weiteren Beweis zu verwenden. Dazu müssen wir
erst die Variablen im Faktum umbenennen:

```
letztes([E2],E2).
```

Dieses Faktum können wir mit dem Literal in der Anfrage (2) unifizieren, indem wir

```
E2     durch    b
E      durch    b
```

ersetzen. Damit läßt sich nach dem Resolutionsprinzip der Beweis von (2) auf die leere
Anfrage

```
(3)        ? .
```

zurückführen, weil Fakten als Regeln mit leerer rechter Seite interpretiert werden können. Wir
haben die ursprüngliche Anfrage in mehreren Schritten auf die leere Anfrage zurückgeführt

und damit ist sie bewiesen. Während des Beweises haben wir die Variable `E` aus der Anfrage durch den Wert `b` ersetzt; dieser Wert wird vom Prolog-System als Antwort auf die Anfrage ausgegeben:

```
E = b
```

Dies bedeutet: `b` ist das letzte Element der Liste `[a,b]`.

Aus dem Resolutionsprinzip ist ersichtlich, daß zum Rechnen in Prolog zwei Dinge von großer Bedeutung sind:

1. Das Prolog-System muß feststellen können, ob zwei Literale unifizierbar sind.

2. Das Prolog-System muß herausfinden, durch welche Terme die Variablen in zwei unifizierbaren Literalen ersetzt werden müssen, damit die sich ergebenden Literale gleich sind.

Wir befassen uns daher im nächsten Kapitel genauer mit dem Problem der Unifikation.

3.3. Unifikation

Um ein Problem mit Prolog zu lösen, muß das bekannte Wissen in Form von Fakten und Regeln formuliert werden. Fakten repräsentieren Aussagen über konkrete Objekte, während Regeln durch Verwendung von Variablen meistens sehr allgemein gehalten sind. So sind die Fakten

```
weiblich(maria).
istMutterVon(elfriede,maria).
```

Aussagen über die konkreten Objekte `maria` und `elfriede`, während die Regel

```
istTochterVon(T,M) :-
        weiblich(T), istMutterVon(M,T).
```

eine allgemeine Aussage darüber ist, wann zwei Personen im Tochter-Mutter-Verhältnis stehen. Diese Aussage gilt für alle möglichen Terme, die anstelle der Variablen `T` und `M` eingesetzt werden. Stellt man eine konkrete Frage, beispielsweise ob `maria` die Tochter von `elfriede` ist,

```
?- istTochterVon(maria,elfriede).
```

dann muß die Regel so modifiziert werden, daß sie zu der gestellten Frage paßt. In unserem Fall erhalten wir, wenn wir `T` durch `maria` und `M` durch `elfriede` ersetzen, die Regel

```
istTochterVon(maria,elfriede) :-
        weiblich(maria), istMutterVon(elfriede,maria).
```

Mit dieser modifizierten Regel kann die obige Frage aufgrund der vorhandenen Fakten mit `yes` beantwortet werden.

Ersetzungen von Variablen werden nicht nur bei Regeln durchgeführt, sondern auch bei Anfragen. Wenn wir wissen wollen, welche Töchter `elfriede` hat, dann stellen wir die Anfrage

```
?- istTochterVon(Tochter,elfriede).
```

Diese Anfrage läßt sich aufgrund der vorhandenen Fakten und Regeln mit `yes` beantworten, wenn die Variable `Tochter` durch `maria` ersetzt wird. Somit beantwortet das Prolog-

System diese Anfrage mit

```
Tochter = maria
```

Wenn ein Prolog-System "rechnet" (Aussagen beweist), dann werden an zwei Stellen Variablen durch andere Terme ersetzt:

1. Innerhalb von Fakten und Regeln, um diese an die gestellte Frage anzupassen.
2. In Anfragen, um diese an die vorhandenen Klauseln anzupassen. Die in Anfragen ersetzten Variablen werden am Ende eines erfolgreichen Beweises ausgegeben.

Literale, die in Fakten und Regeln vorkommen, und Literale in Anfragen werden beim Beweisen durch Ersetzung von Variablen aneinander angepaßt. Diese gegenseitige Anpassung heißt **Unifikation**. Nachfolgend werden einige formale Begriffe erläutert und eine Methode zur Unifikation von Termen vorgestellt. Es ist beim Problemlösen mit Prolog nicht unbedingt erforderlich, dies zu wissen, aber notwendig, um die Bedeutung dessen, was in Prolog aufgeschrieben wird, besser zu verstehen.

Das Ersetzen von Variablen in einem Term durch andere Terme heißt auch **Substitution**. Abstrakt gesehen ist eine Substitution eine Abbildung, die jedem Term eindeutig einen neuen zuordnet, wobei sich der alte vom neuen Term nur durch die Ersetzung von Variablen unterscheidet. Wenn wir die Substitution, die die Variable M durch das Atom elfriede ersetzt, mit U bezeichnen, dann gilt:

```
U(elfriede)                     = elfriede
U(heinz)                        = heinz
U(1910)                         = 1910
...
U(Mutter)                       = Mutter
U(M)                            = elfriede
U(Vater)                        = Vater
...
U(verheiratet(wilhelmine,fritz)) = verheiratet(wilhelmine,fritz)
U(verheiratet(M,anton))          = verheiratet(elfriede,anton)
...
```

Atome und Zahlen werden durch die Substitution U nicht verändert, ebenso alle Variablen außer M. Strukturen selbst bleiben unverändert, nur wird auf die einzelnen Komponenten selbst wieder die Substitution U angewendet. Aus diesem Grund brauchen wir zur Definition von U nur anzugeben, daß die Variable M durch elfriede ersetzt wird:

```
U = {M/elfriede}
```

Diese Schreibweise bedeutet:

> Die Substitution U ersetzt in einem Term jedes Vorkommen der Variablen M durch elfriede und läßt alle anderen Konstanten und Variablen unverändert.

Wichtig für Prolog sind Substitutionen, die zwei vorgegebene Terme "gleichmachen", wie beispielsweise U, denn es gilt:

```
U(verheiratet(M,anton)) = U(verheiratet(elfriede,anton))
```

Eine solche Substitution heißt **Unifikator** für verheiratet(M,anton) und verheiratet(elfriede,anton). Allgemein gilt folgende Definition:

Eine Substitution U, die Variablen so durch Terme ersetzt, daß zwei Terme $T1$ und $T2$ gleich werden, d.h. für die

```
U(T1) = U(T2)
```

gilt, heißt **Unifikator** für $T1$ und $T2$.

Unifikatoren müssen nicht eindeutig bestimmt sein, beispielsweise gibt es für die Terme `datum(1,M,J)` und `datum(Tag,Monat,1968)` mehrere Unifikatoren, wie

```
U1 = {M/4, J/1968, Tag/1, Monat/4}
```

und

```
U2 = {M/Monat, J/1968, Tag/1, Monat/Monat}
```

Hierbei erhalten wir:

```
U1(datum(1,M,J))            =   datum(1,4,1968)
U1(datum(Tag,Monat,1968))   =   datum(1,4,1968)
```

und

```
U2(datum(1,M,J))            =   datum(1,Monat,1968)
U2(datum(Tag,Monat,1968))   =   datum(1,Monat,1968)
```

Während $U1$ schon einen konkreten Monat festlegt, wird bei $U2$ für den Monat eine Variable substituiert. $U2$ ist also allgemeiner als $U1$ in dem Sinn, daß $U2$ beim "Gleichmachen" von Termen nicht so viele Komponenten festlegt wie $U1$. Ein Unifikator, der möglichst viele Variablen beibehält, wird **allgemeinster Unifikator** genannt.

Beim Beweisen von Anfragen versucht ein Prolog-System, allgemeinste Unifikatoren für Literale zu finden. Denn wenn ein Unifikator zu speziell gewählt wird, kann es leichter passieren, daß man bei einem Beweis in eine "Sackgasse" gerät. Um zu sehen, wie allgemeinste Unifikatoren gefunden werden können, geben wir eine systematische Methode (Algorithmus) hierzu an.

Algorithmus: Unifikation

Eingabe: Zwei Terme $T1$ und $T2$

Ausgabe: Ein allgemeinster Unifikator U für $T1$ und $T2$, falls $T1$ und $T2$ unifizierbar sind.

Methode:

1. Wenn $T1$ und $T2$ gleiche Variablen sind: $U = \{\ \}$

2. Wenn $T1$ eine Variable ist:

    Falls $T1$ nicht im Term $T2$ vorkommt
    dann $U = \{T1/T2\}$
    sonst "$T1$ und $T2$ sind nicht unifizierbar"

3. Wenn $T2$ eine Variable ist:

    Falls $T2$ nicht im Term $T1$ vorkommt
    dann $U = \{T2/T1\}$
    sonst "$T1$ und $T2$ sind nicht unifizierbar"

4. Wenn `T1` und `T2` Konstanten sind:

   Falls `T1 = T2`
   dann `U = { }`
   sonst "`T1` und `T2` sind nicht unifizierbar"

5. Wenn `T1` und `T2` Strukturen sind:

   Falls `T1` und `T2` gleiche Funktoren und die gleiche Anzahl von Komponenten haben
   dann

   > Die Komponenten von `T1` seien mit $T1_1$, $T1_2$, ..., $T1_n$ bezeichnet.
   > Die Komponenten von `T2` seien mit $T2_1$, $T2_2$, ..., $T2_n$ bezeichnet.
   > Finde den allgemeinsten Unifikator U_1 für $T1_1$ und $T2_1$.
   > Finde den allgemeinsten Unifikator U_2 für $U_1(T1_2)$ und $U_1(T2_2)$.
   > Finde den allgemeinsten Unifikator U_3 für $U_2(U_1(T1_3))$ und $U_2(U_1(T2_3))$.
   > ... (bis Unifikator U_n)
   > *Falls* alle Unifikatoren U_1, U_2, ..., U_n existieren
   > *dann* $U = U_n(U_{n-1}(...U_2(U_1))...)$
   > *sonst* "`T1` und `T2` sind nicht unifizierbar"

   sonst "`T1` und `T2` sind nicht unifizierbar"

6. Sonst: "`T1` und `T2` sind nicht unifizierbar"

Der Algorithmus ersetzt, falls einer der Terme eine Variable ist, diese Variable durch den anderen Term. Dies ist aber nur zulässig, wenn die Variable in dem anderen Term nicht vorkommt, weil beispielsweise die Terme `X` und `f(X)` nicht unifizierbar sind (leider überprüfen dies die meisten existierenden Prolog-Systeme nicht; wir werden später darauf noch unter dem Stichwort "Vorkommenstest" eingehen).

Sind die beiden Terme Strukturen mit gleichem Funktor und gleicher Stelligkeit, dann werden die ersten Komponenten unifiziert. Die Variablenersetzungen, die dabei eventuell gemacht werden, müssen bei der Unifikation der nächsten Komponenten berücksichtigt werden. Bei der Unifikation der Terme

```
f(E,E)      und      f(1,2)
```

werden zunächst die ersten Komponenten `E` und `1` unifiziert, worauf die Variable `E` durch den Wert `1` ersetzt wird. Diese Ersetzung muß bei der Unifikation der zweiten Komponenten `E` und `2` berücksichtigt werden, d.h. bei den zweiten Komponenten wird versucht, `1` und `2` zu unifizieren, was aber nicht möglich ist. Wäre diese Ersetzung nicht berücksichtigt worden, dann würde es für `E` zwei Unifikatoren, nämlich `{E/1}` und `{E/2}` geben. Dies ist aber nicht erlaubt, weil in einem Term gleiche Variablen durch gleiche Terme ersetzt werden müssen.

Wenn alle Komponenten der Strukturen `T1` und `T2` paarweise unifizierbar sind, dann sind auch `T1` und `T2` unifizierbar und der Unifikator setzt sich aus denen der Komponenten zusammen.

Beispiele:

- Die eingegebenen Terme seien

```
istTochterVon(T,elfriede)      und      istTochterVon(maria,M)
```

Die beiden Terme haben den gleichen Funktor und die gleiche Anzahl von Komponenten (Fall 5 im Algorithmus). Nach dem Algorithmus werden die Komponenten paarweise unifiziert. Die Unifikation von `T` und `maria` (Fall 2) ergibt den Unifikator

```
U1 = {T/maria}
```

Die Unifikation von `U1(elfriede)` und `U1(M)` (Fall 3) ergibt den Unifikator

```
U2 = {M/elfriede}
```

Somit sind die Terme unifizierbar und ein allgemeinster Unifikator ist

```
U = U2(U1) = U2({T/maria}) = {T/maria, M/elfriede}
```

- Die eingegebenen Terme seien

```
gleich(f(1),g(X))      und      gleich(Y,Y)
```

Die Terme haben den gleichen Funktor und die gleiche Anzahl von Komponenten (Fall 5). Unifizierung der ersten Komponenten `f(1)` und `Y` ergibt den Unifikator

```
U1 = {Y/f(1)}
```

Nun müssen `U1(g(X))` und `U1(Y)`, also `g(X)` und `f(1)` unifiziert werden. Da diese Terme einen unterschiedlichen Funktor haben, ist hier keine Unifikation möglich und damit können auch die eingegebenen Terme nicht unifiziert werden.

- Die eingegebenen Terme seien

```
p(1,A,f(g(X)))      und      p(X,f(Y),f(Y))
```

Der Unifikationsalgorithmus versucht nacheinander, die Komponenten dieser Terme paarweise zu unifizieren. Die Unifikation von `1` und `X` ergibt

```
U1 = {X/1}
```

Die Unifikation von `U1(A)` und `U1(f(Y))`, d.h. von `A` und `f(Y)` ergibt

```
U2 = {A/f(Y)}
```

Schließlich ergibt die Unifikation von `U2(U1(f(g(X))))` und `U2(U1(f(Y)))`, d.h. von `f(g(1))` und `f(Y)` den Unifikator

```
U3 = {Y/g(1)}
```

Somit lautet der allgemeinste Unifikator

```
U = U3(U2(U1))
  = U3(U2({X/1}))
  = U3({X/1, A/f(Y)})
  = {X/1, A/f(g(1)), Y/g(1)}
```

3.4. Gleichheit in Prolog

Wie schon in Kapitel 2.5 erwähnt, ist mit Gleichheit von Termen in Prolog Unifizierbarkeit gemeint. Dies liegt daran, daß die Gleichheit in Prolog durch die Klausel

```
=(X,X).
```

vordefiniert ist, d.h. jedem Prolog-System ist dieses Faktum bekannt und es ist nicht erlaubt, neue Klauseln für dieses Prädikat einzugeben. = ist als Infixoperator definiert, man kann statt =(3,X) auch 3=X schreiben.

Diese Definition hat zur Konsequenz, daß das Literal T1=T2 (T1 und T2 sind beliebige Terme) nur dann beweisbar ist, wenn T1 und T2 unifizierbar sind. Aus diesem Grund ist 3+2=5 *nicht* beweisbar, während

```
weiblich(maria) = weiblich(F)
```

dann beweisbar ist, wenn die Variable F durch maria ersetzt wird.

Wir haben nun die rein logischen Aspekte von Prolog kennengelernt (abgesehen von weiteren vordefinierten Prädikaten) und können damit viele Probleme mit Prolog lösen. Um ein Gefühl dafür zu bekommen, wie bei konkreten Problemen die Klauseln formuliert werden müssen, werden wir im nächsten Kapitel anhand von Beispielen einfache Programmiertechniken kennenlernen.

Übungen:

3.1: Definieren Sie folgende Listenoperationen durch Prolog-Klauseln:
  - Umkehrung der Reihenfolge aller Elemente einer Liste
    (Prädikat umkehr(Liste,UmkehrListe))
  - Überprüfung, ob eine Liste als Teil in einer anderen Liste enthalten ist
    (Prädikat teilliste(T,L))
  - Umwandeln einer Liste in eine Menge (= Liste, in der keine Elemente doppelt vorkommen), d.h. Entfernen aller doppelt vorkommenden Elemente
    (Prädikat menge(Liste,Menge))
  - Durchschnitt, Vereinigung und Differenz zweier Mengen
    (Prädikate schnitt(M1,M2,M), vereinigt(M1,M2,M), diff(M1,M2,M))
  - Überprüfung, ob eine Menge Teilmenge einer anderen Menge ist
    (Prädikat teilmenge(T,M))

3.2: Gegeben ist die folgende, auf Prolog angepaßte Definition für geordnete binäre Bäume:
  - Ein Blatt leaf(...) ist ein geordneter binärer Baum.
  - Sind T1 und T2 geordnete binäre Bäume, dann ist auch tree(T1,T2) ein geordneter binärer Baum.

Zum Beispiel ist

```
tree(tree(leaf(1),tree(leaf(2),leaf(3))),tree(leaf(4),leaf(5)))
```

ein geordneter binärer Baum.

a) Schreiben Sie ein Prolog-Programm, das einen so definierten Baum in eine geordnete Liste seiner Blätter umwandelt (d.h. definieren Sie ein Prädikat `blaetter(Baum,Liste)`).

b) Sei T ein geordneter binärer Baum. Unter *Swap* (T) versteht man den Baum, der entsteht, wenn die Teilbaeume `T1` und `T2` jedes Knotens `tree(T1,T2)` vertauscht werden. Definieren Sie das Prädikat `swapTree(Tree,SwapTree)`, das erfüllt ist, wenn `Tree` ein geordneter binärer Baum ist und `SwapTree` der Baum *Swap* (Tree) ist. Zum Beispiel ist

```
tree(tree(leaf(5),leaf(4)),tree(tree(leaf(3),leaf(2)),leaf(1)))
```

die "geswappte" Version des obigen Beispielbaumes.

3.3: Überprüfen Sie mit Hilfe des Algorithmus zum Auffinden eines allgemeinsten Unifikators die folgenden Termpaare auf Unifizierbarkeit. Geben Sie, falls die Terme unifiziert werden können, einen allgemeinsten Unifikator an.

a) `z(a(b(D)),d(e(F)),g(H))` und `z(H,K,g(F))`

b) `p(f(g(X)),Y,X)` und `p(Z,h(X),i(Z))`

c) `h(e(0),n,k,f(E),g(L))` und `h(T,A,N,f(t),E)`

d) `f(A,g(A,B))` und `f(g(B,C),g(g(h(t),B),h(t)))`

e) `f(A1,A2,A3,A4)` und `f(g(A0,A0),g(A1,A1),g(A2,A2),g(A3,A3))`

4. Elementare Programmiertechniken

In diesem Kapitel werden wir anhand von Beispielen Programmiertechniken kennenlernen, die auch auf andere Probleme übertragbar sind. Ziel ist es, einen Eindruck zu bekommen, wie das Wissen über ein Problem in Prolog angegeben werden muß, um eine Lösung zu erhalten. Weil Problemwissen unterschiedlich formulierbar ist, ist es meistens nicht sofort klar, auf welchem Weg man die gewünschten Ergebnisse erhält. In diesem Kapitel können nur elementare Hinweise gegeben werden. Am besten werden die Techniken durch eigene praktische Erfahrungen erlernt. Aus diesem Grund ist es unerläßlich, selbst Problemlösungen mit einem Prolog-System zu finden.

4.1. Aufzählung des Suchraumes

Betrachten wir das folgende Problem:

Färben einer Landkarte:

Gegeben ist die folgende Landkarte mit sechs Ländern:

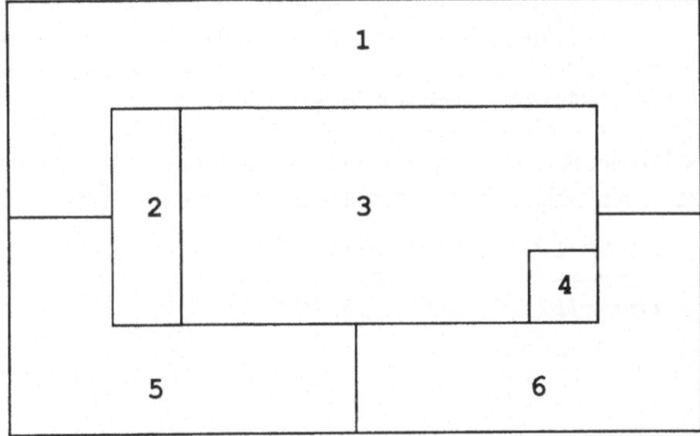

Es stehen die Farben Rot, Gelb, Grün und Blau zur Verfügung. Jedes der sechs Länder soll so mit einer der vier Farben gefärbt werden, daß aneinandergrenzende Länder unterschiedliche Farben haben.

Zur Lösung dieses Problems müssen wir das uns bekannte Wissen dem Prolog-System mitteilen. Die Tatsache, daß vier Farben zur Verfügung stehen, drücken wir in Prolog durch folgende Fakten aus:

```
farbe(rot).
farbe(gelb).
farbe(gruen).
farbe(blau).
```

In der Definition, wann eine Landkarte korrekt gefärbt ist, kommt die Bedingung vor, daß aneinandergrenzende Länder verschiedene Farben haben. Also müssen wir dem Prolog-System mitteilen, wann zwei Farben verschieden sind:

```
verschieden(rot,gelb).
verschieden(rot,gruen).
verschieden(rot,blau).
verschieden(gelb,rot).
verschieden(gelb,gruen).
verschieden(gelb,blau).
verschieden(gruen,rot).
verschieden(gruen,gelb).
verschieden(gruen,blau).
verschieden(blau,rot).
verschieden(blau,gelb).
verschieden(blau,gruen).
```

Nun können wir ausdrücken, wann eine Landkarte korrekt gefärbt ist: Wenn die nach obiger Skizze aneinandergrenzenden Länder verschiedene Farben haben, dann ist die Landkarte korrekt gefärbt. Um nicht für jede Färbung eine eigene Regel anzugeben, benutzen wir Variablen für die Farben der einzelnen Länder: `L1` steht für die Farbe von Land 1, `L2` für die Farbe von Land 2 usw. Damit lautet die entsprechende Regel:

```
korrekteFaerbung(L1,L2,L3,L4,L5,L6)  :-
      verschieden(L1,L2),  verschieden(L1,L3),  verschieden(L1,L5),
      verschieden(L1,L6),  verschieden(L2,L3),  verschieden(L2,L5),
      verschieden(L3,L4),  verschieden(L3,L5),  verschieden(L3,L6),
      verschieden(L4,L6),  verschieden(L5,L6).
```

Eine Lösung unseres Problems erhalten wir, wenn wir nach einer Färbung der sechs Länder fragen, bei der nur die vier erlaubten Farben benutzt werden und die auch korrekt ist:

```
?- farbe(L1),  farbe(L2),  farbe(L3),
   farbe(L4),  farbe(L5),  farbe(L6),
   korrekteFaerbung(L1,L2,L3,L4,L5,L6).
L1 = rot
L2 = gelb
L3 = gruen
L4 = rot
L5 = blau
L6 = gelb
```

Durch Eingabe von ; erhalten wir weitere mögliche Färbungen.

Diese Art der Problemlösung ist typisch für den Fall, wenn man keine Vorstellung darüber hat, wie auf systematische Weise schnell eine Lösung gefunden werden kann. Die Bedingung, wann eine Lösung korrekt ist, wird in Prolog formuliert und der Computer untersucht *sämtliche eventuell möglichen Lösungen* auf Korrektheit. Weil es aber unendlich viele Objekte gibt, würde der Computer unendlich lange suchen und zu keinem Ergebnis kommen, falls keine Lösung existiert. Aus diesem Grund muß die Menge der potentiellen Lösungen (der **Suchraum**) auf eine (möglichst) endliche Menge von Objekten eingeschränkt werden. Dies haben wir in unserem Färbungsproblem mit der Forderung getan, daß die Farben der Länder jeweils eines von vier Atomen sein sollen:

```
farbe(L1),  farbe(L2),  farbe(L3),  farbe(L4),  farbe(L5),  farbe(L6)
```

Damit ist der Suchraum eingeschränkt auf eine endliche Menge. Durch Angabe der zusätzlichen Bedingung

```
korrekteFaerbung(L1,L2,L3,L4,L5,L6)
```

zeichnen wir aus dem Suchraum die Elemente aus, die uns interessieren.

Prinzipiell liegt dieser Methode folgendes Schema zugrunde:

```
loesung(L) :- moeglicheLoesung(L), korrekteLoesung(L).
```

Das Prädikat `moeglicheLoesung` schränkt die Menge aller Prolog-Objekte auf eine Menge von sinnvollen Objekten ein. Beim Färbungsproblem brauchen als mögliche Lösungen nur die vier Farben in Betracht gezogen werden, nicht jedoch andere Atome, Zahlen oder Strukturen. Die Einschränkung des Suchraumes sollte möglichst groß sein, aber nicht so stark, daß es korrekte Lösungen gibt, die nicht unter den möglichen Lösungen sind. In diesem Fall würde uns das Prolog-System bestimmte Lösungen nicht liefern, obwohl sie existieren.

Wird ein Problem nach der soeben skizzierten Methode beschrieben, dann hat das Prolog-System zum Finden einer Lösung nur die Möglichkeit, alle möglichen Lösungen nacheinander darauf zu überprüfen, ob sie korrekt sind oder nicht. Die Konsequenz ist, daß die Zeit, die der Computer zum Finden einer Lösung braucht, von der Größe der Menge der möglichen Lösungen abhängig ist. Bei unserem Färbungsproblem sind die möglichen Lösungen dadurch gekennzeichnet, daß jedes von 6 verschiedenen Ländern mit einer von vier Farben gefärbt werden soll. Dies entspricht $4^6=4096$ möglichen Lösungen. Bei der Geschwindigkeit heutiger Computer ist in diesem Fall die Aufzählung des Suchraumes noch gerechtfertigt. Bei anderen Problemen ist diese Methode nicht praktikabel, wie das nächste Beispiel zeigt:

Sortieren von Zahlen:

Es soll ein Prädikat `sortiere(UL,SL)` definiert werden, das erfüllt ist, wenn `UL` eine unsortierte Liste von Zahlen und `SL` die entsprechende sortierte Zahlenliste ist.

Zur Lösung dieser Aufgabe müssen wir erst definieren, wann eine Liste sortiert ist:

Eine Zahlenliste heißt *sortiert*, wenn jedes Element kleiner oder gleich dem nachfolgenden ist.

Diese Definition läßt sich nicht direkt in Prolog ausdrücken. Zur Formulierung in Prolog benötigen wir eine Definition, die auf den Begriffen erstes/zweites Element und Listenrest aufbaut:

Eine Zahlenliste heißt *sortiert*, wenn eine der drei folgenden Fälle erfüllt ist:

1. Die Zahlenliste ist leer.
2. Die Zahlenliste enthält nur ein Element.
3. Das erste Element der Liste ist kleiner oder gleich dem zweiten und die restliche Liste (ohne dem ersten Element) ist sortiert.

Diese Definition können wir in Prolog formulieren unter Verwendung des vordefinierten Prädikats =< (Infixoperator), welches auf Zahlen definiert und wahr ist, wenn das erste Argument kleiner oder gleich dem zweiten ist (auf weitere arithmetische Prädikate gehen wir später ein):

```
sortiert([]).          % Die leere Liste ist immer sortiert.
sortiert([E]).         % Eine 1-elementige Liste ist immer sortiert.
sortiert([E1,E2|L]):-
        E1 =< E2,
        sortiert([E2|L]).
```

Das Zeichen % kennzeichnet einen Kommentar in den Klauseln. Ein **Kommentar** kann an jeder Stelle (jedoch nicht innerhalb von Atomen) in einem Prolog-Programm stehen und hat für das Prolog-System keine Bedeutung. Ein Kommentar beginnt mit dem Zeichen % und erstreckt sich bis zum Ende der Zeile.

Das Prädikat sortiert(L) definiert die *korrekten Lösungen* unseres Problems. Nun müssen wir noch die Menge der *möglichen Lösungen* angeben: Eine Liste SL ist eine mögliche Lösung des Sortierproblems, wenn sie die gleichen Elemente wie die unsortierte Liste UL enthält, aber diese Elemente eventuell in einer anderen Reihenfolge stehen. Wir sagen auch: SL ist eine **Permutation** von UL. Um in Prolog zu definieren, was eine Permutation ist, überlegen wir uns zunächst, wie wir ohne Benutzung eines Computers feststellen, ob eine Zahlenliste eine Permutation einer anderen ist. Eine Möglichkeit ist, daß man das erste Element der einen Liste in der anderen sucht und herausstreicht, dann das zweite Element der einen Liste aus der anderen streicht usw. Wenn dies genau aufgeht, dann ist die eine Liste eine Permutation der anderen:

```
permutation([],[]).
permutation(Liste1,[E2|Rest2]) :-
        streiche(E2,Liste1,Rest1),
        permutation(Rest1,Rest2).
```

Das Prädikat streiche(E,L,R) soll erfüllt sein, wenn R die Liste ist, die sich ergibt, wenn das Element E aus der Liste L gestrichen wird. Zur Definition dieses Prädikats geben wir zwei Klauseln an: eine für den Fall, daß das zu streichende Element das erste Element der Liste ist und eine Regel für den Fall, daß das Element aus dem Rest der Liste gestrichen werden muß:

```
streiche(E,[E|Rest],Rest).
streiche(E,[A|Rest],[A|RestohneE]) :-
        streiche(E,Rest,RestohneE).
```

Damit ist das Prädikat permutation, welches die Menge der möglichen Lösungen beschreibt, vollständig definiert und wir können die Lösung unserer Sortieraufgabe nach dem oben vorgestellten Schema angeben:

```
sortiere(UL,SL):-
        permutation(UL,SL),    % moegliche Loesungen
        sortiert(SL).          % korrekte Loesungen
```

Nun können wir zum Sortieren einer Liste mit 4 Elementen die folgende Anfrage stellen:

```
?- sortiere([3,1,4,2],SL).
SL = [1,2,3,4]
```

Wie groß ist hier der Suchraum? Ist das erste Argument eine Liste mit 4 Elementen, dann sind die möglichen Lösungen alle 24 Permutationen dieser 4-elementigen Liste. Allgemein gibt es zu einer Liste mit N Elementen N!=N*(N-1)*...*2*1 viele Permutationen. Zur Sortierung einer Liste mit nur 10 Elementen müßte das Prolog-System also maximal 3.628.800 mögliche

Lösungen untersuchen, was aber vollkommen indiskutabel ist. Wenn die Anzahl der möglichen Lösungen so groß ist, hilft die Aufzählung des Suchraumes nicht weiter. Dann muß dem Prolog-System aufgrund einer genauen Analyse des Problems mehr Wissen mitgeteilt werden als nur die reine Problemstellung.

4.2. Musterorientierte Wissensrepräsentation

Typisch für viele Anwendungen in Prolog ist die Verarbeitung von größeren Strukturen (Listen). Dabei muß nur selten eine große Menge möglicher Lösungen daraufhin untersucht werden, ob sie korrekt sind, sondern die Lösung wird gefunden durch die Untersuchung immer kleinerer Teilstrukturen. Zur Lösung solcher Probleme werden für jeden Teilstrukturtyp eine oder mehrere Klauseln angegeben, so daß bei der Lösungsfindung die Anzahl der Wege, die überhaupt zum Ziel führen, stark eingeschränkt wird (mit anderen Worten: der Suchraum ist sehr klein).

Als einfaches Beispiel betrachten wir das Prädikat `anhang(L,E,LundE)`, das genau dann erfüllt sein soll, wenn `LundE` die Liste ist, die durch Hinzufügen von `E` an das Ende der Liste `L` entsteht. Zur Formulierung dieses Prädikats in Prolog geben wir erst eine umgangssprachliche Formulierung an, bei der berücksichtigt ist, daß in Prolog die Standardoperation auf Listen das Zerlegen in Listenkopf (erstes Element) und Listenrest ist:

- Wird ein Element an eine leere Liste angehängt, so erhält man eine einelementige Liste mit dem anzuhängenden Element.

- Wird ein Element an eine nicht-leere Liste angehängt, so erhält man das gleiche Ergebnis, wenn das Element an den Listenrest angehängt und der Listenkopf unverändert gelassen wird.

Das können wir in Prolog so formulieren:

```
anhang([],E,[E]).
anhang([Kopf|Rest],E,[Kopf|RestundE]) :-
        anhang(Rest,E,RestundE).
```

Dies ist ein Beispiel für *musterorientierte Wissensrepräsentation,* weil jede Klausel für einen anderen Listentyp steht: Das erste Faktum definiert für alle leeren Listen, was Anhängen eines Elementes bedeutet, während die Regel dies für alle nicht-leeren Listen definiert.

Soll nun bewiesen werden, daß

```
?- anhang([a,b],c,[a,b,c]).
```

wahr ist, so wird der Beweis über den Aufbau der ersten Liste `[a,b]` geführt:

```
?- anhang([a,b],c,[a,b,c]).
    ⊦                          (2. Klausel)
?- anhang([b],c,[b,c]).
    ⊦                          (2. Klausel)
?- anhang([],c,[c]).
    ⊦                          (1. Klausel)
    □
```

Durch die Form der Klauseln gibt es in jedem Beweisschritt nur eine Möglichkeit fortzufahren. Dies ist der Idealfall für ein Prolog-System, weil dann die Frage nach Beweisbarkeit schnell zu beantworten ist.

Eine weitere typische Anwendung für die musterorientierte Wissensrepräsentation ist das aus der Mathematik bekannte **symbolische Differenzieren von Funktionen:**

> Es soll ein Prädikat `dx(F,DF)` definiert werden, das genau dann wahr ist, wenn `DF` die Ableitung der Funktion `F` nach ihrer Variablen x ist. Die Funktion `F` ist dabei zusammengesetzt aus Zahlen, der Variablen x, arithmetischen Operatoren, der Exponentiation F^c (c Zahl) und dem natürlichen Logarithmus $\ln F$.

Zur Lösung müssen wir zunächst festlegen, durch welche Prolog-Objekte Funktionen wie

$$2x^2 + \ln x$$

repräsentiert werden. Daher stellen wir in der nachfolgenden Tabelle die Funktionen in mathematischer Schreibweise und das entsprechende Prolog-Objekt gegenüber:

Mathematische Funktion	Prolog-Term
Konstante c	`k(c)`
x	`x`
$f+g$	`F+G`
$f-g$	`F-G`
$f*g$	`F*G`
f/g	`F/G`
f^c	`exp(F,k(c))`
$\ln f$	`ln(F)`

Die obige Funktion wird somit durch den Prolog-Term

```
k(2)*exp(x,k(2))+ln(x)
```

dargestellt. Zur Definition des Prädikats `dx(F,DF)` müssen wir uns überlegen, welche mathematischen Gesetze es für die Ableitung von Funktionen gibt. Die Ableitung einer Funktion f nach ihrem Argument x wird bezeichnet durch $\dfrac{df}{dx}$. Das Prädikat `dx(F,DF)` soll erfüllt sein, wenn $DF = \dfrac{dF}{dx}$ ist. In dieser Notation sind in der nachfolgenden Übersicht die aus der Mathematik bekannten Gesetzmäßigkeiten aufgeschrieben. Unser Wissen über das Prädikat `dx(F,DF)` sind diese mathematischen Gesetze. Daher sind neben den Gesetzen die zugehörigen Prolog-Klauseln aufgeschrieben.

Mathematische Gesetze	Prolog-Klauseln
$\dfrac{dc}{dx} = 0$	`dx(k(C),k(0)).`
$\dfrac{dx}{dx} = 1$	`dx(x,k(1)).`
$\dfrac{d(f+g)}{dx} = \dfrac{df}{dx} + \dfrac{dg}{dx}$	`dx(F+G,DF+DG) :- dx(F,DF), dx(G,DG).`
$\dfrac{d(f-g)}{dx} = \dfrac{df}{dx} - \dfrac{dg}{dx}$	`dx(F-G,DF-DG) :- dx(F,DF), dx(G,DG).`
$\dfrac{d(c*f)}{dx} = c*\dfrac{df}{dx}$	`dx(k(C)*F,k(C)*DF) :- dx(F,DF).`

$$\frac{d(f*g)}{dx} = f*\frac{dg}{dx}+g*\frac{df}{dx}$$

```
dx(F*G,F*DG + G*DF) :- dx(F,DF), dx(G,DG).
```

$$\frac{d(\frac{f}{g})}{dx} = \frac{\frac{df}{dx}*g-f*\frac{dg}{dx}}{g^2}$$

```
dx(F/G, (DF*G - F*DG)/exp(G,k(2))) :-
        dx(F,DF), dx(G,DG).
```

$$\frac{d(f^c)}{dx} = c*f^{c-1}*\frac{df}{dx}$$

```
dx(exp(F,k(C)),k(C)*exp(F,k(C-1))*DF) :-
        dx(F,DF).
```

$$\frac{d(lnf)}{dx} = f^{-1}*\frac{df}{dx}$$

```
dx(ln(F),exp(F,k(-1))*DF) :- dx(F,DF).
```

Wenn wir die Ableitung der Funktion

$$2x^2+lnx$$

wissen wollen, so stellen wir die Frage

```
?- dx(k(2)*exp(x,k(2))+ln(x),DF).
```

und erhalten die Antwort

```
DF = k(2)*(k(2)*exp(x,k(2-1))*k(1))+exp(x,k(-1))*k(1)
```

Dieser Ausdruck könnte vereinfacht werden zu

```
DF = k(4)*x+exp(x,k(-1))
```

aber dem Prolog-System sind keine Regeln zur Vereinfachung von Termen bekannt. Ein solcher Simplifizierer müßte explizit definiert werden (vgl. Übungsaufgabe am Ende von Kapitel 4).

An diesem Beispiel können wir einige Techniken sehen, die auch bei anderen Problemen anwendbar sind:

- In den linken Regelseiten und Fakten sind die Strukturen, auf die sie anwendbar sind, möglichst genau angegeben. Dies hat in diesem Beispiel zur Folge, daß in jedem Beweisschritt höchstens eine Klausel auf ein Literal anwendbar ist. Dadurch wird das Suchen von unterschiedlichen Beweiswegen vermieden. Beispielsweise hätte man anstelle der Regel

```
dx(F+G,DF+DG) :- dx(F,DF), dx(G,DG).
```

  auch die Regel

```
dx(U,DU) :- U=F+G, DU=DF+DG, dx(F,DF), dx(G,DG).
```

  verwenden können. In einem Beweis ist diese Regel zunächst immer anwendbar (z.B. auch auf die abzuleitende Funktion `x*x`), aber erst bei dem Versuch, die Literale auf der rechten Seite zu beweisen (insbesondere `U=F+G` und `DU=DF+DG`) stellt das Prolog-System eventuell fest, daß die Verwendung dieser Regel in eine Sackgasse führt. Bei der ursprünglichen Regel werden solche Sackgassen durch die in den Argumenten angegebenen Muster von vorneherein vermieden, wodurch ein Beweis schneller gefunden werden kann. *Aus diesem Grund sollte bei Prädikaten, die über Strukturen eine Aussage machen, möglichst viel Information über die Anwendbarkeit der Klauseln als Muster in die Argumente der linken Regelseiten oder Fakten eingebracht werden.*

- Prädikate, die Aussagen über Terme machen, deren Größe im vorhinein nicht bekannt ist, sind in der Regel nicht durch endlich viele Fakten definierbar. Weil wir dem Computer aber nicht unendlich viele Fakten mitteilen können, müssen wir anstelle von Fakten allgemeine Regeln angeben. Diese Regeln enthalten auf der rechten Seite Prädikate für die Unterstrukturen. Beispielsweise lautet die Regel für die Ableitung einer Funktion, die die Addition zweier anderer ist:

```
dx(F+G,DF+DG) :-
        dx(F,DF), dx(G,DG).
```

Die abzuleitende Funktion hat die Struktur `F+G`. Die rechte Seite dieser Regel enthält Aussagen (Literale) über die Unterstrukturen `F` und `G`. Ebenso gibt es in den Klauseln für das symbolische Differenzieren keine Klausel, welche direkt definiert, was die Ableitung von `x*ln(x)` ist, sondern es existiert nur eine Klausel für die Multiplikation, die ihrerseits über die Ableitung der Unterstrukturen (`x` und `ln(x)`) definiert ist. Die Ableitung einer komplexen Funktion ist definiert über die Ableitung der einzelnen Teilfunktionen oder, in Prolog-Sprechweise:

> *Das Prädikat für einen komplexen Term wird definiert durch Prädikate für die Teilterme.*

Umgekehrt wird der Ergebnisterm (die abgeleitete Funktion) zusammengesetzt aus den Ergebnistermen der Teilterme: Die Ableitung der Summe `F+G` ist in der Form `DF+DG` aus den Ableitungen der Teilterme `F` und `G` zusammengesetzt. Diese Art der Definition von Prädikaten für komplexe Strukturen (Zerlegung in Teilterme, Zusammensetzen von Teiltermen) wird sehr häufig in Prolog verwendet. Man sollte sie sich daher einprägen.

- Das symbolische Differenzieren kann gesehen werden als Problem, wie Terme in andere Terme übersetzt werden sollen. Die Lösung dieses Problems zeigt, wie einfach dieser Übersetzer beschrieben werden kann. Weil Prolog für Sprachanalyse und Übersetzungsprobleme so gut geeignet ist, wird in den meisten Prolog-Systemen dafür ein spezieller Mechanismus bereitgestellt. Dieser wird in Kapitel 9 beschrieben.

- Die Ergebnisse des symbolischen Differenzierens sind häufig komplizierte Funktionen, die noch wesentlich vereinfacht werden könnten. Dies liegt daran, daß in Prolog zunächst nur symbolische Manipulationen durchgeführt werden und nicht gerechnet wird. Ein Term ist eine Zusammensetzung von bestimmten Symbolen und hat sonst keine Bedeutung. Die Zahl `14` ist ebenso eine Konstante wie `iXa_k`. Entsprechend hat der Term `14-5` genauso wenig eine Bedeutung wie der Term `iXa_k+3`. Daher wird der erste Term auch nicht automatisch zu `9` vereinfacht. Wenn dies gewünscht ist, muß das dem Prolog-System explizit mitgeteilt werden. Für arithmetische Terme, die keine Variablen und Atome enthalten, gibt es ein vordefiniertes Prädikat, das diese vereinfacht (ausrechnet). Weil dieses Prädikat mit rein logischen Hilfsmitteln nicht definierbar ist, werden wir es später im Kapitel über nichtlogische Bestandteile von Prolog kennenlernen.

- In Prolog werden Prädikate und keine Funktionen definiert. So ist `dx(F,DF)` keine Funktion, die einem Ausdruck `F` seine Ableitung zuordnet, sondern ein Prädikat, welches eine Aussage darüber liefert, ob ein Ausdruck die Ableitung eines anderen ist oder nicht. Es gibt kein Eingabe- oder Ausgabeargument, sondern das Prädikat kann in beiden

Richtungen benutzt werden: Ist das erste Argument eine konkrete Funktion und das zweite Argument eine Variable, dann erhält man die Ableitung des ersten Arguments; ist dagegen das zweite Argument ein konkreter Funktionsausdruck und das erste Argument eine Variable, so erhält man das unbestimmte Integral des zweiten Arguments (falls das Prolog-System einen Beweis findet).

4.3. Verwendung von Relationen

In diesem Kapitel werden wir sehen, welche Vorteile es hat, das in Prolog angebotene Konzept der Relationen zu verwenden und wie man hierdurch Aufwand beim Programmieren einsparen kann.

Häufig sind die Probleme, die mit Prolog gelöst werden sollen, rein funktionaler Natur, d.h. es soll einem Eingabewert genau ein Ausgabewert zugeordnet werden. Eine solche Zuordnung nennt man auch **Funktion**. Beispielsweise beschreibt das im letzten Kapitel definierte Prädikat `anhang(L,E,LundE)` eine Funktion, die einer Liste und einem Objekt eine neue Liste zuordnet. Allgemein können wir eine Funktion f, die bestimmten Eingabewerten X_1, X_2, ..., X_n einen Ausgabewert Y zuordnet, als Relation

```
f(X_1,X_2,...,X_n,Y).
```

darstellen. Die eigentliche Zuordnung wird dann durch Klauseln für dieses Prädikat definiert. Wenn wir den Wert der Funktion f mit den Eingabewerten x_1, x_2, ..., x_n (dies sollen Grundterme sein) wissen wollen, so stellen wir die Frage

```
?- f(x_1,x_2,...,x_n,Y).
Y = ...
```

und erhalten den Funktionswert als Antwort. Hierfür könnten wir auch andere Programmiersprachen, die das Programmieren von Funktionen erlauben (z.B. LISP, PASCAL), verwenden. Der Vorteil bei der Benutzung von Prolog liegt nun darin, daß wir es nicht mit Funktionen (eindeutige Zuordnung von Eingabe- zu Ausgabewerten), sondern mit **Relationen** (Beziehungen zwischen verschiedenen Werten) zu tun haben. Bei Relationen gibt es keine festgelegten Eingabe- oder Ausgabeargumente: Wenn wir den Ergebniswert y (einen Grundterm) kennen, dann erhalten wir durch die Anfrage

```
?- f(X_1,X_2,...,X_n,y).
```

die Werte, für die die Funktion f den Wert y liefert, oder anders ausgedrückt: Mit der Definition der Funktion f haben wir in Prolog gleichzeitig die Umkehrfunktion zur Verfügung. Beispielsweise erhalten wir durch die Anfrage

```
?- anhang(L,E,[1,2,3,4]).
```

die Zerlegung der Liste in das letzte Element und die Liste ohne das letzte Element:

```
L = [1,2,3]
E = 4
```

Wenn wir in Prolog eine Funktion definieren wollen, die die Umkehrung einer schon bekannten Funktion ist, so brauchen wir diese nicht explizit zu programmieren, sondern wir können die schon bekannte Funktion verwenden. Um das letzte Element einer gegebenen Liste zu berechnen, können wir das Prädikat `anhang` verwenden, das ja bei festgelegtem dritten Argument im zweiten Argument das letzte Listenelement liefert:

```
letztes(L,E)  :- anhang(LohneE,E,L).
```

Durch die folgende Anfrage erhalten wir das letzte Element der Liste `[a,b,c]`:

```
?- letztes([a,b,c],X).
X = c
```

Das Fazit aus dieser Programmiertechnik ist:

Jedes Prädikat muß nicht durch Fakten und Regeln ganz neu definiert werden, sondern es kann versucht werden, neue Prädikate durch Verwendung schon bekannter zu definieren.

Diese Technik wollen wir am Beispiel der **Konkatenation von Listen** noch einmal demonstrieren:

Es soll ein Prädikat `konk(L1,L2,L12)` definiert werden, das genau dann erfüllt ist, wenn `L12` die Liste ist, die sich ergibt, wenn die Listen `L1` und `L2` aneinander gehängt werden.

Die folgenden Aussagen berücksichtigen die Tatsache, daß die Standardoperation auf Listen in Prolog die Zerlegung in erstes Element und Listenrest ist:

1. Konkateniert man eine leere Liste mit einer anderen, so ist das Ergebnis diese andere Liste.

2. Konkateniert man eine nichtleere Liste `L1` mit einer Liste `L2`, so ist das Ergebnis die Liste, deren erstes Element das erste von `L1` ist und deren Rest die Liste ist, die sich ergibt, wenn man den Rest von `L1` mit `L2` konkateniert.

Die Übersetzung dieser Aussagen in Prolog ergibt zwei Klauseln zur Definition der Konkatenation:

```
konk([],L,L).
konk([E|RestL1],L2,[E|RestL2])  :- konk(RestL1,L2,RestL2).
```

Dieses Prädikat definiert einerseits eine *Funktion*, die zwei Listen die konkatenierte Liste zuordnet:

```
?- konk([a,b],[c,d],L).
L = [a,b,c,d]
```

Um die Bedeutung der beiden Klauseln herauszustellen, zeigen wir, wie ein Prolog-System den Beweis dieser Anfrage durchführt (bei Anwendung der Regel für `konk` werden die Namen der Variablen umbenannt):

```
?- konk([a,b],[c,d],L).
   ⊢                    (2. Klausel, mit Unifikator U₁(L) = [a|Rest1] )
?- konk([b],[c,d],Rest1).
   ⊢                    (2. Klausel, mit Unifikator U₂(Rest1) = [b|Rest2] )
?- konk([],[c,d],Rest2).
   ⊢                    (1. Klausel, mit Unifikator U₃(Rest2) = [c,d] )
□
```

Alle Unifikatoren zusammen ergeben die Aussage, daß `L` durch `[a,b,c,d]` ersetzt werden muß, damit die Anfrage beweisbar ist.

Andererseits definiert das Prädikat konk auch eine *Relation* auf drei Listen, und wir können abfragen, ob diese Relation erfüllt ist oder nicht:

```
?- konk([1],[2,3],[1,2,3]).
yes
?- konk([1,2],[3],[3,1,2]).
no
```

Auf der anderen Seite definiert dieses Prädikat auch eine *Umkehrfunktion*, wenn man in der Anfrage eines der ersten Argumente unspezifiziert läßt:

```
?- konk(X,[3,4],[1,2,3,4]).
X = [1,2]
?- konk([1],Y,[1,2,3,4]).
Y = [2,3,4]
```

Wenn wir das erste und zweite Argument unspezifiziert lassen, dann erhalten wir alle möglichen Zerlegungen einer Liste:

```
?- konk(L1,L2,[a,b,c]).
L1 = []
L2 = [a,b,c] ;
L1 = [a]
L2 = [b,c] ;
L1 = [a,b]
L2 = [c] ;
L1 = [a,b,c]
L2 = [] ;
no
```

Aus diesen Beispielen ist ersichtlich, daß das Prädikat konk vielfältig verwendbar ist. Insbesondere können wir es benutzen, um andere Funktionen auf Listen einfach zu definieren. Die Funktion anhang, die ein Element an das Ende einer Liste anhängt, haben wir schon früher angegeben. Wir können sie aber auch mit Hilfe der Konkatenation definicren:

```
anhang(L,E,LundE) :- konk(L,[E],LundE).
```

Die Funktion, die uns das letzte Element einer Liste liefert, hatten wir auf der Basis von anhang definiert. Wir können sie auch auf der Basis von konk definieren:

```
letztes(L,E) :- konk(LohneE,[E],L).
```

Auch die neuen "Funktionen" wie anhang und letztes sind in Wirklichkeit Relationen, die man in entsprechender Weise (Funktion und Umkehrfunktion) verwenden kann. Das Prädikat enthaelt(L,E), das feststellt, ob ein Element in einer Liste enthalten ist, läßt sich ebenfalls mit konk einfach formulieren:

```
enthaelt(L,E) :- konk(L1,[E|L2],L).
```

Auch das Prädikat streiche(E,L,R), das wir bei unserem Sortierprogramm eingeführt haben (R ist die Liste, die sich ergibt, wenn das Element E aus der Liste L gestrichen wird), läßt sich mit konk definieren, jedoch benötigen wir dazu zweimal das Prädikat konk: Einmal, um die Liste L aufzuteilen in das zu streichende Element und die Teillisten vor und nach diesem Element. Andererseits muß die Liste R zusammengesetzt sein aus diesen beiden Teillisten. Dazu wird ein zweites Mal das konk-Prädikat benötigt. Insgesamt erhalten wir folgende Definition:

```
streiche(E,L,R)  :- konk(L1,[E|L2],L), konk(L1,L2,R).
```

Als letztes Beispiel zeigen wir, wie wir mit `konk` definieren können, ob eine Liste `T` in einer anderen Liste `L` enthalten ist: Dies ist der Fall, wenn die Liste `L` in drei Listen aufgeteilt werden kann, wobei die mittlere gleich der Liste `T` ist. Weil wir mit `konk` eine Liste nur in zwei aufteilen können, benötigen wir zur Definition das Prädikat `konk` zweimal:

```
teilliste(T,L)  :- konk(L1,L2,L), konk(T,L2ohneT,L2).
```

Folgende Punkte müssen wir uns beim Programmieren mit Prolog merken:

1. Man sollte in Prolog nicht funktional, sondern *in Relationen denken*. Grundsätzlich definieren Prädikate keine Funktionen (eindeutige Zuordnungen von Werten zu anderen), sondern Relationen (Beziehungen zwischen Werten).

2. Es gibt bei Prädikaten *keine Eingabe- oder Ausgabeparameter*. Jeder Parameter sollte gleichberechtigt sein (es dürfen anstelle jedes Parameters Variablen oder konstante Terme eingesetzt werden). Wenn dies nicht der Fall ist (bei Berücksichtigung der Beweisstrategie oder Verwendung nichtlogischer Elemente von Prolog), so sollte darauf in Kommentaren hingewiesen werden. Falls das Prädikat von anderen Personen verwendet wird, ist somit sichergestellt, daß keine Fehler aufgrund falscher Annahmen über das Prädikat entstehen.

3. Bei Definition neuer Prädikate sollten nach Möglichkeit schon vorhandene benutzt werden. Neue Prädikate sollten so allgemein definiert werden, daß sie auch für andere Anwendungen verwendet werden können.

4.4. Datenstrukturen als Fakten

Es gibt Probleme, bei denen die gegebenen Daten nicht so einfach strukturiert sind wie Listen oder Terme. Als Beispiel betrachten wir das Problem, in einem Labyrinth einen Weg von einem Ort zu einem anderen zu finden. Gegeben sei das folgende Labyrinth:

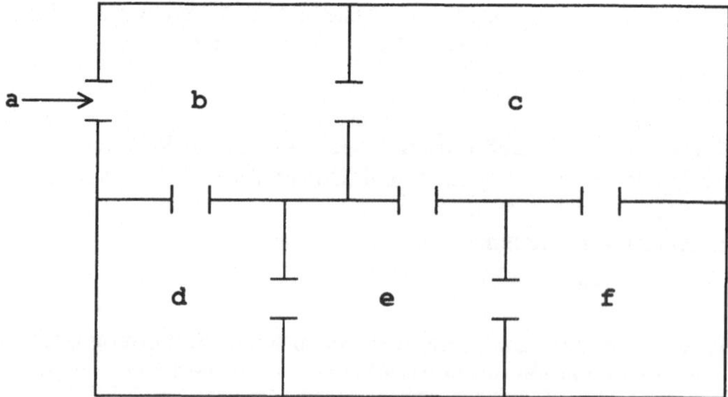

Das Problem ist, herauszufinden, ob ein Weg von a zum Raum f existiert.

Wir verallgemeinern das Problem zu der Aufgabe, einen Weg von irgendeinem Raum X zu einem Raum Y zu finden. Um einen solchen Weg zu bestimmen, müssen wir zwei Fälle unterscheiden:

1. Der Raum, zu dem wir gehen sollen, ist der Raum, in dem wir uns befinden. Dann sind wir fertig.

2. Wenn in dem Raum, in dem wir uns befinden, eine Tür zu einem Raum existiert, von wo aus man zum Zielraum gelangen kann, dann gehen wir erst durch diese Tür und dann weiter zum Ziel.

Bei der Lösungsfindung ist eine wesentliche Aufgabe, festzustellen, ob eine Tür von einem Raum zu einem anderen existiert. Also muß das Labyrinth als Prolog-Objekt dem Computer bekannt sein. Aber wie stellen wir das Labyrinth dar? In Prolog stehen als Objekte Terme, insbesondere Listen, zur Verfügung, jedoch keine 2-dimensionalen Strukturen wie das Labyrinth. Eine Möglichkeit wäre, alle Türen des Labyrinths in einer Liste aufzuzählen. Dann wäre das Labyrinth durch folgende Liste repräsentiert:

```
[tuer(a,b), tuer(b,c), tuer(b,d), tuer(c,e),
 tuer(c,f), tuer(d,e), tuer(e,f)]
```

Zur Feststellung, ob eine bestimmte Tür existiert, müßten wir ein Prädikat mit drei Argumenten (Labyrinth, Raum1, Raum2) definieren, das erfüllt ist, wenn im Labyrinth eine Tür von Raum1 zum Raum2 existiert. Die Definition dieses Prädikats erfolgt über den Aufbau der Liste, d.h. die einzelnen Listenelemente werden nacheinander daraufhin überprüft, ob sie eine passende Tür enthalten.

Zu einer einfacheren Lösung des Türenproblems gelangen wir, wenn wir von der Idee, das Labyrinth als *ein* Prolog-Objekt darzustellen, abgehen. Wir können die Struktur des Labyrinths nämlich auch als *Wissen* darüber auffassen, welche Türen vorhanden sind. Das Labyrinth wird dann durch folgende Fakten repräsentiert:

```
tuer(a,b).
tuer(b,c).
tuer(b,d).
tuer(c,e).
tuer(c,f).
tuer(d,e).
tuer(e,f).
```

Für das Prädikat `tuer`, das erfüllt ist, wenn eine Tür zwischen zwei Räumen existiert, brauchen wir keine weiteren Klauseln angeben, sondern es ist durch diese Fakten definiert. Ein Problem ist dabei noch vorhanden: Wir haben die Türen "einseitig" formuliert. Aufgrund der Fakten für `tuer` existiert zwar eine Tür vom Raum `a` nach `b`, aber keine vom Raum `b` nach `a`. Nun könnten wir versuchen, durch Hinzufügen der Regel

```
tuer(X,Y) :- tuer(Y,X).
```

(Symmetrie der Türen) das Problem zu lösen. Rein logisch ist dies richtig, aber hier muß man bedenken, daß Prolog ein Beweissystem ist und auf der Basis des Resolutionsprinzips arbeitet. Durch diese Regel werden unendliche Beweisketten möglich:

```
?- tuer(X,Y).
   ⊢
?- tuer(Y,X).
   ⊢
?- tuer(X,Y).
   ⊢
?- tuer(Y,X).
   ⊢
 ...
```

Aus diesem Grund kann auch das Prolog-System in eine unendliche Schleife geraten und daher sollten wir eine solche Regel nicht angeben. Stattdessen könnten wir die anderen Türrichtungen als Fakten angeben oder, und dies werden wir im folgenden tun, die Einseitigkeit der Türen in den Klauseln zur Lösung des Labyrinthproblems berücksichtigen.

Wir definieren nun das Prädikat `gehe(X,Y)`, das erfüllt ist, wenn ein Weg vom Raum X nach Raum Y existiert, auf der Basis der oben angegebenen Fallunterscheidung und der Fakten für das Prädikat `tuer`:

```
gehe(X,X).
gehe(X,Y)  :- tuer(X,Z), gehe(Z,Y).
gehe(X,Y)  :- tuer(Z,X), gehe(Z,Y).
```

In den letzten beiden Klauseln ist die Einseitigkeit der Türen berücksichtigt (wären die Türen in beide Richtungen als Fakten eingetragen, dann könnte man auf die letzte Klausel verzichten). Diese Lösung ist logisch gesehen richtig, sie birgt aber auch wieder die *Gefahr von unendlichen Schleifen:* Das Labyrinth ist so aufgebaut, daß wir den Weg

$$a - b - c - e - d - b - c - e - d - b - c - e - d - b - \ldots$$

endlos lange durchlaufen könnten. Dies kann zu einer unendlichen Beweiskette im Prolog-System führen. Solche Endloswege im Labyrinth können wir vermeiden, indem wir uns notieren, welche Räume wir schon besucht haben. Einen neuen Raum betreten wir nur dann, wenn wir ihn auf unserem Weg vom ersten Raum noch nicht benutzt haben. Die besuchten Räume können wir in Form einer Liste notieren. Das Prädikat `gehe` hat dann die drei Argumente

```
(Raum1,Raum2,Besucht)
```

Es ist erfüllt, wenn ein Weg von Raum1 zu Raum2 existiert, bei dem die Räume, die in der Liste Besucht stehen, nicht benutzt werden. Die Klauseln für dieses Prädikat lauten wie folgt:

```
gehe(X,X,Besucht).
gehe(X,Y,Besucht) :-
        tuer(X,Z), nichtEnthalten(Z,Besucht),
        gehe(Z,Y,[Z|Besucht]).
gehe(X,Y,Besucht) :-
        tuer(Z,X), nichtEnthalten(Z,Besucht),
        gehe(Z,Y,[Z|Besucht]).
```

Diese Klauseln unterscheiden sich von denen für `gehe(X,Y)` dadurch, daß vor dem Betreten eines neuen Raumes geprüft wird, ob dieser schon besucht worden ist, und beim Betreten des Raumes wird dieser zu der Liste der besuchten Räume hinzugefügt. Nun müssen wir noch das Prädikat `nichtEnthalten(E,L)` definieren, das erfüllt ist, wenn E kein Element der

Raumliste `L` ist. Hierfür benötigen wir wiederum ein Prädikat, das erfüllt ist, wenn zwei Räume verschieden sind. Dieses Prädikat ist in unserem Beispiel durch folgende Fakten definiert (die Asymmetrie in den Fakten berücksichtigen wir in den Klauseln für `nichtEnthalten`):

```
ungleich(a,b).
ungleich(a,c).
ungleich(a,d).
ungleich(a,e).
ungleich(a,f).
ungleich(b,c).
ungleich(b,d).
ungleich(b,e).
ungleich(b,f).
ungleich(c,d).
ungleich(c,e).
ungleich(c,f).
ungleich(d,e).
ungleich(d,f).
ungleich(e,f).
```

Mit diesem Prädikat können wir `nichtEnthalten` definieren, wobei die Definition wie üblich über die Struktur der Liste erfolgt:

```
nichtEnthalten(E,[]).
nichtEnthalten(E,[K|Rest]) :-
        ungleich(E,K), nichtEnthalten(E,Rest).
nichtEnthalten(E,[K|Rest]) :-
        ungleich(K,E), nichtEnthalten(E,Rest).
```

Die letzte Klausel wird wegen der asymmetrischen Definition von `ungleich` benötigt.

Nun haben wir alle für das Labyrinth-Problem erforderlichen Prädikate definiert und können die Frage stellen, ob es überhaupt einen Weg von `a` zum Raum `f` gibt (die Liste der besuchten Räume hat in der Anfrage den Wert `[a]`, weil wir uns zu Beginn der Wegsuche bei `a` befinden und damit schon besucht haben):

```
?- gehe(a,f,[a]).
yes
```

Das dritte Argument von `gehe` können wir verwenden, um Wege zu suchen, die nicht durch bestimmte Räume führen, wie: "Gibt es einen Weg von `a` nach Raum `f`, der nicht durch die Räume `c` und `e` führt?"

```
?- gehe(a,f,[a,c,e]).
no
```

Bei kompliziert aufgebauten Daten kann es vorteilhafter sein, diese nicht als *ein* Prolog-Objekt darzustellen (was prinzipiell immer möglich ist), sondern die Daten durch Fakten zu repräsentieren. Häufig werden dann die Problemdarstellungen einfacher. Dieses Technik muß insbesondere dann verwendet werden, wenn mit Prolog ein kleines Datenbanksystem mit vielen verschiedenartigen Daten und Beziehungen zwischen diesen realisiert werden soll. Problematisch ist es dann, wenn die vorhandenen Daten während der Lösungsfindung modizifiziert werden müssen. Auch das ist mit der angegebenen Technik möglich, weil jedes

Prolog-System die Modifikation von Klauseln während eines Beweises zuläßt. Aber dies sind nichtlogische Techniken mit der Eigenschaft, daß sie sehr fehleranfällig sind und nur mit großer Sorgfalt benutzt werden sollten. In diesem Fall werden die Daten besser als Argumente in den Prädikaten übergeben.

Übungen:

4.1:   Definieren Sie in Prolog ein Prädikat `simplify(F,SF)`, das erfüllt ist, wenn `F` eine Funktion von `x` ist (die genaue Struktur solcher Funktionen wurde beim symbolischen Differenzieren in diesem Kapitel definiert) und `SF` die gleiche mathematische Funktion ist, die aber möglichst einfach aufgebaut ist, d.h. die Funktion `F` wird vereinfacht zur Funktion `SF`. Es sollen dabei unter anderem folgende Vereinfachungen vorgenommen werden:

        f(x)+0   wird reduziert auf f(x)
        f(x)*1   wird reduziert auf f(x)
        f(x)*0   wird reduziert auf 0

    Überlegen Sie, welche weiteren Vereinfachungen Sie mit den Ihnen bisher bekannten Sprachmitteln durchführen können und erweitern Sie die Definition des Prädikats entsprechend.

4.2:   Die folgende Figur soll "in einem Zug" gezeichnet werden, wobei keine Linie doppelt gezogen werden soll:

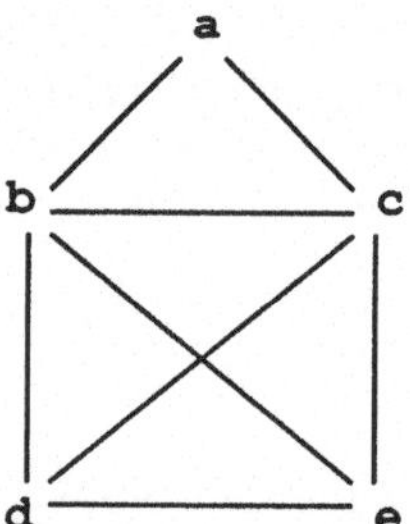

    Lösen Sie dieses Problem mit Hilfe von Prolog.

5. Logische Grundlagen von Prolog

In den bisherigen Kapiteln wurde Prolog als System definiert, das Aussagen auf der Basis eingegebener Fakten und Regeln beweist. Wir haben angegeben, wann solche Beweise korrekt sind. Diese einfache Sichtweise von Prolog-Programmen ist zwar für den ersten Einstieg in die Sprache ausreichend, aber für das volle Verständnis der Sprache ist es notwendig, sich auch mit den logischen Grundlagen der Sprache zu beschäftigen, denn "Prolog" steht für **"Programmieren in Logik"**. Prolog baut auf der Prädikatenlogik 1. Stufe auf, d.h. viele Prolog-Programme sind auch als logische Formeln interpretierbar und ihnen kann auf diese Weise eine mathematisch exakt definierte Bedeutung zugeordnet werden. Ein wesentlicher Vorteil von Prolog im Vergleich zu anderen Programmiersprachen ist, daß die Bedeutung (Semantik) der Sprache viel einfacher definierbar ist als bei Sprachen wie BASIC, FORTRAN, PASCAL u.ä. Dies hat die praktische Konsequenz, daß in Zweifelsfällen die Korrektheit von Prolog-Programmen leichter entschieden werden kann als bei Programmen anderer Sprachen (bekanntlich kann die Korrektheit eines Programms fast nie durch *Testen*, sondern *nur durch formale Beweise* gezeigt werden).

Wir werden in diesem Kapitel die logischen Grundlagen von Prolog kennenlernen und dabei sehen, was die Bedeutung von logischen Programmen ist. Hier werden keine mathematisch exakten Definitionen angegeben, sondern dies soll nur eine Einführung in das Themengebiet sein. Eine detailliertere Darstellung mit Beweisen ist im Buch von Lloyd (1984) zu finden. Die in diesem Kapitel angegebenen Definitionen und Ergebnisse muß man für einen Einstieg in die Programmierung mit Prolog nicht unbedingt kennen. Daher kann dieses Kapitel von Lesern, die Prolog möglichst schnell praktisch anwenden wollen, zunächst übersprungen werden. Es empfiehlt sich aber, dieses Kapitel (eventuell zu einem späteren Zeitpunkt) genau durchzuarbeiten, damit man ein Gefühl für die Bedeutung von Prolog-Programmen bekommt. Insbesondere ist es zum Verständnis der nichtlogischen Bestandteile von Prolog und deren Konsequenzen wichtig, die logischen Grundlagen zu kennen.

5.1. Aufbau von logischen Programmen

Wir werden die Menge der logischen Programme definieren und ihnen später eine Bedeutung zuordnen. Zunächst definieren wir aber die *Formeln der Prädikatenlogik 1. Stufe*.

Die zentralen Bestandteile sind Prädikate. Ein **Prädikat** besteht aus einem **Prädikatnamen** (hierfür werden wir in der Regel die Symbole p,q,r benutzen), dem in Klammern und durch Komma getrennt eine Liste von Termen folgt (diese heißen **Argumente** des Prädikats). Ein **Term** ist eine **Variable** (wir kennzeichnen sie durch Großbuchstaben), eine **Konstante** (z.B. a,b,c) oder ein **Funktor** (z.B. f,g). Einem Funktor folgt in Klammern und durch Komma getrennt eine Liste von Termen. Die Anzahl der Terme, die einem Prädikat bzw. Funktor folgen, heißt auch **Stelligkeit** des Prädikats bzw. Funktors. So ist

    p(f(a,b),X,Y)

ein 3-stelliges Prädikat, dessen 1. Argument ein 2-stelliger Funktor und dessen 2. und 3. Argument Variablen sind. Terme werden wir später als Objekte interpretieren und Prädikate als Beziehungen zwischen diesen Objekten.

Eine **Formel** ist wie folgt definiert:

- Ein Prädikat ist eine Formel.

- Sind F und G Formeln, dann sind auch $(\neg F)$ (*Negation*, "nicht"), $(F \wedge G)$ (*Konjunktion*, "und"), $(F \vee G)$ (*Disjunktion*, "oder") und $(F \Rightarrow G)$ (*Implikation*, "folgt") Formeln.

- Ist F eine Formel und X eine Variable, dann sind auch $(\exists X{:}F)$ (*Existenzquantor*, "es existiert ein X") und $(\forall X{:}F)$ (*Allquantor*, "für alle X") Formeln.

Die **Sprache der Prädikatenlogik** (1. Stufe) ist die Menge der Formeln, die nach den obigen Gesetzen gebildet werden können. Es folgen einige Beispiele für Formeln der Prädikatenlogik:

$$(\forall X{:}\ (\exists Y{:}\ (p(f(X,Y))\ \Rightarrow\ q(X,Y))))$$
$$(\forall X{:}\ ((p(X,a) \wedge (\neg p(X,a)))\ \Rightarrow\ q(X,a)))$$

Um bei größeren Formeln nicht so viele Klammern setzen zu müssen, vereinbaren wir, daß Klammern weggelassen werden können, solange es klar ist, wie der Ausdruck aufgebaut ist. Die obigen Formeln dürfen dann wie folgt aufgeschrieben werden:

$$\forall X{:}\ \exists Y{:}\ p(f(X,Y))\ \Rightarrow\ q(X,Y)$$
$$\forall X{:}\ (p(X,a) \wedge \neg p(X,a))\ \Rightarrow\ q(X,a)$$

In einer Formel F heißt eine Variable X **quantifiziert** (oder **gebunden**), wenn es in F eine Teilformel der Form $(\forall X{:}G)$ oder $(\exists X{:}G)$ gibt und X nur in G vorkommt (andernfalls heißt die Variable **frei** in F). In Zusammenhang mit logischen Programmen interessieren wir uns nur für Formeln, in denen alle vorkommenden Variablen quantifiziert sind (solche Formeln heißen auch **geschlossene Formeln**).

Ein logisches Programm ist eine Menge speziell aufgebauter Formeln, welche wir jetzt definieren werden. Ein **Literal** ist ein einzelnes Prädikat oder die Negation eines Prädikats. Wir nennen ein Literal **negativ**, wenn es die Negation eines Prädikats ist, andernfalls nennen wir es **positiv**.

Beispiele:

Negative Literale:	$\neg p(X,a)$	$\neg q(f(X,Y))$
Positive Literale:	$p(a,b)$	$q(X,f(Y,b))$

Eine **Klausel** ist eine geschlossene Formel der Form

$$\forall X_1{:}\ \forall X_2{:}\ \dots{:}\ \forall X_k{:}\ (L_1 \vee L_2 \vee \dots \vee L_n)$$

wobei jedes L_i ein Literal ist und X_1, ..., X_k alle Variablen sind, die in der Formel $(L_1 \vee L_2 \vee \dots \vee L_n)$ vorkommen. Klauseln sind also durch "oder" verknüpfte Literale, bei denen alle Variablen durch "für alle" quantifiziert sind.

Beispiele:

Die folgenden Formeln sind Klauseln:

$$\forall X{:}\ \forall Y{:}\ \neg p(f(X,Y)) \vee q(X,Y)$$
$$\forall X{:}\ \neg p(X,a) \vee \neg p(X,b) \vee q(X,a)$$

Weil Klauseln die wichtigsten Bestandteile der logischen Programmierung sind, führen wir für sie eine einfachere Schreibweise ein. Die **Klauselschreibweise**

$$A_1, A_2, ..., A_m \Rightarrow B_1, B_2, ..., B_n$$

steht für die Formel

$$\forall X_1: ...: \forall X_k: (\neg A_1 \vee \neg A_2 \vee ... \vee \neg A_m \vee B_1 \vee B_2 \vee ... \vee B_n)$$

wenn $X_1,...,X_k$ alle Variablen sind, die in den Literalen A_i und B_j vorkommen. Wir wollen kurz erläutern, welche Bedeutung die Klauselschreibweise hat. Aus der Mathematik sind folgende Gesetze bekannt, wobei A und B Wahrheitswerte ("wahr" oder "falsch") sind und $\neg$, $\vee$, $\wedge$, $\Rightarrow$ wie üblich ("nicht", "oder", "und", "impliziert") interpretiert werden:

$$\neg A \vee \neg B \quad \text{ist äquivalent zu} \quad \neg (A \wedge B)$$
$$\neg A \vee B \quad \text{ist äquivalent zu} \quad A \Rightarrow B$$

Wendet man diese Gesetze auf die letzte Formel an, so kann man zeigen, daß diese Formel äquivalent ist zu der Formel

$$\forall X_1: ...: \forall X_k: ((A_1 \wedge A_2 \wedge ... \wedge A_m) \Rightarrow (B_1 \vee B_2 \vee ... \vee B_n))$$

Somit steht in der Klauselschreibweise jedes Komma links von "$\Rightarrow$" für ein logisches "und", während jedes Komma rechts von "$\Rightarrow$" für ein logisches "oder" steht. Die Klausel

$$p(X,a), p(X,b) \Rightarrow q(X,a), r(X)$$

werden wir später wie folgt interpretieren:

Für alle Objekte, die anstelle von X eingesetzt werden, gilt:
Wenn die Aussagen $p(X,a)$ *und* $p(X,b)$ wahr sind, *dann* ist $q(X,a)$ *oder* $r(X)$ wahr.

Bevor wir im nächsten Kapitel auf solche Interpretationen eingehen, folgen zum Abschluß noch einige weitere wichtige Definitionen. Eine **Programmklausel** ist eine Klausel der Form

$$A_1, A_2, ..., A_m \Rightarrow B$$

Programmklauseln haben genau ein positives Literal, welches als **Kopf** der Programmklausel bezeichnet wird. $A_1,A_2,...,A_m$ heißt **Rumpf** der Programmklausel. Programmklauseln der Form

$$\Rightarrow B$$

(mit leeren Rumpf) heißen auch **Fakten**.

Ein **logisches Programm** ist eine endliche Menge von Programmklauseln. Die Menge aller Programmklauseln in einem logischen Programm, die das gleiche Prädikat p (mit gleicher Stelligkeit) im Kopf enthalten, heißt **Definition** von p. Das nachfolgende logische Programm enthält die Definition des Prädikats 'anhang' ('•' ist ein Funktor, '[]' eine Konstante).

$$\Rightarrow \text{anhang}([],E,\bullet(E,[]))$$
$$\text{anhang}(R,E,RE) \Rightarrow \text{anhang}(\bullet(K,R),E,\bullet(K,RE))$$

Eine **Anfrageklausel** oder **Anfrage** ist eine Klausel der Form

$$A_1, A_2, ..., A_m \Rightarrow$$

Eine Anfrage ist eine Formel, die wir später interpretieren werden als Aussage, von der wir wissen wollen, ob sie aus einem logischen Programm durch Schlußfolgerungen hergeleitet werden kann.

Das Symbol □ steht für die **leere Klausel**:

$$\Rightarrow$$

(Die linke und rechte Seite der Klausel enthält keine Literale.) Wir werden die leere Klausel als einen *Widerspruch* interpretieren. Abschließend führen wir noch einen Begriff ein, der in der Literatur häufig verwendet wird. Eine **Hornklausel** ist entweder eine Programmklausel oder eine Anfrage. Hornklauseln sind somit Klauseln, die höchstens ein positives Literal enthalten. Weil in der logischen Programmierung nur Hornklauseln benutzt werden, nennt man die zugrundeliegende Logik auch **Hornklausellogik**.

Nun haben wir alle Begriffe kennengelernt, um den Aufbau von logischen Programmen zu beschreiben. Jedoch haben wir nur die Struktur der Programme definiert, nicht aber deren Bedeutung. Aus der Sicht dieses Kapitels sind logische Programme "bedeutungslose Zeichenketten", die lediglich einen festgelegten syntaktischen Aufbau haben. Im nächsten Kapitel geht es darum, diesen bedeutungslosen Zeichenketten durch entsprechende Interpretation eine Semantik zuzuordnen.

5.2. Modelle für logische Programme

Betrachten wir die folgende Formel:

$$\forall X: \ p(f(X,a),X)$$

Sie steht für die Aussage:

> Für alle Werte, die anstelle von X eingesetzt werden, gilt:
> p(f(X,a),X) ist wahr.

Diese Formel bzw. Aussage hat noch keine Bedeutung (wir können nicht sagen, ob sie richtig oder falsch ist), weil die Menge der Objekte, über die eine Aussage gemacht werden soll, die Konstante a, der Funktor f und das Prädikat p nicht festgelegt sind. Um der Formel eine Bedeutung zu geben, müssen wir diese Dinge konkret festlegen (interpretieren). Folglich besteht eine **Interpretation von Formeln** aus folgenden Komponenten:

1. Eine (nichtleere) Menge von Objekten, genannt **Universum** der Interpretation.

2. Jeder Konstanten wird genau ein Element des Universums zugeordnet.

3. Jedem n-stelligen Funktor wird genau eine Funktion zugeordnet, die jeweils n Werte des Universums auf einen Wert des Universums abbildet.

4. Jedem n-stelligen Prädikat wird genau eine Funktion zugeordnet, die jeweils n Werte des Universums auf einen Wert, nämlich "wahr" oder "falsch", abbildet.

Beispiel:
Eine mögliche Interpretation für die obige Formel wäre folgende:

- Das Universum ist die Menge der natürlichen Zahlen.

- Der Konstanten a wird die Zahl 1 zugeordnet.

- Der 2-stellige Funktor f steht für die Multiplikation "*" von zwei natürlichen Zahlen.

- Das 2-stellige Prädikat p steht für die Gleichheit "=" auf den natürlichen Zahlen (Gleichheit kann man auffassen als Funktion, die zwei Zahlen den Wert "wahr" oder "falsch" zuordnet, je nachdem, ob sie gleich oder ungleich sind).

Damit steht p(f(X,a),X) für X*1=X und die gesamte Formel steht für die Aussage:

Für alle natürlichen Zahlen, die anstelle von X eingesetzt werden, gilt: X*1=X

Somit haben wir der Formel durch Interpretation eine konkrete Bedeutung zugeordnet. Wir können die gleiche Formel aber auch anders interpretieren:

– Das Universum ist die Menge der ganzen Zahlen.

– Der Konstanten a wird der Wert 2 zugeordnet.

– Der 2-stellige Funktor f steht für die Addition "+" auf den ganzen Zahlen.

– Das 2-stellige Prädikat p steht für die "Größer"-Relation ">" auf den ganzen Zahlen.

In dieser Interpretation steht p(f(X,a),X) für X+2>X und die gesamte Formel für die Aussage:

Für alle ganzen Zahlen, die anstelle von X eingesetzt werden, gilt: X+2>X

Aus diesem Beispiel ist ersichtlich, daß es sehr unterschiedliche Interpretationen von Formeln geben kann. Eine Interpretation, die einer geschlossenen Formel eine wahre Aussage zuordnet, heißt **Modell** für diese Formel. Die beiden Interpretationen aus dem letzten Beispiel sind Modelle für Formeln. Hätten wir aber in der zweiten Interpretation der Konstanten a die Zahl 0 zugeordnet, dann wäre diese Interpretation kein Modell, weil X+0>X für keine ganze Zahl richtig ist. Was genaugenommen noch fehlt, ist eine Definition, wann eine Formel durch Interpretation wahr oder falsch ist. Dazu müssen wir erst den Begriff der Variablenbelegung kennenlernen.

Eine **Variablenbelegung** einer Formel ist eine Vorschrift, die jeder Variablen in der Formel genau ein Element des Universums zuordnet. Wir notieren eine Variablenbelegung in der Form

$$\{X_1/e_1, X_2/e_2, ..., X_k/e_k\}$$

wobei X_1, X_2, ..., X_k die in der Formel vorkommenden Variablen und e_1, e_2, ..., e_k Elemente des Universums sind. Bei einer gegebenen Interpretation können durch eine Variablenbelegung die Werte aller Terme ausgerechnet werden.

Beispiel:
Der Term X+Y hat bei der Variablenbelegung {X/0, Y/1} den Wert 1, und bei der Variablenbelegung {X/3, Y/5} den Wert 8, wenn + im üblichen mathematischen Sinn interpretiert wird.

Wir können nun definieren, wann eine Formel wahr ist:

Gegeben sei eine Interpretation von Formeln und eine Variablenbelegung.

1. Die Formel $p(T_1,...,T_n)$ ist genau dann wahr, wenn das (durch die Interpretation) zu p zugeordnete Prädikat die Werte $t_1,...,t_n$ auf "wahr" abbildet (jedes t_i erhält man durch Ausrechnen des Termes T_i aufgrund der gegebenen Interpretation und Variablenbelegung).

2. Sind F und G Formeln, dann erhält man den Wahrheitswert der Formeln $(\neg F)$, $(F \wedge G)$, $(F \vee G)$ und $(F \Rightarrow G)$ durch die folgende Tabelle:

F	G	$(\neg F)$	$(F \wedge G)$	$(F \vee G)$	$(F \Rightarrow G)$
wahr	wahr	falsch	wahr	wahr	wahr
wahr	falsch	falsch	falsch	wahr	falsch
falsch	wahr	wahr	falsch	wahr	wahr
falsch	falsch	wahr	falsch	falsch	wahr

3. Ist F eine Formel, dann ist $(\exists X{:}F)$ wahr, wenn ein Element e des Universums existiert, so daß F unter folgender Variablenbelegung wahr ist: Es wird die gegebene Variablenbelegung übernommen mit der Ausnahme, daß der Variablen X das Element e zugeordnet wird.

4. Ist F eine Formel, dann ist $(\forall X{:}F)$ wahr, wenn für jedes Element e aus dem Universum gilt: F ist wahr unter folgender Variablenbelegung: Es wird die gegebene Variablenbelegung übernommen mit der Ausnahme, daß der Variablen X das Element e zugeordnet wird.

Der Leser mache sich anhand der letzten Definition einmal klar, weshalb die beiden oben angegebenen Interpretationen die Formel $(\forall X{:}p(f(X,a),X))$ zu einer wahren Aussage machen und damit Modelle der Formel sind.

Wir nennen eine Formel **erfüllbar**, wenn es ein Modell für diese Formel gibt, andernfalls heißt sie **unerfüllbar** (ohne es jedesmal explizit zu erwähnen, betrachten wir nur noch geschlossene Formeln). Die Formel $(\forall X{:}p(f(X,a),X))$ ist, wie wir gesehen haben, erfüllbar. Die Formel $(p(a) \wedge (\neg p(a)))$ ist dagegen unerfüllbar, weil eine Aussage und ihre Negation nie gleichzeitig wahr sein können. Eine Formel heißt **allgemeingültig**, wenn jede Interpretation dieser Formel ein Modell ist. Wie man sich leicht überlegen kann, ist

$$(p(a) \vee (\neg(p(a))))$$

eine allgemeingültige Formel, weil immer gilt: Entweder ist eine Aussage wahr, oder ihre Negation ist wahr.

Ein logisches Programm ist eine endliche Menge spezieller Formeln. Daher definieren wir:

> Eine Interpretation ist ein **Modell für eine endliche Menge von Formeln** $\{F_1,F_2,...,F_n\}$, wenn die Formel $(F_1 \wedge F_2 \wedge ... \wedge F_n)$ wahr ist, d.h. wenn die Interpretation ein *Modell für jede einzelne Formel* ist.

In Zusammenhang mit logischen Programmen sind wir aber nicht daran interessiert, ob ein Programm ein Modell hat, sondern wir wollen wissen, ob eine Anfrage logisch aus einem Programm folgt. Aus diesem Grund definieren wir:

> Eine Formel F heißt **logische Konsequenz** einer endlichen Menge von Formeln S, wenn jedes Modell für S auch ein Modell für die Formel F ist.

Aufgrund der bisherigen Definitionen kann gezeigt werden, daß eine Formel F genau dann eine logische Konsequenz der Formelmenge $\{F_1,F_2,...,F_n\}$ ist, wenn

$$F_1 \wedge F_2 \wedge ... \wedge F_n \Rightarrow F$$

eine allgemeingültige Formel ist (vgl. Übung 5.2 am Ende dieses Kapitels). Für die logische Programmierung ist der folgende Sachverhalt von elementarer Bedeutung:

Satz: Sei S eine endliche Menge von Formeln und F eine Formel. Dann ist F eine logische Konsequenz aus S genau dann, wenn die Menge $S \cup \{\neg F\}$ unerfüllbar ist.

Angewendet auf die logische Programmierung bedeutet dies: Genau dann, wenn ein logisches Programm P und eine Anfrage A gegeben sind und bewiesen werden kann, daß P zusammen mit A unerfüllbar ist, ist die Negation der Anfrage A eine logische Konsequenz des Programms P. Wie sieht die Negation einer Anfrage aus?

Anfragen sind Klauseln der Form

$$A_1, A_2, ..., A_n \Rightarrow$$

oder, in Formelschreibweise,

$$\forall X_1: \forall X_2: ...: \forall X_k: \neg A_1 \vee \neg A_2 \vee ... \vee \neg A_n$$

Die Negation dieser Anfrage ist

$$\exists X_1: \exists X_2: ...: \exists X_k: A_1 \wedge A_2 \wedge ... \wedge A_n$$

(dies folgt aus den Regeln der mathematischen Logik).

Wenn man daher zeigen kann, daß ein Programm mit einer Anfrage unerfüllbar ist, dann hat man gleichzeitig gezeigt, daß eine logische Konsequenz aus dem Programm die folgende Aussage ist:

> Es existieren Werte, die anstelle der Variablen in der Anfrage eingesetzt werden können, so daß alle in der Anfrage vorkommenden Aussagen gleichzeitig logische Konsequenzen aus dem Programm sind.

(Man beachte die Parallelität zu Prolog-Programmen und Anfragen)

Das **Hauptproblem in der logischen Programmierung** ist somit der **Nachweis der Unerfüllbarkeit einer Menge von Klauseln.** Dieser Nachweis könnte geführt werden, indem gezeigt wird, daß *jede* Interpretation der Klauselmenge *kein* Modell ist. Leider gibt es für jede Formel unendlich viele Interpretationsmöglichkeiten, so daß dieser Nachweis praktisch nicht möglich ist. Man hat aber festgestellt, daß es im Falle von Klauselmengen ausreicht, eine kleinere und einfachere Menge von Interpretationen zu untersuchen: die sogenannten *Herbrand-Interpretationen*. Diese wollen wir nachfolgend erklären.

Zu einer gegebenen Menge S von Formeln ist das **Herbrand-Universum** U_S definiert als die Menge aller Grundterme (Terme ohne Variablen), die gebildet werden mit Konstanten und Funktoren, die in den Formeln aus S vorkommen. Jeder Grundterm ist *ein* Objekt des Herbrand-Universums.

Beispiel:
Enthält S nur die Klauseln

$$p(X,Y) \Rightarrow p(f(X),g(Y))$$
$$\Rightarrow p(f(a),a)$$

dann kommen hier die Konstante a und die Funktoren f und g vor. Also ist das Herbrand-Universum für dieses logische Programm

$$\{a, f(a), g(a), f(f(a)), f(g(a)), g(f(a)), g(g(a)), f(f(f(a))), ...\}$$

Eine Interpretation für eine Formelmenge S heißt **Herbrand-Interpretation**, wenn folgende Bedingungen erfüllt sind:

1. Das Universum der Interpretation ist das Herbrand-Universum U_S.

2. Jeder Konstanten wird die gleiche Konstante im Herbrand-Universum zugeordnet.

3. Jedem n-stelligen Funktor f wird eine Funktion zugeordnet, die jeweils n Grundterme $t_1,...,t_n$ aus U_S auf das Element $f(t_1,...,t_n)$ aus U_S abbildet.

Beispiel:
Betrachten wir die Klauseln

$$\Rightarrow p(X,0)$$
$$\Rightarrow p(X,X)$$
$$p(X,Y) \Rightarrow p(add1(X),Y)$$

Hier kommen die Konstante 0 und der 1-stellige Funktor add1 vor. Daher ist eine Herbrand-Interpretation die folgende:

– Das Universum ist die Menge

$$U = \{0, add1(0), add1(add1(0)), add1(add1(add1(0))), ...\}$$

– Der Konstanten 0 wird das Element 0 aus der Menge U zugeordnet.

– Dem 1-stelligen Funktor add1 wird die Funktion zugeordnet, die jedes Element T aus der Menge U auf add1(T) abbildet (add1(T) ist ebenfalls ein Element aus U).

– Dem Prädikat p wird folgende Funktion zugeordnet: Sind T_1 und T_2 Elemente aus U und kommt in T_1 der Funktor add1 nicht so oft vor wie in T_2 , dann wird das Paar (T_1,T_2) auf "falsch" abgebildet, und sonst auf "wahr".

Es ist möglich zu beweisen, daß diese Herbrand-Interpretation ein Modell für die drei obigen Klauseln ist.

Bei Herbrand-Interpretationen sind das Universum und die Zuordnung der Konstanten und Funktoren festgelegt. Dagegen ist die Zuordnung von Prädikaten zu entsprechenden Abbildungen offen gelassen. Im letzten Beispiel hätten wir dem Prädikat p auch jede andere Abbildung von zwei Elementen aus U auf "wahr" oder "falsch" zuweisen können. Folglich unterscheiden sich verschiedene Herbrand-Interpretationen nur durch die Zuordnung der Prädikate. Diejenigen Herbrand-Interpretationen, die Modelle für die gegebenen Formeln sind, heißen **Herbrand-Modelle**. Im Falle, daß die vorgegebene Formelmenge S nur Klauseln enthält, gilt der folgende wichtige Sachverhalt:

Satz: Eine Menge S von Klauseln ist genau dann unerfüllbar, wenn sie kein Herbrand-Modell hat.

Diese Tatsache garantiert, daß es in der logischen Programmierung ausreicht, nur die Herbrand-Interpretationen zu untersuchen. Dies wird von Prolog-Systemen auch tatsächlich gemacht. Wenn man allerdings allgemeine Formeln und keine Klauseln betrachtet, ist diese Tatsache nicht mehr gegeben (vgl. Übung 5.3 am Ende des Kapitels). Dies zeigt, daß *die Einschränkung auf Klauseln das Beweisen wesentlich vereinfacht.* Hierin ist auch der Grund zu sehen, weshalb in der Sprache Prolog nur Klauseln zugelassen sind (und keine beliebigen Formeln der Prädikatenlogik erster Stufe).

Die Verwendung von Variablen in einem Prolog-System ist einer der wichtigsten Aspekte. Insbesondere ermöglicht die Benutzung von Variablen in Anfragen Fragestellungen der Form "Für welche Werte ist die Aussage ... richtig?". Was wir normalerweise von einem Prolog-System wissen wollen ist, welche Werte anstelle von Variablen in einer Anfrage eingesetzt werden können, so daß sich eine logische Konsequenz aus dem Programm ergibt. Aus diesem Grund definieren wir:

Wenn P ein logisches Programm und A eine Anfrage der Form

$$A_1, A_2, ..., A_n \Rightarrow$$

ist, dann heißt eine Substitution U der in A vorkommenden Variablen **Antwort**. Eine Antwort U heißt **korrekt**, wenn die Formel

$$\forall X_1: \forall X_2: ...: \forall X_k: U(A_1 \wedge ... \wedge A_n)$$

eine logische Konsequenz von P ist. Dabei ist $U(A_1 \wedge ... \wedge A_n)$ die Formel, die sich ergibt, wenn alle Variablen in $A_1 \wedge ... \wedge A_n$ entsprechend der Substitution U ersetzt werden; $X_1,...,X_k$ sind die in $U(A_1 \wedge ... \wedge A_n)$ vorkommenden Variablen.

Diese Definition einer "korrekten Antwort" entspricht dem intuitiven Verständnis von dem, was in der logischen Programmierung erwünscht ist: Gegeben ist ein logisches Programm und eine Anfrage, die eventuell Variablen enthält. Wenn die Antwort auf die Anfrage eine Variablensubstitution ist (sie könnte auch "no" sein), dann ist sie korrekt, wenn jede Aussage in der Anfrage nach Anwendung dieser Variablensubstitution logisch aus dem Programm folgt. Sind nach Anwendung der Substitution in der Anfrage noch Variablen vorhanden, so bedeutet dies, daß dies für alle Werte, die anstelle der Variablen eingesetzt werden, eine logische Konsequenz ist.

Beispiel:
Wir betrachten das im letzten Kapitel angegebene logische Programm für das Prädikat 'anhang':

$$\Rightarrow \text{anhang}([], E, \bullet(E,[]))$$
$$\text{anhang}(R, E, RE) \Rightarrow \text{anhang}(\bullet(K,R), E, \bullet(K,RE))$$

Wenn wir die Anfrage

$$\text{anhang}(\bullet(a,[]), b, X) \Rightarrow$$

stellen, dann ist die Antwort

$$U = \{X / \bullet(a,\bullet(b,[]))\}$$

korrekt, wenn die Substitution U, angewendet auf die Anfrage, also die Formel

$$\text{anhang}(\bullet(a,[]), b, \bullet(a,\bullet(b,[])))$$

eine logische Konsequenz aus dem obigen Programm ist.

Bei der Frage

$$\text{anhang}(\bullet(K,[]), b, X) \Rightarrow$$

ist die Antwort

$$U = \{K / E, \ X / \bullet(E,\bullet(b,[]))\}$$

korrekt, wenn die Formel

$$\forall E: \text{anhang}(\bullet(E,[]), b, \bullet(E,\bullet(b,[])))$$

eine logische Konsequenz aus dem Programm ist.

Variablen in Antworten haben also die Bedeutung: Für jeden Wert des Universums, der anstelle der Variablen eingesetzt wird, ist die Antwort korrekt.

"Korrekte Antworten" sind das, was man von logischen Programmen und Anfragen erwartet. Somit haben wir mit der Definition von "korrekten Antworten" gleichzeitig definiert, was die Bedeutung oder Semantik eines logischen Programms ist. Diese Beschreibung heißt **deklarative** oder **statische Semantik** von logischen Programmen, weil nur definiert wurde, wann eine Antwort korrekt ist, aber nicht, wie man solche Antworten durch systematische Suche finden kann. Bis jetzt haben wir nur die Möglichkeit, eine Antwort zu raten und dann anhand der Definition zu überprüfen, ob diese Antwort korrekt ist. Wie wir aber in Kapitel 3 gesehen haben, ist Prolog ein Beweissystem, das seine Antworten aufgrund der Durchführung von mehreren Beweisschritten (Anwendung des Resolutionsprinzips) findet, mit anderen Worten: Der Sprache Prolog liegt eine **prozedurale** oder **dynamische Semantik** zugrunde. Daher werden wir im nächsten Kapitel die prozedurale Semantik von logischen Programmen definieren und sehen, daß diese beiden Semantiken äquivalent sind. Zum Schluß geben wir dann an, inwieweit die Semantik von Prolog von der Semantik von logischen Programmen abweicht und was die Konsequenzen hieraus für die praktische Programmierung mit Prolog sind.

5.3. Beweisen mit logischen Programmen

Im 3. Kapitel hatten wir die Bedeutung von Fakten und Regeln definiert als beweisbare Aussagen bzw. Schlußfolgerungen für beweisbare Aussagen. Anfragen haben wir aufgefaßt als Aufforderung an das Prolog-System, einen Beweis aufgrund der bekannten Fakten und Regeln durchzuführen. In ähnlicher Weise werden wir jetzt die prozedurale Semantik von logischen Programmen definieren. Dabei werden wir etwas genauer vorgehen als in Kapitel 3 und später diese Semantik mit der von Prolog vergleichen.

Eine Anfrage hat immer die Form

$$A_1, A_2, ..., A_n \Rightarrow$$

Das Ziel der logischen Programmierung ist zu zeigen, daß die einzelnen Literale in der Anfrage gleichzeitig wahr sind bezüglich eines logischen Programms (Menge von Klauseln). Im vorigen Kapitel hatten wir dies durch den Begriff der "logischen Konsequenz" definiert: Die Negation der Anfrage muß eine logische Konsequenz aus dem logischen Programm sein, woraus folgt, daß jedes einzelne Literal in der Anfrage eine logische Konsequenz aus dem gegebenen logischen Programm ist. In diesem Kapitel sind wir an Beweisen interessiert und werden eine Anfrage dann als wahr bezeichnen, wenn sie in eventuell mehreren Beweisschritten auf die leere Klausel $\square$ zurückgeführt werden kann. Ein Beweisschritt (nach dem Resolutionsprinzip) sieht im einfachsten Fall so aus, daß eine Anfrage

$$A_1, ..., A_{k-1}, A_k, A_{k+1}, ..., A_n \Rightarrow$$

und eine Klausel

$$B_1, B_2, ..., B_l \Rightarrow B$$

gegeben sind und, falls B und A_k gleich sind, hieraus die nächste Anfrage

$$A_1, ..., A_{k-1}, B_1, B_2, ..., B_l, A_{k+1}, ..., A_n \Rightarrow$$

abgeleitet werden kann (wenn B und A_k nur durch Unifikation gleich gemacht werden können, muß man diese Unifikation in der neuen Anfrage berücksichtigen). Falls $l=0$ und damit der Rumpf der Klausel leer ist (wenn es sich um Fakten handelt), dann hat die neue Anfrage die Form

$$A_1, ..., A_{k-1}, A_{k+1}, ..., A_n \Rightarrow$$

Durch Fakten werden Anfragen in einem Beweisschritt verkleinert. Falls es gelingt, eine Anfrage in mehreren Beweisschritten auf die leere Klausel zu verkleinern, dann wollen wir die Anfrage als wahr bezeichnen. Dies ist (informell) die prozedurale Semantik von logischen Programmen. Wir werden sie jetzt genauer definieren.

Die Frage, die sich in einem Beweisschritt stellt, ist:

Welches Literal wird in einer Anfrage ausgewählt, um es mit Hilfe einer Klausel in der Anfrage durch neue Literale zu ersetzen?

Um diese Frage zu beantworten, muß eine sogenannte Auswahlregel festgelegt werden: Eine **Auswahlregel** ist eine Vorschrift, die aus einer Anfrage ein bestimmtes Literal auswählt. Beispielsweise wäre *"Wähle immer das letzte Literal"* eine Auswahlregel. Nun können wir einen **Ableitungsschritt** genauer definieren:

Gegeben sei die Anfrage

$$A_1, ..., A_{k-1}, A_k, A_{k+1}, ..., A_n \Rightarrow$$

eine Klausel

$$B_1, B_2, ..., B_l \Rightarrow B$$

und eine Auswahlregel. Wenn die Auswahlregel das Literal A_k aus der Anfrage auswählt und U ein allgemeinster Unifikator für B und A_k ist, also $U(B)=U(A_k)$, dann heißt die Anfrage

$$U(A_1), ..., U(A_{k-1}), U(B_1), U(B_2), ..., U(B_l), U(A_{k+1}), ..., U(A_n) \Rightarrow$$

ableitbar aus der Anfrage und der Klausel mit Unifikator U bezüglich der Auswahlregel. Die neue Anfrage heißt auch **Resolvente** aus der alten Anfrage und der vorgegebenen Klausel mit Unifikator U bezüglich der Auswahlregel.

Diese Definition ist fast identisch mit dem **Resolutionsprinzip** aus Kapitel 3. Damit können wir den für die prozedurale Semantik wichtigen Begriff der SLD-Ableitung ("SLD" steht für "Linear resolution with Selection function for Definite clauses") definieren:

Gegeben sei ein logisches Programm P, eine Anfrage A und eine Auswahlregel R. Eine **SLD-Ableitung** von $P \cup \{A\}$ bezüglich R ist eine (endliche oder unendliche) Folge

$$S_1 \vdash S_2 \vdash S_3 \vdash ...$$

mit der Eigenschaft, daß $A=S_1$ und jedes S_{i+1} eine Resolvente aus S_i und K_i bezüglich R ist (K_i ist eine Programmklausel, in der eventuell einige Variablen umbenannt worden sind).

Eine SLD-Ableitung ist also eine Folge von Anfragen, wobei die erste Anfrage die ist, die ursprünglich an das logische Programm gestellt wird. Jedes weitere Folgenelement ist (nach dem Resolutionsprinzip) abgeleitet aus dem jeweils vorhergehenden.

Beispiel:
Gegeben sei das logische Programm

$$\Rightarrow p(a)$$
$$\Rightarrow p(b)$$
$$q(a) \Rightarrow p(a)$$
$$p(X) \Rightarrow q(X)$$

die Anfrage

$$p(b), q(a) \Rightarrow$$

und die Auswahlregel *"Wähle das letzte Literal"*. Dann ist nach Definition

$$p(b), p(a) \Rightarrow$$

eine Resolvente aus der gegebenen Anfrage und der Klausel 'p(X) $\Rightarrow$ q(X)' mit dem Unifikator U={X/a}. Aus dieser Anfrage und der Klausel '$\Rightarrow$ p(a)' ergibt sich die Resolvente

$$p(b) \Rightarrow$$

und hieraus und der zweiten Klausel '$\Rightarrow$ p(b)' erhält man die leere Klausel $\square$. Somit ist die Folge

$$p(b), q(a) \Rightarrow$$
$$\vdash$$
$$p(b), p(a) \Rightarrow$$
$$\vdash$$
$$p(b) \Rightarrow$$
$$\vdash$$
$$\square$$

eine SLD-Ableitung bezüglich des vorgegebenen Programms, Anfrage und Auswahlregel.

Es kann natürlich auch der Fall eintreten, daß eine SLD-Ableitung nicht zu der leeren Klausel $\square$ führt. Da wir uns aber für solche nicht interessieren, definieren wir die uns interessierenden Ableitungen: Eine **SLD-Widerlegung** ist eine endliche SLD-Ableitung, deren letzte Anfrage die leere Klausel ist.

Beim Beweisen mit logischen Programmen gibt es drei Möglichkeiten: **erfolgreiche SLD-Ableitungen**, die in der leeren Klausel enden (SLD-Widerlegungen), **fehlgeschlagene SLD-Ableitungen**, die endlich sind und nicht in der leeren Klausel enden, und **unendliche SLD-Ableitungen**. Zuletzt haben wir ein Beispiel für eine SLD-Widerlegung gesehen.

Beispiel:
Wir erhalten eine fehlgeschlagene SLD-Ableitung, wenn wir an das letzte Programm die Anfrage 'q(c) $\Rightarrow$' stellen. In diesem Fall ist nur die SLD-Ableitung

$$q(c) \Rightarrow$$
$$\vdash \qquad\qquad \text{(4. Klausel mit Unifikator U=\{X/c\})}$$
$$p(c) \Rightarrow$$

möglich, die nicht zum Erfolg führt. Stellen wir die Anfrage 'q(a) $\Rightarrow$', dann gibt es folgende unendliche SLD-Ableitung:

q(a) $\Rightarrow$

⊢   (4. Klausel mit Unifikator U={X/a})

p(a) $\Rightarrow$

⊢   (3. Klausel mit Unifikator U={ })

q(a) $\Rightarrow$

⊢   (4. Klausel mit Unifikator U={X/a})

p(a) $\Rightarrow$

⊢   (3. Klausel mit Unifikator U={ })

q(a) $\Rightarrow$

...

Bei der Definition der deklarativen Semantik von logischen Programmen hatten wir gesehen, daß die Wahrheit einer Anfrage A bezüglich eines logischen Programms P gezeigt werden kann, indem die Nichterfüllbarkeit von P∪{A} nachgewiesen wird. Bei der prozeduralen Semantik haben wir die SLD-Widerlegung für den gleichen Zweck benutzt. Die folgende Tatsache, die wir ohne Beweis angeben, zeigt, daß diese beiden Definitionen äquivalent sind:

Satz: Gegeben sei ein logisches Programm P, eine Anfrage A und eine Auswahlregel R. Dann gilt:
P∪{A} ist genau dann unerfüllbar, wenn eine SLD-Widerlegung bezüglich R existiert.

Mit anderen Worten: Um die Unerfüllbarkeit von P∪{A} zu zeigen, reicht es aus, mit einer beliebigen Auswahlregel eine SLD-Widerlegung für P∪{A} zu finden. Somit haben wir nun eine **systematische Methode** zur Verfügung, **um die Unerfüllbarkeit von Hornklausel-mengen zu zeigen** (im vorigen Kapitel haben wir lediglich gesehen, daß wir uns zum Nachweis der Unerfüllbarkeit auf Herbrand-Interpretationen einschränken können; eine systematische Methode hatten wir damit noch nicht zur Verfügung). Das Auffinden einer SLD-Widerlegung ist in der Regel einfacher als der direkte Nachweis der Unerfüllbarkeit, weil nur *eine* SLD-Widerlegung gefunden werden muß, während man beim Nachweis der Unerfüll-barkeit zeigen muß, daß *alle* Herbrand-Interpretationen keine Modelle sind. Dies zeigt, daß die obige Tatsache für die Praxis der logischen Programmierung von elementarer Bedeutung ist.

Im vorigen Kapitel haben wir korrekte Antworten als die deklarative Semantik von logischen Programmen kennengelernt. Das Gegenstück hierzu sind in der prozeduralen Semantik die berechneten Antworten:

Gegeben sei ein logisches Programm P, eine Anfrage A und eine Auswahlregel R. Eine **R-berechnete Antwort** U für P∪{A} ist eine Substitution der in A vorkommenden Varia-blen, wobei eine SLD-Widerlegung

$$S_1 \vdash S_2 \vdash ... \vdash S_n \vdash \Box$$

für P∪{A} bezüglich R existiert, die die Unifikatoren $U_1, U_2, ..., U_n$ benutzt und für die gilt: U ersetzt die in A vorkommenden Variablen genauso wie die Substitution $U_n(U_{n-1}(...(U_2(U_1))...))$ (Hintereinanderausführung der Substitutionen der SLD-Widerlegung).

Beispiel:
Stellen wir an das obige logische Programm die Frage 'q(Z) $\Rightarrow$', dann ist eine mögliche SLD-Widerlegung:

$$q(Z) \Rightarrow$$
$$\vdash \qquad\qquad \text{(4. Klausel mit Unifikator } U_1 = \{X/Z\})$$
$$p(Z) \Rightarrow$$
$$\vdash \qquad\qquad \text{(1. Klausel mit Unifikator } U_2 = \{Z/a\})$$
$$\Box$$

Es gilt $U_2(U_1) = U_2(\{X/Z\}) = \{X/a, Z/a\}$ und somit ist $U=\{Z/a\}$ eine R-berechnete Antwort. In entsprechender Weise kann man zeigen, daß die Substitution $U=\{Z/b\}$ ebenfalls eine R-berechnete Antwort ist. Diese beiden R-berechneten Antworten sind auch korrekte Antworten (dies kann durch Aufzählung aller Herbrand-Interpretationen nachgewiesen werden).

Der im letzten Beispiel gezeigte Sachverhalt über den Zusammenhang von berechneten und korrekten Antworten wird durch folgenden Satz bestätigt:

Satz: Gegeben sei ein logisches Programm P, eine Anfrage A und eine Auswahlregel R. **Dann ist jede R-berechnete Antwort für $P \cup \{A\}$ auch eine korrekte Antwort.**

Die Umkehrung "Jede korrekte Antwort ist eine R-berechnete Antwort" gilt im Normalfall nicht, weil bei SLD-Ableitungen immer allgemeinste Unifikatoren benutzt werden und die R-berechneten Antworten somit die "allgemeinsten Antworten" sind, während korrekte Antworten speziellerer Natur sein können. Es gilt aber der folgende Sachverhalt:

Satz: Gegeben sei ein logisches Programm P, eine Anfrage A und eine Auswahlregel R. Für jede korrekte Antwort U_k existiert eine R-berechnete Antwort U_b und eine Substitution S, so daß $U_k = S(U_b)$ ist.

Einfacher ausgedrückt: **Jede korrekte Antwort ist ein Spezialfall einer R-berechneten Antwort,** wobei die Auswahlregel R beliebig ist. Die beiden letzten Sätze können wir zusammenfassen zu der Aussage:

> **Die deklarative und die prozedurale Semantik von logischen Programmen sind äquivalent.**

Erst diese Tatsache ermöglicht das Rechnen in der logischen Programmierung: Die deklarative Semantik entspricht einer formalen Beschreibung dessen, was man intuitiv unter logischen Programmen, Anfragen und Antworten versteht. Aus dieser Semantik ist jedoch nicht direkt ersichtlich, wie man korrekte Antworten finden kann. Die prozedurale Semantik gibt dagegen ein konkretes Verfahren zur Berechnung von Antworten an (wir werden dies noch genauer sehen). Die Äquivalenz von deklarativer und prozeduraler Semantik garantiert, daß diese berechneten Antworten mit dem übereinstimmen, was man sich intuitiv unter einer richtigen Antwort vorstellt.

Wie wir an den letzten Ergebnissen gesehen haben, gilt die Äquivalenz von deklarativer und prozeduraler Semantik bezüglich jeder Auswahlregel. Wir können uns auf eine beliebige Auswahlregel festlegen und vereinbaren daher, daß wir zukünftig nur noch die in Prolog übliche Regel *"Wähle immer das erste (linke) Literal in einer Anfrage"* betrachten. Der Gebrauch dieser Auswahlregel wird in Zukunft nicht mehr explizit erwähnt.

Wir wissen nun, daß eine erfolgreiche SLD-Ableitung eine korrekte Antwort liefert, aber wir wissen nicht, wie man solche erfolgreichen SLD-Ableitungen findet, denn es kann zu einem vorgegebenen logischen Programm und einer Anfrage viele verschiedene SLD-Ableitungen geben, wie das folgende Beispiel zeigt.

Beispiel:
Gegeben sei das logische Programm

$q(X,Y), p(Y,Z) \Rightarrow p(X,Z)$
$\Rightarrow p(X,X)$
$\Rightarrow q(a,b)$

und die Anfrage

$p(S,b) \Rightarrow$

Dann gibt es unter anderem die SLD-Ableitung

$p(S,b) \Rightarrow$
$\vdash$ (1. Klausel mit Unifikator $U_{11}=\{X/S, Z/b\}$)
$q(S,Y), p(Y,b) \Rightarrow$
$\vdash$ (3. Klausel mit Unifikator $U_{12}=\{S/a, Y/b\}$)
$p(b,b) \Rightarrow$
$\vdash$ (1. Klausel nach Umbenennung der Variablen)
$q(b,U), p(U,b) \Rightarrow$
   (fehlgeschlagene Ableitung, weil keine Klausel für $q(b,U)$ existiert)

und die SLD-Ableitung

$p(S,b) \Rightarrow$
$\vdash$ (1. Klausel mit Unifikator $U_{21}=\{X/S, Z/b\}$)
$q(S,Y), p(Y,b) \Rightarrow$
$\vdash$ (3. Klausel mit Unifikator $U_{22}=\{S/a, Y/b\}$)
$p(b,b) \Rightarrow$
$\vdash$ (2. Klausel)
$\square$ (Berechnete Antwort: $U=\{S/a\}$)

Während die erste SLD-Ableitung fehlschlägt, führt die zweite zum Ziel.

Um sicher zu sein, daß man eine korrekte Antwort findet, falls eine existiert, müssen alle möglichen SLD-Ableitungen gleichzeitig untersucht werden. Diese Methode kann präziser durch SLD-Bäume formuliert werden. Dazu definieren wir zunächst den Begriff eines "Baums".

Ein **(geordneter und markierter) Baum** ist

— ein einzelner **Knoten**, der mit einem bestimmten Objekt markiert ist (in diesem Fall wird der Knoten auch **Blatt** genannt),

— eine Struktur der Form

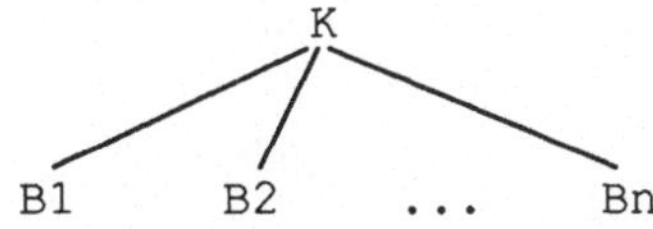

wobei K ein mit einem bestimmten Objekt markierter **Knoten** ist und B1, B2, ..., Bn (geordnete und markierte) Bäume sind. K heißt auch **Wurzel** dieses Baums. Ist Ki die Wurzel des Baums Bi (für i=1,2,...,n), so werden K1, K2, ..., Kn die **Söhne** von K genannt. K1 heißt **linker Sohn** und Kn heißt **rechter Sohn** (von K).

Beispiel:
In der folgenden Skizze sind anstelle der Knoten schon die Objekte eingezeichnet, mit denen
die Knoten markiert sind:

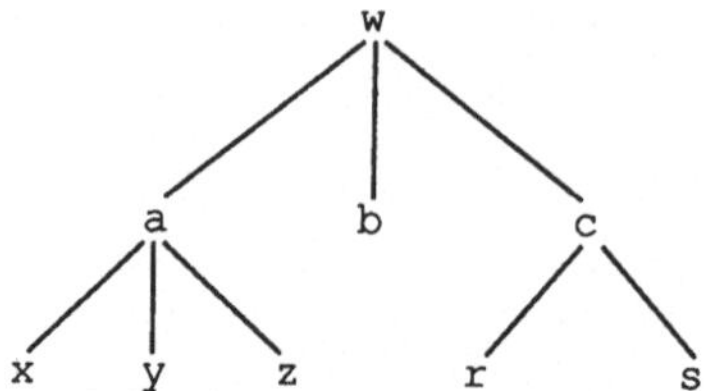

Die Wurzel dieses Baums ist mit "w" markiert, "a", "b" und "c" sind die Markierungen der
drei Söhne der Wurzel. Die Blätter des Baums sind (von links nach rechts) mit "x", "y", "z"
"b", "r" und "s" markiert.

Sei nun P ein logisches Programm und A eine Anfrage. Ein **SLD-Baum** für $P \cup \{A\}$ ist ein
Baum, dessen Knoten mit Anfragen oder leeren Klauseln markiert sind und für den gilt:

1. Die Wurzel ist mit der Anfrage A markiert.

2. Ist K ein Knoten im SLD-Baum, der mit der Anfrage S markiert ist und sind S_1, ..., S_n alle
    existierenden Resolventen für die Anfrage S und die Klauseln von P, dann hat K genau n
    Söhne, die mit S_1, ..., S_n markiert sind.

3. Knoten, die mit der leeren Klausel □ markiert sind, haben keine Söhne in einem SLD-
    Baum (es sind also Blätter).

Bei unserer Auswahlregel hat also ein Knoten mit der Markierung S genau dann n Söhne,
wenn das erste Literal von S mit den Köpfen von n verschiedenen Klauseln des logischen Programms unifizierbar ist.

Beispiel:
Für das letzte Beispiel erhalten wir folgenden SLD-Baum (an den Verbindungslinien zu den
Sohnknoten steht die Nummer der angewendeten Regel):

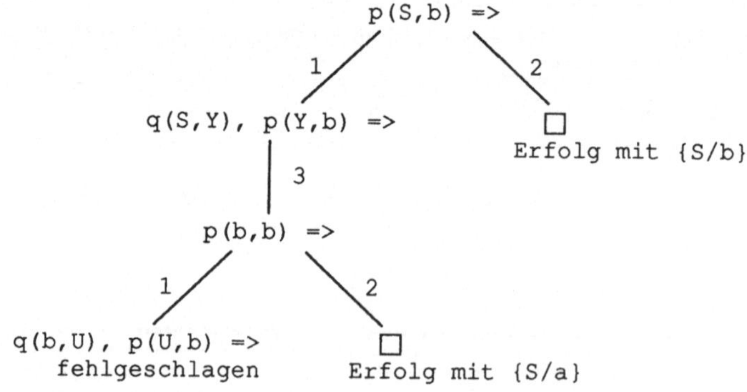

Aus diesem SLD-Baum ist erkennbar, daß es drei verschiedene SLD-Ableitungen (jedes Blatt steht für eine SLD-Ableitung) gibt, wobei eine ein Fehlschlag ist und zwei erfolgreich sind.

Die Knoten, die man von der Wurzel bis zu einem Blatt mit der leeren Klausel ☐ durchlaufen muß, heißen **Erfolgszweige**, die bis zu einem Blatt, welches nicht mit der leeren Klausel markiert ist, heißen **Mißerfolgszweige**. Wenn es einen unendlichen Weg von der Wurzel in die Tiefe gibt heißt dieser **unendlicher Zweig** im SLD-Baum. Die Markierungen der Erfolgszweige sind SLD-Widerlegungen, wobei auch die Umkehrung gilt:

Satz: Sei P ein logisches Programm und A eine Anfrage. Dann gilt:
Ist P∪{A} unerfüllbar, dann enthält der zugehörige SLD-Baum mindestens einen Erfolgszweig.

Das Problem ist nur: Wie findet man die Erfolgszweige im Baum? Dazu muß man eine konkrete Regel zum Durchsuchen eines Baumes angeben. Eine solche Regel heißt **Suchregel** oder **SLD-Strategie**. Eine SLD-Strategie, die immer zum Erfolg führt, falls ein Erfolgszweig existiert, ist folgende:

Breitendurchlauf durch den SLD-Baum:
Hierzu werden nacheinander die einzelnen Ebenen des SLD-Baumes durchsucht: Zuerst wird die Wurzel besucht, dann von links nach rechts alle Söhne der Wurzel, dann alle Söhne der Söhne der Wurzel, dann alle Söhne hiervon usw.

Beispiel:
Die Knoten des Baumes

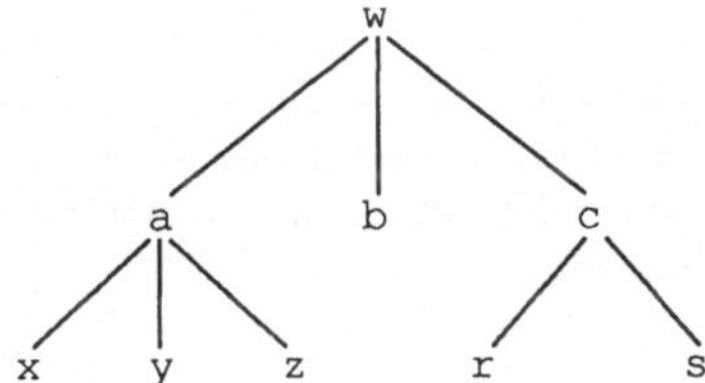

werden im Breitendurchlauf in folgender Reihenfolge besucht:

w a b c x y z r s

Der Breitendurchlauf ist eine "sichere" SLD-Strategie, weil jede mögliche Lösung (SLD-Widerlegung) irgendwann einmal gefunden wird. Der Nachteil ist der hohe Verwaltungsaufwand. Um alle Söhne in der nächsten Ebene des Baumes zu finden, muß man sich die Söhne der vorhergehenden Ebene merken, und dies können sehr viele sein: Wenn jeder Knoten nur zwei Söhne besitzt, dann befinden sich in der 10. Ebene unter der Wurzel (dies entspricht zehn SLD-Ableitungschritten) schon 1024 Knoten, die wiederum 2048 Söhne haben usw. Wegen dieses hohen Aufwands beim Beweisen wird in Prolog auf diese sichere SLD-Strategie verzichtet und eine effizientere Strategie verwendet, die wir im nächsten Kapitel kennenlernen werden.

5.4. Beweisen mit Prolog

In der folgenden Tabelle sind die Begriffe und Notationen der logischen Programmierung und die von Prolog gegenübergestellt:

Logische Programmierung		Prolog	
Konstante:	a,b,c,...	Atom:	$a,b,c,\ldots$
		Zahl:	$0,1,2,\ldots$
Term:	f(...)	Struktur, Term:	$f(\ldots)$
Variable:	X,Y,...	Variable:	$X,Y,\ldots$
Prädikat:	p(...)	Prädikat:	$p(\ldots)$
Klausel:	$\Rightarrow A$	Faktum:	$A.$
Klausel:	$A_1,\ldots,A_n \Rightarrow A$	Regel:	$A :- A_1, \ldots, A_n.$
Anfrage:	$A_1,\ldots,A_n \Rightarrow$	Anfrage:	$?- A_1, \ldots, A_n.$

Die Syntax oder Schreibweise der logischen Programmierung läßt sich mit kleinen Änderungen direkt auf Prolog übertragen. Dies gilt leider nicht für die Semantik. Während logische Programme eine deklarative und eine prozedurale Semantik haben, die beide übereinstimmen, haben Prolog-Programme nur eine prozedurale Semantik. Diese weicht von logischen Programmen ab, weil eine besondere SLD-Strategie verwendet wird, die eventuell keine Lösung findet, obwohl ein Erfolgszweig im SLD-Baum existiert. Die Strategie, mit der ein SLD-Baum bei Prolog durchsucht wird, ist die folgende:

Tiefendurchlauf durch den SLD-Baum:

Es wird zuerst die Wurzel besucht, dann der linke Sohn der Wurzel, dann der linke Sohn hiervon usw. Wenn einmal kein Sohn existiert (bei einem Blatt), wird der nächste Sohn des Vaters besucht und dann hiervon der linke Sohn usw. bis der ganze Baum abgearbeitet ist oder ein Erfolgszweig gefunden wird.

Beispiel:
Die Knoten des Baumes

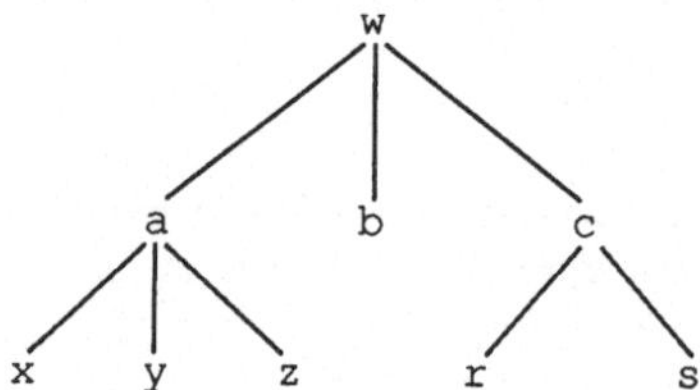

werden im Tiefendurchlauf in folgender Weise besucht:

```
w   a   x   y   z   b   c   r   s
```

Beim Tiefendurchlauf spielt die Reihenfolge der Söhne eine große Rolle. Daher sind in einem Prolog-Programm die Klauseln geordnet. Die Ordnung der Klauseln überträgt sich auf die Ordnung der Söhne eines Knotens im SLD-Baum: Ist ein Knoten K mit einer Anfrage S markiert und besitzt S (mindestens) zwei Resolventen S1 und S2, zu deren Erzeugung zwei

Klauseln K1 und K2 verwendet wurden, und steht K1 *vor* K2 im Prolog-Programm, dann steht der mit S1 markierte Sohn von K *links* von dem mit S2 markierten Sohn. Diese Ordnung haben wir in den bisherigen Beispielen schon berücksichtigt, aber nun wird sie relevant, denn:

Ein *Problem bei dieser Strategie* sind *unendliche Zweige*. Wenn links von einem Erfolgszweig ein unendlicher Zweig existiert, dann wird der Erfolgszweig nicht gefunden, weil nach der Strategie zuerst der unendliche Zweig endlos lange durchlaufen wird.

Beispiel:
Das Prolog-Programm

```
p(X,Z) :- p(Y,Z), q(X,Y).
p(X,X).
q(a,b).
```

ist logisch äquivalent zum letzten Programm aus dem vorigen Kapitel. Lediglich die Reihenfolge der Literale im Rumpf der ersten Klausel wurde verändert. Der zu der Anfrage `?- p(S,b).` gehörige SLD-Baum sieht so aus:

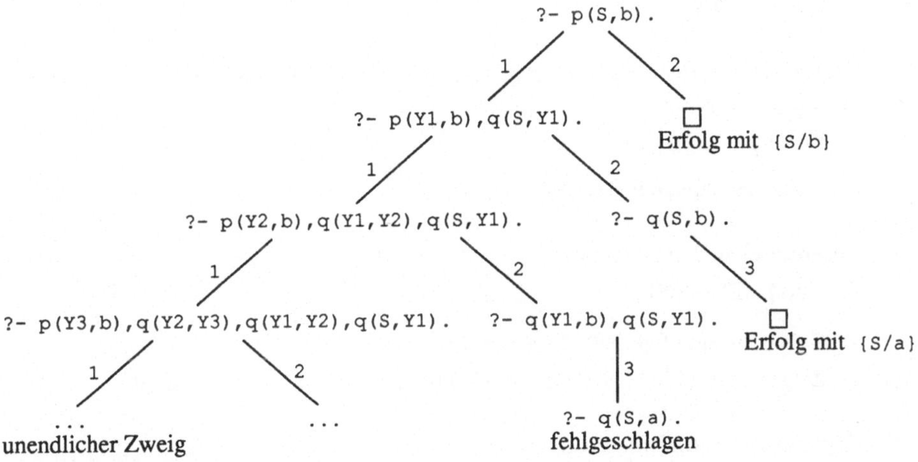

Nach der Prolog-Strategie wird bei diesem Programm keine Lösung gefunden, weil das Prolog-System zuerst die linken Söhne einer Ableitung untersucht und wegen des unendlichen Zweigs nicht anhalten würde.

Der wichtigste konzeptuelle Unterschied zwischen einem logischen und einem Prolog-Programm ist der, daß logische Programme *Mengen* von Klauseln sind (es existiert keine Reihenfolge in den Klauseln), während ein Prolog-Programm eine *Folge* von Klauseln ist. In Prolog-Programmen sind daher zwei Reihenfolgen von größter Wichtigkeit:

1. Reihenfolge der Klauseln im Programm.
2. Reihenfolge der Literale auf der rechten Seite von Regeln.

Die Relevanz dieser Reihenfolgen unterscheidet Prolog von der logischen Programmierung, und dessen muß man sich bewußt sein. Vom konzeptuellen Standpunkt sollten wir uns Prolog-Programme als Definition von Prädikaten vorstellen (deklarative Semantik). Diese Vorstellung ist so lange anwendbar, wie das Prolog-System (nach der intuitiven Vorstellung) korrekt arbeitet. Sobald dies nicht mehr gegeben ist (z.B. bei unendlicher Programmausführung), müssen wir uns überlegen, ob die Reihenfolge der Abarbeitung Einfluß auf diese Ergebnisse hat. Wir werden darauf im nächsten Kapitel noch eingehen und weitere nicht rein logische Konstruktionen von Prolog vorstellen.

Übungen:

5.1: Gegeben sei die Formel

$$\forall X\colon \forall Y\colon\ p(X,f(a,Y)) \Rightarrow p(X,Y)$$

    a) Geben Sie eine Interpretation an, unter der die Aussage folgende Bedeutung erhält: *Ist eine natürliche Zahl durch das Zweifache einer anderen teilbar, dann ist sie auch durch diese andere Zahl teilbar.*

    b) Geben Sie eine andere Interpretation mit folgender Bedeutung an: *Ist eine reelle Zahl gleich der Summe aus 0 und einer anderen reellen Zahl, dann sind diese Zahlen gleich.*

5.2: Zeigen Sie, daß eine Formel F genau dann eine logische Konsequenz der Formelmenge $\{F_1,F_2,...,F_n\}$ ist, wenn

$$F_1 \wedge F_2 \wedge ... \wedge F_n \Rightarrow F$$

eine allgemeingültige Formel ist.

5.3: Gegeben sei die Formelmenge

$$\{\ p(a)\ ,\ \exists X\colon\neg p(X)\ \}$$

    a) Geben Sie ein Modell für diese Formelmenge an.

    b) Zeigen Sie, daß kein Herbrand-Modell für diese Formelmenge existiert.

5.4: Gegeben sei das logische Programm

$$\Rightarrow p(a,b)$$
$$q(a,b) \Rightarrow p(b,a)$$
$$p(X,Y) \Rightarrow q(Y,X)$$

und die Auswahlregel *"Wähle das letzte Literal"*.

Geben Sie die SLD-Ableitungen einschließlich Resolventen und Unifikatoren jedes einzelnen Schrittes für die folgenden Anfragen an:
a) $p(a,b), q(b,a) \Rightarrow$
b) $q(a,b) \Rightarrow$
c) $q(b,b) \Rightarrow$
Welche der Ableitungen sind SLD-Widerlegungen?

5.5: Gegeben sei das logische Programm P

$$\Rightarrow p(a,b)$$
$$\Rightarrow p(c,b)$$
$$p(X,Y), p(Y,Z) \Rightarrow p(X,Z)$$
$$p(Y,X) \Rightarrow p(X,Y)$$

und die Anfrage A

$$p(a,c) \Rightarrow$$

a) Geben Sie eine SLD-Widerlegung für $P \cup \{A\}$ an.

b) Zeigen Sie: Wird eine beliebige Klausel aus P entfernt, dann gibt es bei jeder Auswahlregel keine SLD-Widerlegung.

c) Gegeben sei ein System zur Abarbeitung logischer Programme, das eine beliebige Auswahlregel hat, aber das die Programmklauseln immer in einer festen Reihenfolge versucht anzuwenden (ähnlich wie in Prolog, aber hier ist die Reihenfolge der Klauseln noch offen gelassen). Zeigen Sie, daß ein solches System niemals eine SLD-Widerlegung von $P \cup \{A\}$ findet.

6. Nichtlogische Bestandteile von Prolog

"Prolog" steht für "**Programmieren in Logik**". Prolog-Programme sollten wir uns als Beschreibung logischer Sachverhalte vorstellen, aus denen der Computer Schlußfolgerungen zieht. Von dieser Idealvorstellung muß in der Praxis leider Abstand genommen werden, weil Prolog nicht nur rein logische Bestandteile hat. Ein wichtiger konzeptioneller Unterschied zwischen Prolog und der rein logischen Programmierung wurde im vorigen Kapitel gezeigt. In diesem Kapitel werden wir Prolog stärker von der praktischen Seite betrachten und zunächst sehen, wie ein Prolog-System wirklich arbeitet. Darauf aufbauend werden die Konstruktionen von Prolog erklärt, die mit einer rein prädikatenlogischen Sichtweise nicht definierbar sind, wie z.B. arithmetische Operationen und Ein- und Ausgabe von Werten.

6.1. Die Beweisstrategie

Aus Kapitel 3 wissen wir, daß ein Prolog-System ein automatisches Beweissystem ist. Es versucht, eine Anfrage aufgrund der vorhandenen Fakten und Regeln durch Anwendung des Resolutionsprinzips zu beweisen. Das Resolutionsprinzip ist aber keine eindeutige Vorschrift, sondern Beweise können bei Anwendung dieses Prinzips auf verschiedene Arten geführt werden. Dabei kann eine Strategie sehr schnell zum Ziel führen, andere dagegen überhaupt nicht. Wir werden jetzt die Beweisstrategie von Prolog kennenlernen, wozu wir uns vorher mit dem Begriff "Backtracking" vertraut machen müssen.

Betrachten wir als Beispiel eine systematische Methode zum Durchsuchen eines Labyrinths. Um in einem Labyrinth von einem Ort zu einem anderen zu gelangen, folgen wir einem festen Weg, solange es nur eine Möglichkeit gibt. Sobald wir zu einem Punkt gelangen, wo es mehrere Alternativen zum Weitergehen gibt, wählen wir einfach eine bestimmte aus. Falls wir zu einer Stelle kommen, von der es nicht mehr weitergeht, gehen wir zurück bis zum letzten Punkt, wo es mehrere Alternativen gab, und probieren eine andere Alternative aus. Wenn schließlich alle Alternativen nicht zum Ziel geführt haben, gehen wir weiter zurück zum nächsten Alternativpunkt und probieren dort eine andere aus und so weiter. Nach dieser Methode finden wir auf jeden Fall das Ziel, falls ein Weg existiert (es sei denn, wir bewegen uns im Kreis). Das Zurückgehen zum letzten Alternativpunkt, falls man nicht weiterkommt, wird als **Backtracking** (Rücksetzen) bezeichnet. Die beschriebene Methode zum Durchsuchen des Labyrinths (Ausprobieren aller Alternativen mit eventuellem Zurückgehen) heißt auch **Backtracking-Methode**. Sie wird von einem Prolog-System zum Beweisen von Aussagen verwendet. Das Labyrinth in Prolog wird aus den verschiedenen Beweismöglichkeiten gebildet, die das Resolutionsprinzip zuläßt.

Das Resolutionsprinzip (der Einfachheit halber berücksichtigen wir hier nicht die Möglichkeit der Unifikation) besagt:
Um die Anfrage

$$?- A_1, \ldots, A_{k-1}, A_k, A_{k+1}, \ldots, A_n.$$

zu beweisen, reicht es aus, die Anfrage

$$?- A_1, \ldots, A_{k-1}, L_1, \ldots, L_p, A_{k+1}, \ldots, A_n.$$

zu beweisen, falls eine Regel

$$L :- L_1, \ldots, L_p.$$

existiert und die Literale A_k und L gleich sind. Weil Fakten als Regeln aufgefaßt werden können, deren rechte Seite leer ist (p=0), ist das Resolutionsprinzip auch auf Fakten anwendbar. Existiert zu einem Literal in einer Anfrage ein passendes Faktum, dann reicht es aus, die Anfrage ohne dieses Literal zu beweisen (durch Fakten kann die Anzahl der zu beweisenden Literale in einer Anfrage verkleinert werden). Ziel eines Prolog-Systems ist es, durch mehrfache Anwendung des Resolutionsprinzips auf Regeln und Fakten die Anfrage bis auf die leere Anfrage zu verkürzen. Wenn dies gelingt, sind alle Aussagen in der Anfrage bewiesen und das Prolog-System antwortet mit `yes`.

Das Resolutionsprinzip ist keine eindeutige Vorschrift, wie ein solcher Beweis zu führen ist, sondern es läßt verschiedene Alternativen offen:

1. Es ist nicht vorgeschrieben, welches Literal der Anfrage im nächsten Schritt durch eine Regel oder ein Faktum abgeleitet werden soll.

2. Es ist nicht vorgeschrieben, durch welche Klausel ein Literal in der Anfrage abgeleitet werden soll (zu einem Literal können mehrere Regeln mit passender linker Seite existieren).

Punkt 1 ist einfach festgelegt: *In Prolog wird grundsätzlich das erste (links stehende) Literal im nächsten Schritt abgeleitet.* Aus den im vorigen Kapitel geschilderten logischen Grundlagen von Prolog wissen wir, daß zur Auswahl des nächsten abzuleitenden Literals eine beliebige Regel festgelegt werden kann, ohne die Semantik zu beeinflussen. Daher ist die Entscheidung, immer das linke Literal in einer Anfrage auszuwählen, keine Einschränkung.

Problematischer ist die Festlegung, welche Regeln oder Fakten im nächsten Ableitungsschritt verwendet werden sollen. Aus dem vorigen Kapitel wissen wir außerdem, daß eine sichere Methode ist, alle in Frage kommenden Klauseln zu verwenden und die so entstehenden verschiedenen neuen Anfragen gleichzeitig weiter zu verfolgen. Die Ausführung dieser sicheren Methode kann sehr aufwendig werden, weil man bei nur zwei Alternativen pro Ableitungsschritt nach 10 Schritten schon 1024 verschiedene Anfragen gleichzeitig weiterverfolgen muß. Aus diesem Grund wird in Prolog auf diese sichere Methode verzichtet und stattdessen die Backtracking-Methode in folgender Weise verwendet:

1. Die Klauseln werden in eine feste Reihenfolge gebracht. Ein Prolog-Programm ist im Gegensatz zur rein logischen Programmierung keine Menge (in der ja keine Reihenfolge existiert), sondern eine *Folge von Klauseln*. Die Reihenfolge der Klauseln ist festgelegt durch die zeitliche Reihenfolge, in der die Klauseln in das Prolog-System eingegeben werden: Die Klausel, die dem Prolog-System am Anfang mitgeteilt wird, ist die erste Klausel, die als nächste eingegebene ist die zweite usw.

2. Beim Beweis einer Anfrage stehen in jedem Ableitungsschritt eventuell mehrere passende Klauseln zur Verfügung ("passend" bedeutet, daß ein allgemeinster Unifikator existiert). Das Prolog-System verwendet zunächst die erste Klausel, die zu dem linken Literal der Anfrage paßt. Falls das Prolog-System beim Beweisen in eine Sackgasse gerät, wird der letzte Ableitungsschritt rückgängig gemacht und statt der ersten Klausel wird die nächste passende Klausel zu einem neuen Ableitungsschritt verwendet. Falls dies auch in eine Sackgasse führt, wird die nächste passende Klausel ausprobiert usw. Führen schließlich alle Alternativen in Sackgassen, wird auch der Ableitungsschritt, der zu dieser Anfrage geführt hat, rückgängig gemacht und eine neue Alternative gesucht.

Es handelt sich bei der Beweisstrategie von Prolog um ein typisches Backtracking-Verfahren: Falls in einem Schritt mehrere Alternativen zur Auswahl stehen, wird die erste gewählt und weiter fortgefahren. Endet der Beweis schließlich an einem Punkt, an dem es nicht weiter geht, wird der Beweis bis zum letzten Alternativpunkt rückgängig gemacht und die nächste Alternative ausprobiert.

3. Bevor das Prolog-System eine Regel oder ein Faktum in einem Beweisschritt ausprobiert (d.h. einen allgemeinsten Unifikator für das zu beweisende Literal und den Klauselkopf sucht), werden die Variablen in der Klausel so umbenannt, daß sie verschieden sind von den in der Anfrage vorkommenden Variablennamen. Dies ist erlaubt, weil die Namen der Variablen nur innerhalb einer Klausel eine Bedeutung haben, aber sonst beliebig austauschbar sind.

4. Es kann notwendig sein, bestimmte Variablen durch andere Terme zu ersetzen, um einen Ableitungsschritt auszuführen (Unifikation). Kommt der zu ersetzende Variablenname in einer Anfrage mehrfach vor, dann müssen alle vorkommenden Variablennamen durch den Term ersetzt werden. Wir sagen: Die Variable ist an den Term **gebunden**. Ist der Term eine Konstante oder Struktur oder selbst wieder eine Variable, die an eine Konstante oder Struktur gebunden ist, dann sagen wir auch: Die Variable ist mit diesem Term **instantiiert**. Instantiierte Variablen sind also mit einem bestimmten Wert (Konstante oder Struktur) belegt.

   Beim Backtracking (Beweisschritte rückgängig machen) müssen Bindungen von Variablen, die in diesem Beweisschritt stattgefunden haben, ebenfalls rückgängig gemacht werden, weil in einer anderen Alternative die Variablen eventuell an andere Terme gebunden werden.

Damit ist die Strategie, mit der ein Prolog-System Anfragen zu beweisen versucht, vollständig beschrieben. Bestimmte nichtlogische Bestandteile von Prolog lassen sich nur aufgrund dieser Strategie erklären. Außerdem ist es bei Schwierigkeiten, die beim Programmieren mit Prolog auftreten können, notwendig zu wissen, wie das Prolog-System die eingegebene Anfrage abarbeitet. Wir erläutern diese Strategie genauer anhand einiger Beispiele.

Betrachten wir als erstes **Beispiel** das folgende Problem:

Peter, Thomas und Frank spielen Fußball. Dabei zerbricht eine Glasscheibe. Als sie verhört werden, beschuldigt jeder den anderen:

- Peter sagt: "Thomas lügt".
- Thomas sagt: "Frank lügt".
- Frank sagt: "Peter und Thomas lügen beide".

Wer sagt die Wahrheit und wer lügt?

Um dieses Problem mit Prolog zu lösen, müssen wir die problemrelevanten Aussagen herausfinden. Hier gibt es zwei:

1. Eine Person A behauptet von einer Person B, daß sie lügt. Wenn A die Wahrheit sagt, dann lügt B. Wenn A lügt, dann muß B die Wahrheit sagen. Die Aussage "A sagt, daß B lügt" drücken wir durch das Prädikat `istLuegner(A,B)` aus und teilen dem Prolog-System die folgenden Fakten mit:

```
istLuegner(wahr,luegt).
istLuegner(luegt,wahr).
```

2. Eine Person A behauptet von zwei anderen Personen B und C, daß beide lügen. Wenn A die Wahrheit sagt, dann lügen B und C. Wenn dagegen A lügt, dann müssen entweder B oder C oder auch beide die Wahrheit sagen. Die Aussage "A sagt, daß B und C lügen" drücken wir durch das Prädikat `beideLuegen(A,B,C)` aus und teilen dem Prolog-System die folgenden Fakten mit:

```
beideLuegen(wahr,luegt,luegt).
beideLuegen(luegt,wahr,luegt).
beideLuegen(luegt,luegt,wahr).
beideLuegen(luegt,wahr,wahr).
```

Die Lösung des gestellten Problems erhalten wir, indem wir die Aussagen von Peter, Thomas und Frank in Prolog übersetzen. Die Variablen `P`, `T` und `F` stehen für die Werte `wahr` oder `luegt`: Wenn z.B. Peter die Wahrheit sagt, steht die Variable `P` für den Wert `wahr`. Damit können wir die Lösung durch folgende Regel definieren:

```
findeLuegner(P,T,F)  :-
     istLuegner(P,T),      % Peter sagt, daß Thomas lügt
     istLuegner(T,F),      % Thomas sagt, daß Frank lügt
     beideLuegen(F,P,T).   % Frank sagt, daß Peter und Thomas lügen
```

Wenn wir eine konkrete Lösung des Lügnerproblems wissen wollen, dann stellen wir die Anfrage:

```
?- findeLuegner(Peter,Thomas,Frank).
Peter = luegt
Thomas = wahr
Frank = luegt
```

Es gibt eine Lösung, die tatsächlich die vorgegebenen Aussagen erfüllt. Wie ist nun das Prolog-System zu dieser Lösung gekommen? Wir werden dies anhand der Prolog-Beweisstrategie erklären.

Zum Zeitpunkt der Anfrage sind die folgenden Klauseln bekannt:

```
1.   istLuegner(wahr,luegt).
2.   istLuegner(luegt,wahr).
3.   beideLuegen(wahr,luegt,luegt).
4.   beideLuegen(luegt,wahr,luegt).
5.   beideLuegen(luegt,luegt,wahr).
6.   beideLuegen(luegt,wahr,wahr).
7.   findeLuegner(P,T,F)  :-
             istLuegner(P,T),
             istLuegner(T,F),
             beideLuegen(F,P,T).
```

Zu Beginn ist die Anfrage

```
?- findeLuegner(Peter,Thomas,Frank).
```

vorgegeben. Diese Frage kann das System mit Klausel 7 und der Substitution

```
{P/Peter, T/Thomas, F/Frank}
```

ableiten zu der Anfrage

```
?- istLuegner(Peter,Thomas), istLuegner(Thomas,Frank),
   beideLuegen(Frank,Peter,Thomas).
```

Nun wird versucht, das erste Literal dieser Anfrage zu beweisen. Hierfür stehen die Fakten 1 oder 2 zur Verfügung, wobei das Prolog-System zuerst Faktum 1 ausprobiert. Nach Instantiierung der Variablen `Peter` mit `wahr` und `Thomas` mit `luegt` erhalten wir die abgeleitete Anfrage

```
?- istLuegner(luegt,Frank), beideLuegen(Frank,wahr,luegt).
```

Nun wird das Literal `istLuegner(luegt,Frank)` bewiesen, wozu nur das Faktum 2 verwendet werden kann. Die Variable `Frank` wird mit dem Wert `wahr` instantiiert:

```
?- beideLuegen(wahr,wahr,luegt).
```

Dieses Literal kann nicht bewiesen werden, weil dem Prolog-System keine passenden Klauseln bekannt sind. An dieser Stelle kommt das Backtracking-Verfahren zum Tragen: Die letzten Beweisschritte (Ableitungen von Anfragen) werden soweit rückgängig gemacht, bis ein Punkt erreicht wird, bei dem das Prolog-System andere Wahlmöglichkeiten hatte, aber noch nicht alle ausprobiert hat. In unserem Beispiel müssen zwei Ableitungsschritte rückgängig gemacht und die dort erfolgten Variableninstantiierungen aufgehoben werden. Damit gelangen wir wieder zu der Anfrage

```
?- istLuegner(Peter,Thomas), istLuegner(Thomas,Frank),
   beideLuegen(Frank,Peter,Thomas).
```

und probieren nun anstelle des ersten Faktums das zweite zur Ableitung des linken Literals aus; dabei werden die Variable `Peter` mit `luegt` und `Thomas` mit `wahr` instantiiert:

```
?- istLuegner(wahr,Frank), beideLuegen(Frank,luegt,wahr).
```

Das Literal `istLuegner(wahr,Frank)` kann mit Faktum 1 und der Instantiierung von `Frank` durch den Wert `luegt` bewiesen werden. Wir erhalten:

```
?- beideLuegen(luegt,luegt,wahr).
```

Dieses Literal ist identisch zum Faktum 5, womit auch das letzte Literal bewiesen ist. Daher ist die anfangs gestellte Anfrage nach dem Resolutionsprinzip eine logische Schlußfolgerung aus den eingegebenen Klauseln. Als Antwort gibt das Prolog-System die Werte aus, mit denen die Variablen in der Anfrage gebunden worden sind, um den Beweis erfolgreich durchzuführen:

```
Peter  = luegt
Thomas = wahr
Frank  = luegt
```

Wir haben nun ein vollständiges Beispiel für die Lösungsfindung eines Prolog-Systems gesehen. Das nächste Beispiel demonstriert die Instantiierung von Variablen in Strukturen, wodurch die Strukturen schrittweise aufgebaut werden. Dazu betrachten wir die Klauseln für das schon bekannte *Anhängen eines Elements an das Ende einer Liste:*

```
anhang([],E,[E]).
anhang([K|R],E,[K|RE]) :- anhang(R,E,RE).
```

und die Anfrage

```
?- anhang([1,3],5,L).
```

Diese Anfrage kann nur mit der zweiten Klausel weiter abgeleitet werden, wobei die Variablen K mit 1, R mit [3], E mit 5 und L mit [1|RE] instantiiert werden. Das Literal in der Anfrage wird durch die rechte Seite der zweiten Klausel ersetzt:

```
?- anhang([3],5,RE).
```

Auf diese Anfrage ist wiederum nur die zweite Klausel anwendbar, wobei zur Vermeidung von gleichen Variablennamen in der Anfrage und der Klausel die Variablen in der Klausel zunächst umbenannt werden:

```
anhang([K1|R1],E1,[K1|RE1]) :- anhang(R1,E1,RE1).
```

Nun werden die Variablen K1 mit 3, R1 mit [], E1 mit 5 und RE mit [3|RE1] instantiiert. Die nächste abgeleitete Anfrage ist

```
?- anhang([],5,RE1).
```

Zum Beweis dieses Literals kann nur das erste Faktum verwendet werden, wobei die Variable RE1 mit [5] instantiiert wird. Damit hat der Beweis ein erfolgreiches Ende gefunden und das Prolog-System gibt die Instantiierung der Variablen L aus: L wurde mit [1|RE] instantiiert, RE mit [3|RE1] und RE1 mit [5]. Insgesamt ist L mit dem Term [1|[3|[5]]] instantiiert worden. Das Prolog-System gibt diesen Term in der Form

```
L = [1,3,5]
```

aus. Das Ergebnis (die Liste [1,3,5]) wird während des Beweisens in der Form

```
L
[1|RE]
[1,3|RE1]
[1,3,5]
```

schrittweise aufgebaut. Diese schrittweise Erzeugung des Ergebnisterms ist charakteristisch für die Verarbeitung von Strukturen in Prolog. Als weiteres Beispiel hierfür sollte man sich noch einmal das Differenzieren von Funktionen in Kapitel 4.3 ansehen.

Wir haben schon im letzten Kapitel und zu Anfang dieses Kapitels auf die **Unvollständigkeit der Beweisstrategie in Prolog** hingewiesen. Es ist möglich, daß für Anfragen, die aufgrund des Resolutionsprinzips als wahr bewiesen werden könnten, das Prolog-System keine Lösung findet und stattdessen in einen endlos langen Beweis gerät. Betrachten wir als Beispiel ein Prolog-Programm, welches das 2-stellige Prädikat letztes definiert, das erfüllt ist, wenn das erste Argument eine Liste und das zweite Argument das letzte Element dieser Liste ist:

```
letztes([K|R],E) :- letztes(R,E).
letztes([E],E).
```

Wenn wir Anfragen stellen, scheint zunächst alles in Ordnung zu sein:

```
?- letztes([1,2,3],3).
yes
```

```
?- letztes([a,b,c,d],X).
X = d
yes
?- letztes(L,3).
```

Bei der letzten Anfrage ("Welche Listen haben 3 als letztes Element?") gerät das Prolog-System in einen unendlichen Beweis (und bricht wahrscheinlich irgendwann mit einer Fehlermeldung ab). Dies liegt daran, daß bei einer Variablen als erstem Argument von `letztes` die erste Regel immer anwendbar ist: Das erste Argument wird mit `[K|R]` instantiiert, wobei `K` und `R` neue Variablen sind. Die abgeleitete Anfrage ist

```
?- letztes(R,3).
```

Hier ist das erste Argument wieder eine Variable, die erste Regel somit wieder anwendbar, in der nächsten abgeleiteten Anfrage ist das erste Argument des Literals eine neue Variable und so weiter. Das Prolog-System gelangt beim Beweisen zu keinem Ergebnis.

Wir vertauschen im eingegebenen Prolog-Programm die beiden Klauseln:

```
letztes([E],E).
letztes([K|R],E) :- letztes(R,E).
```

Bei einer Anfrage mit einer Variablen als erstem Argument wird zunächst die erste Klausel (ein Faktum) angewendet und der Beweis ist erfolgreich beendet:

```
?- letztes(L,3).
L = [3]
```

Obwohl die beiden letzten Programme rein logisch äquivalent sind, **hat die Reihenfolge der Klauseln Einfluß auf den Erfolg eines Beweises in Prolog!** Dieser Problematik muß man sich (leider) immer bewußt sein, weil viele Schwierigkeiten beim praktischen Programmieren mit Prolog hier ihre Ursache haben.

Nicht nur die Reihenfolge der Klauseln beeinflußt den Verlauf eines Beweises, sondern auch die Reihenfolge der Literale auf der rechten Seite von Regeln. Um dies zu verdeutlichen, betrachten wir ein kleines Prolog-Programm, das definiert, wann eine Zahl größer oder gleich einer anderen ist:

```
groesser_gleich(X,Z) :- addiere_1(Y,X), groesser_gleich(Y,Z).
groesser_gleich(X,X).
addiere_1(0,1).
```

Die erste Regel besagt: Wenn eine Zahl `Y` größer oder gleich einer Zahl `Z` ist und man addiert zu `Y` Eins dazu, dann ist auch das Ergebnis der Addition größer oder gleich der Zahl `Z`. Die zweite Klausel sagt aus, daß jede Zahl größer oder gleich sich selbst ist. Die letzte Klausel sagt schließlich: Wird zu der Zahl `0` Eins hinzuaddiert, dann ist das Ergebnis die Zahl `1`.

Wenn wir eine Zahl wissen möchten, die größer oder gleich der Zahl `0` ist, so stellen wir die Anfrage

```
?- groesser_gleich(G,0).
```

Das Prolog-System führt daraufhin folgende Ableitungsschritte durch: Im ersten Schritt wird das Literal in der Anfrage durch die rechte Seite der ersten Regel ersetzt, wobei die Variable `Z` mit `0` und `X` mit `G` gebunden wird:

```
?- addiere_1(Y,G), groesser_gleich(Y,0).
```

Nach Instantiierung der Variablen Y mit 0 und G mit 1 ist das linke Literal dieser Anfrage identisch mit der dritten Klausel und wir erhalten im 2. Schritt die Anfrage:

```
?- groesser_gleich(0,0).
```

Hierauf ist wieder die erste Regel anwendbar und wir erhalten (nach Umbenennung und Bindung der Variablen in der Regel):

```
?- addiere_1(Y1,0), groesser_gleich(Y1,0).
```

Für das linke Literal dieser Anfrage gibt es keine Regel, folglich endet der Beweis in einer Sackgasse und der letzte Schritt wird rückgängig gemacht: Auf die Anfrage

```
?- groesser_gleich(0,0).
```

wird jetzt die zweite Klausel angewendet, wobei die Variable in der Klausel mit 0 instantiiert wird. Das Ergebnis dieses Ableitungsschrittes ist die leere Anfrage

```
?- .
```

Damit ist der Beweis erfolgreich beendet und das Prolog-System gibt die Instantiierung der Variablen G aus:

```
G = 1
```

Betrachten wir nun das (logisch äquivalente!) Programm

```
groesser_gleich(X,Z) :- groesser_gleich(Y,Z), addiere_1(Y,X).
groesser_gleich(X,X).
addiere_1(0,1).
```

Dieses Programm unterscheidet sich vom vorigen nur durch die Reihenfolge der Literale in der rechten Seite der ersten Regel. Das Prolog-System leitet die Anfrage

```
?- groesser_gleich(G,0).
```

mit Hilfe der ersten Regel ab zu der Anfrage

```
?- groesser_gleich(Y,0), addiere_1(Y,G).
```

Das linke Literal kann wieder mit Hilfe der ersten Regel abgeleitet werden und wir erhalten nach Umbenennung und Bindung der Variablen in der ersten Regel:

```
?- groesser_gleich(Y1,0), addiere_1(Y1,Y), addiere_1(Y,G).
```

Auf das erste Literal dieser Anfrage kann wiederum die erste Regel angewendet werden:

```
?- groesser_gleich(Y2,0), addiere_1(Y2,Y1), addiere_1(Y1,Y),
   addiere_1(Y,G).
```

Weil in jeder abgeleiteten Anfrage immer die erste Regel anwendbar ist, führt dies zu einem endlosen Beweis des Prolog-Systems.

Wird in einer Regel das Prädikat, das im Kopf der Regel steht, im Rumpf als erstes Literal benutzt, so bezeichnen wir sie als **linksrekursive Regel**. Linksrekursive Regeln, vor denen keine Fakten für das gleiche Prädikat stehen (wie die erste Regel im letzten Programm), enthalten in Prolog immer die *Gefahr von endlosen Beweisen!*

Als Fazit dieses Kapitels können wir feststellen:

Die Beweisstrategie von Prolog ist unvollständig.

Auch wenn eine Anfrage aus dem vorgegebenen Programm beweisbar wäre, kann es passieren, daß das Prolog-System den Beweis nicht findet und stattdessen in eine endlose Folge von Ableitungen gerät. Die Kenntnis der von Prolog verwendeten Beweisstrategie ermöglicht es uns nun, die *Gefahrenpunkte für Endlosbeweise* abzuschätzen. Die wesentlichen Punkte sind:

1. Die Reihenfolge der Klauseln ist wichtig: Falls mehrere Klauseln in einem Ableitungsschritt benutzt werden können, werden sie der Reihe nach ausprobiert. Zur Vermeidung von Endlosbeweisen sollten *Klauseln für speziellere Fälle vor allgemeineren Klauseln* stehen. Beispielsweise gibt es bei Prädikaten, die Eigenschaften von Listen definieren, meistens spezielle Klauseln (Fakten), die das Prädikat für leere oder einelementige Listen definieren und allgemeine Klauseln (Regeln) für mindestens einelementige Listen. Die speziellen Klauseln (Fakten) sollten dann vor den allgemeinen Regeln stehen. Bei den bisherigen Beispielen haben wir dies auch so gehandhabt.

2. Die Reihenfolge der Literale auf der rechten Seite einer Regel ist wichtig: Besonders *bei linksrekursiven Regeln* sollten *zuvor Klauseln für Spezialfälle* aufgeführt sein (möglichst Fakten), weil sonst die Gefahr von Endlosbeweisen besonders groß ist.

Falls das Prolog-System doch einmal in einen endlosen Beweis geraten sollte und man nicht feststellen kann, woran dies liegt, bieten fast alle Prolog-Systeme die Möglichkeit, den Beweis schrittweise anzusehen und dabei eventuell die Ursache zu erkennen. Wir werden auf diese Technik zur Fehlersuche ("Debugging") in Kapitel 8 genauer eingehen.

6.2. Arithmetik

Bisher haben wir Prolog als System kennengelernt, das aufgrund vorgegebener Regeln Terme analysieren oder neue Terme aufbauen kann. Daher wird der Ausdruck `3*5` in Prolog nicht automatisch zu der Zahl `15` ausgerechnet, sondern er wird als Struktur mit dem 2-stelligen Funktor `*` aufgefaßt:

```
*(3,5)
```

Weil es bei bestimmten Anwendungen aber wünschenswert ist, konkrete Zahlenwerte zu berechnen, bietet Prolog das vordefinierte Prädikat `is` zum Ausrechnen von arithmetischen Ausdrücken an. `is` ist vordefiniert als Infixoperator, so daß wir Literale in der folgenden Weise aufschreiben können:

```
X is Y
```

Wenn dieses Literal bewiesen werden soll, muß `Y` ein vollständig instantiierter arithmetischer Ausdruck (s.u.) sein; wenn nicht, bricht das Prolog-System den Beweis sofort mit einer entsprechenden Fehlermeldung ab.

Ein **arithmetischer Ausdruck** ist ein Term, dessen Funktoren nur die Infixoperatoren `+` (Addition), `-` (Subtraktion), `*` (Multiplikation), `/` (Division), `mod` (Rest bei ganzzahliger Division) und die Präfixoperatoren `+` (positiver Ausdruck) und `-` (negativer Ausdruck) sind und der sonst nur Zahlen und Variablen enthält. Die Variablen eines arithmetischen Ausdrucks sind entweder nicht instantiiert oder mit anderen arithmetischen Ausdrücken instantiiert. Arithmetische Ausdrücke sind z.B.

```
1+2       X*5+Y        (A-3) mod 2
```

Ein **vollständig instantiierter arithmetischer Ausdruck** ist ein arithmetischer Ausdruck, bei dem alle vorkommenden Variablen mit anderen vollständig instantiierten arithmetischen Ausdrücken instantiiert sind.

Beispiel:
Der arithmetische Ausdruck

```
4*Z + (2*Y) mod 3
```

ist vollständig instantiiert, wenn Z mit 4*5, Y mit X+1 und X mit 3 instantiiert ist.

Das Literal

```
X is Y
```

kann genau dann bewiesen werden, wenn Y ein vollständig instantiierter arithmetischer Ausdruck ist, dessen (nach den üblichen mathematischen Gesetzen) ausgerechneter Wert mit X unifiziert werden kann. Ist X eine zum Zeitpunkt des Beweises nicht instantiierte Variable, dann wird Y ausgerechnet, X mit dem Ergebnis instantiiert und das Literal ist bewiesen. Ist X dagegen eine Konstante oder eine instantiierte Variable, so ist das Literal genau dann beweisbar, wenn der ausgerechnete Wert von Y mit X identisch ist.

Beispiel:
Das Literal

```
16 is 3*5+1
```

ist beweisbar. Dagegen ist das Literal

```
2+1 is 2+1
```

nicht beweisbar, weil links von is ein Term und nicht die Zahl 3 steht. Nur der rechte Term wird beim Beweis von is ausgerechnet. Ist zum Zeitpunkt des Beweises die Variable X nicht instantiiert, die Variable Y dagegen mit dem Term 2+3, dann ist das Literal

```
X is 15-Y
```

beweisbar und X wird mit 10 instantiiert.

Folgende Punkte sind dafür verantwortlich, daß die Arithmetik in Prolog nicht mit den Mitteln der logischen Programmierung beschreibbar ist:

- **Das is-Prädikat ist partiell.** Das bedeutet: Normalerweise sind Prädikate für alle Terme, die als Argumente eingesetzt werden, definiert: Entweder sie sind beweisbar oder nicht beweisbar. Das is-Prädikat ist dagegen nicht für alle Werte definiert, denn wenn das zweite Argument ein Term mit nicht instantiierten Variablen ist, dann hat dies zur Folge, daß der gesamte Beweis mit einer Fehlermeldung abgebrochen wird und keine anderen Beweiswege mehr untersucht werden.

- **Die Reihenfolge von Literalen ist bei Verwendung des is-Prädikats besonders wichtig.** Die Anfrage

```
?- X=2, Y is 3+X
```

wird beantwortet mit

```
X = 2
Y = 5
```

weil durch den Beweis des ersten Literals die Variable X mit 2 instantiiert wird. Zum Zeitpunkt des Beweises des zweiten Literals ist X mit dem Wert 2 instantiiert und somit ist 3+X ein vollständig instantiierter arithmetischer Ausdruck.
Die Anfrage

```
?- Y is 3+X, X=2.
```

hat dagegen eine Fehlermeldung des Prolog-Systems zur Folge, weil X beim Beweis des ersten Literals nicht instantiiert ist.

Als erstes Beispiel für die Anwendung von is wollen wir ein Prädikat zur *Berechnung der Länge einer Liste* definieren. Das Prädikat laenge(L,Z) soll erfüllt sein, wenn L eine Liste und N die Anzahl der Listenelemente (eine ganze Zahl) ist. Wir geben zunächst eine umgangssprachliche Definition der Länge von Listen an:

- Die leere Liste hat die Länge 0.

- Wird zu einer Liste ein Element hinzugefügt, dann erhöht sich die Länge der Liste um 1.

Bei der Formulierung der zweiten Tatsache in Prolog benötigen wir das is-Prädikat, um die Erhöhung der Listenlänge auszurechnen. Die Klauseln für das Prädikat laenge lauten:

```
laenge([],0).
laenge([E|R],N) :-
          laenge(R,NR),      % Die Länge der Liste R ist NR
          N is NR+1.         % Erhöhung von NR um 1.
```

Nach Eingabe dieser Klauseln können wir die Länge einer konkreten Liste mit dem Prädikat laenge ausrechnen:

```
?- laenge([p,r,o,l,o,g],N).
N = 6
```

Als weitere Anwendung von is wollen wir das Prädikat fak(N,F) definieren, das erfüllt ist, wenn das erste Argument eine natürliche Zahl und das zweite Argument die Fakultät dieser Zahl ist. Die **Fakultät** einer natürlichen Zahl N wird in der Mathematik durch N! symbolisiert und ist als Multiplikation der Zahlen von 1 bis N definiert:

$$N! = 1*2*3*...*(N-1)*N$$

Zusätzlich wird 0!=1 definiert. Hieraus können wir uns leicht überlegen, daß die Fakultät von N auch dadurch berechnet werden kann, indem die Zahlen von 1 bis N-1 miteinander multipliziert und das Ergebnis hiervon mit N multipliziert wird. Somit gilt:

$$N! = (N-1)! * N \quad \text{(für N>0)}$$

Mit diesem Wissen können wir das Prädikat fak(N,F) vollständig durch zwei Klauseln definieren, wobei zum Ausrechnen der Werte von N-1 und (N-1)!*N das is-Prädikat benutzt wird:

```
fak(0,1).
fak(N,F) :-
    N1 is N-1,
    fak(N1,F1),        % Die Fakultät von N1 ist F1
    F is F1*N.
```

Voraussetzung für die Anwendung des Prädikats fak ist, daß das erste Argument ein vollständig instantiierter arithmetischer Ausdruck ist. Man kann sich leicht klarmachen, daß die Reihenfolge der Literale auf der rechten Seite der zweiten Klausel wichtig ist; eine andere Reihenfolge würde zu Fehlern beim Beweisen führen.

Zum **Vergleich von Werten arithmetischer Ausdrücke** werden in Prolog 6 verschiedene Infixoperatoren angeboten, wobei die Argumente zum Zeitpunkt des Beweises vollständig instantiierte arithmetische Ausdrücke sein müssen. Beim Beweis werden beide Argumente ausgerechnet und die Ergebniswerte miteinander verglichen. Die Vergleichsoperatoren sind:

Vergleichsoperator	Ist beweisbar, wenn:
X =:= Y	X und Y haben den gleichen Wert
X =\= Y	X und Y haben verschiedene Werte
X < Y	Der Wert von X ist kleiner als der von Y
X > Y	Der Wert von X ist größer als der von Y
X >= Y	Der Wert von X ist größer oder gleich dem von Y
X =< Y	Der Wert von X ist kleiner oder gleich dem von Y

Anzumerken ist noch, daß viele Prolog-Systeme auch mit rationalen Zahlen rechnen können und weitere arithmetische Funktionen anbieten. Hierzu müssen die Handbücher der entsprechenden Prolog-Systeme studiert werden. In diesem Kapitel sind nur die Teile der Arithmetik vorgestellt worden, die in fast allen Prolog-Systemen als Standard vorhanden sind.

6.3. Ein- und Ausgabe von Daten

In allen bisherigen Beispielen wurden die Objekte, die während eines Beweises benutzt werden, entweder in den Fakten und Regeln festgelegt oder in der Anfrage angegeben. Die Ausgabe von Ergebnissen erfolgte immer durch Angabe von Variablen in einer Anfrage. Die instantiierten Werte solcher Variablen gibt das Prolog-System am Ende eines erfolgreichen Beweises aus.

Beispiel:
Dem Prolog-System sind Klauseln zur Berechnung des letzten Elements einer Liste (Prädikat letztes(L,E)) bekannt. Wir wollen wissen, welches das letzte Element der Liste [a,f,f,e] ist. Dann ist diese Liste ein Eingabewert an das Prolog-System und das letzte Element ist der Ausgabewert. Wir geben die Liste in der Anfrage an und setzen für das letzte Element eine Variable ein, so daß das Prolog-System den instantiierten Wert der Variablen ausgibt:

```
?- letztes([a,f,f,e],L).
L = e
```

Prolog bietet noch andere Möglichkeiten zur Ein- und Ausgabe von Daten, von denen die grundlegendsten in diesem Kapitel vorgestellt werden. Weitere Ein- und Ausgabemöglichkeiten befinden sich im Kapitel 7 ("Vordefinierte Prädikate").

Zur **Ausgabe von Werten** während der Durchführung eines Beweises bietet Prolog das Prädikat `write(X)` an. Ist `X` ein beliebiger Term, dann ist das Literal `write(X)` beweisbar. Der Beweis dieses Literals hat den Nebeneffekt, daß der Term `X` ausgegeben wird (ein **Nebeneffekt** eines Prädikats ist eine Operation, die bei jedem Beweis eines entsprechenden Literals durchgeführt und bei einem eventuellen Backtracking nicht rückgängig gemacht wird). Für `write(X)` gibt es nur eine Beweismöglichkeit. Der Term wird in der gleichen Form ausgegeben, wie das Prolog-System die Ergebniswerte in Anfragen ausgibt. Insbesondere werden als Operatoren definierte Funktoren in Präfix-, Infix- bzw. Postfixdarstellung und Listen in der Darstellung mit eckigen Klammern ausgegeben. Atome, die in Apostrophs eingeschlossen sind, werden durch `write` ohne die Apostrophs ausgegeben.

Beispiele:
Ausgabe von Daten mit Hilfe von `write`:

```
?- write(+(2,3)).
2+3
yes
?- write(.(1,.(2,[]))).
[1,2]
yes
?- write('Dies ist ein Atom').
Dies ist ein Atom
yes
```

Als Anwendung für `write` definieren wir ein Prädikat `mult(X,Y)`, das die Zahlen `X` und `Y` miteinander multipliziert und diese Rechnung ausgibt:

```
mult(X,Y)  :-
          Ergebnis is X*Y,
          write(X*Y), write(' = '), write(Ergebnis).
```

Wird das Literal `mult(6,8)` bewiesen, so gibt das Prolog-System als Nebeneffekt das Produkt von 6 und 8 aus:

```
?- mult(6,8).
6*8 = 48
yes
```

Das Prädikat `nl` (newline) hat den Nebeneffekt, daß bei seinem Beweis ein Zeilenvorschub in der Ausgabe erfolgt.

Beispiel:
Die Atome `a`, `b` und `c` sollen untereinander ausgegeben werden:

```
?- write(a), nl, write(b), nl, write(c).
a
b
c
yes
```

Zum **Einlesen von Termen** bietet Prolog das Prädikat `read(X)` an. Bei seinem Beweis wird der nächste Term eingelesen, der mit der Tastatur eingegeben wird. Hinter dem Term muß wie bei Fakten und Regeln ein Punkt und ein Leerzeichen oder Zeilenvorschub folgen. `read(X)` ist beweisbar, wenn der eingelesene Term mit dem Argument `X` unifizierbar ist. Ist `X` eine nicht instantiierte Variable, dann ist nach dem Beweis von `read(X)` die Variable `X` mit dem nächsten eingelesenen Term instantiiert. Wie bei `write` gibt es nur einen Beweis für `read(X)` und bei einem eventuellen Backtracking dieses Literals wird der zuletzt eingelesene Term nicht wieder auf die Eingabe zurückgesetzt.

Als kleines Beispiel für die Anwendung von `read` und `write` betrachten wir das Verwandtschaftsbeispiel aus dem ersten Kapitel. Dem Prolog-System sind alle Fakten und Regeln der Verwandtschaft bekannt. Wir wollen ein Prädikat definieren, das es ermöglicht, den Vater einer Person in einer angenehmen Weise abzufragen. Das Prädikat soll keine Parameter haben und `vater` heißen. Auf die Anfrage

```
?- vater.
```

soll das Prolog-System die Frage

```
Von welcher Person moechten Sie den Vater wissen?
```

ausgeben und auf eine Eingabe warten. Wenn wir daraufhin

```
maria.
```

eingeben, soll das Prolog-System mit

```
Der Vater von maria ist anton.
```

antworten und die Anfrage ist damit abgearbeitet (bewiesen). Das Prädikat `vater` kann mit einer einzigen Klausel definiert werden:

```
vater :-
    write('Von welcher Person moechten Sie den Vater wissen?'), nl,
    read(Person),
    istVaterVon(Vater,Person),
    write('Der Vater von '), write(Person),
    write(' ist '), write(Vater), write('.'), nl.
```

Ein weiteres Beispiel zur Ein- und Ausgabe beliebiger Terme befindet sich in Kapitel 6.7.

Bei Verwendung von `read` und `write` wird die spezielle Beweisstrategie von Prolog relevant. Die Ein- und Ausgabe von Daten soll in einer festen Reihenfolge geschehen, d.h. der Programmierer muß wissen, in welcher Reihenfolge die Literale bewiesen werden; denn wenn das Prolog-System die Klauseln in jeder Anfrage von rechts nach links beweisen würde, erfolgten die Datenausgaben und -eingaben in einer verkehrten Reihenfolge.

6.4. Der "Cut"-Operator

Wir haben gesehen, daß in Prolog aus Effizienzgründen auf eine (logisch) sichere Beweisstrategie verzichtet und stattdessen die Backtracking-Methode zur Problemlösung verwendet wird. Aber auch die Backtracking-Methode kann bei der Ausführung einen hohen Verwaltungsaufwand erfordern, weil sich das Prolog-System bei einem Beweis jeden Punkt, in dem es mehrere Alternativen gibt (sogenannte *Backtrack-Punkte*), bis zum Ende des Beweises merken muß. Gerade bei längeren Beweisen kann es leicht passieren, daß der Speicher des Prolog-Systems durch zu viele Backtrack-Punkte überläuft.

Zur Beseitigung dieses Problems bietet Prolog die Möglichkeit, das Backtracking explizit zu beeinflussen. Durch Verwendung des "Cut"-Operators ! (Schnitt) kann der Benutzer dem Prolog-System mitteilen, daß in bestimmten Teilen des Beweises keine weiteren Alternativen ausprobiert werden sollen. In Begriffen der logischen Programmierung ausgedrückt heißt dies: Durch den "Cut"-Operator kann der Benutzer bestimmte Teile des SLD-Baumes abschneiden (daher der Name "Cut"). Da er auch Teile des SLD-Baumes abschneiden darf, die Erfolgszweige enthalten, ist es durch den "Cut"-Operator möglich, daß das Prolog-System auf eine Anfrage mit no antwortet, obwohl die Anfrage beweisbar wäre! Während es bei der bisherigen Prolog-Beweisstrategie nur möglich ist, daß das Prolog-System bei einer logisch beweisbaren Anfrage in einen endlosen Beweis gerät, *kann bei Verwendung des "Cut" das Prolog-System auf eine logisch beweisbare Anfrage mit* no antworten. Dies zeigt die Notwendigkeit, den "Cut"-Operator vorsichtig zu verwenden. Es ist schwer möglich, allgemeine Kriterien für die sorgfältige Verwendung des "Cut" anzugeben; stattdessen werden wir in diesem Kapitel anhand von Beispielen sinnvolle Anwendungen des "Cut" kennenlernen.

Der "Cut"-Operator darf anstelle eines Literals in Anfragen oder auf der rechten Seite von Regeln stehen:

```
p :- q, !, r.
```

(p ist ein Literal, q und r sind durch Komma getrennte Folgen von Literalen) Rein logisch hat ! die Bedeutung von "wahr": Das Literal ! ist immer beweisbar. Die **Bedeutung des "Cut"** ist nur prozedural zu verstehen:

Wenn das Literal p bewiesen werden soll und das Prolog-System zum Beweis die obige Regel benutzt, dann wird der Beweis folgendermaßen durchgeführt:

- Kann q nicht bewiesen werden, dann wird für den Beweis von p eine andere Klausel ausprobiert (falls es eine solche gibt).

- *Falls* q zum ersten Mal bewiesen werden kann, wird kein anderer Beweis für q gesucht und p ist nur dann beweisbar, wenn r beweisbar ist. Dies bedeutet: Ist r nicht beweisbar mit den Variableninstantiierungen, die im ersten Beweis von q erfolgt sind, dann ist auch p nicht beweisbar. Der "Cut"-Operator in der obigen Regel bewirkt, daß nach einem Beweis für q keine weiteren Alternativbeweise für q ausprobiert werden. Der Beweis von r muß zum ersten Beweis von q passen, ansonsten ist p nicht beweisbar. Es werden zum Beweis für p auch keine anderen Klauseln ausprobiert, wenn q einmal bewiesen worden ist.

Beispiel:

Das Prädikat istKindVon(K,E) soll erfüllt sein, wenn K das Kind einer Person E ist (E ist also die Mutter oder der Vater von K). Dieses Prädikat ist wie folgt definiert:

```
istKindVon(K,E) :-
       weiblich(E), !, istMutterVon(E,K).
istKindVon(K,E) :-
       istVaterVon(E,K).
```

Der "Cut"-Operator in der ersten Klausel besagt:

Ist eine Person E weiblich, dann ist K *nur dann* ein Kind von E, wenn E die Mutter von K ist.

Wenn wir wissen wollen, ob alfons ein Kind von elfriede ist, stellen wir die Anfrage

```
?- istKindVon(alfons,elfriede).
```

Zum Beweis dieser Anfrage wird zunächst die erste Klausel ausprobiert. Somit muß die rechte Seite der ersten Klausel bewiesen werden:

```
weiblich(elfriede), !, istMutterVon(elfriede,alfons)
```

Weil das Literal weiblich(elfriede) ein Faktum und damit beweisbar ist, kann aufgrund der Bedeutung des "Cut" die Anfrage nur bewiesen werden, wenn das Literal

```
istMutterVon(elfriede,alfons)
```

beweisbar ist. Weil dies aus den Klauseln unseres Verwandtschaftsbeispiels nicht gefolgert werden kann, ist die Anfrage nicht beweisbar und das Prolog-System antwortet mit no.
Ohne den "Cut"-Operator in der ersten Klausel wäre das gleiche Ergebnis herausgekommen, nur hätte dann das Prolog-System beim Beweis auch die zweite Klausel ausprobiert und das Literal

```
istVaterVon(elfriede,alfons)
```

zu beweisen versucht. Das Anwenden der zweiten Klausel ist aber überflüssig, weil elfriede weiblich ist und daher nie der Vater von alfons sein kann. Genau diese Aussage haben wir durch die Angabe des "Cut" in der ersten Klausel ausgedrückt. Das Beispiel zeigt also eine sinnvolle Anwendungsmöglichkeit des "Cut"-Operators.

Für die Verwendung des "Cut"-Operators gibt es folgende Gründe:

1. Effizientere Ausführung eines Beweises durch die Angabe, daß bestimmte Beweisalternativen nicht untersucht werden müssen, weil der Programmierer weiß, daß sich dort nur Sackgassen befinden (vgl. letztes Beispiel).

2. Wenn bestimmte Argumente eines Prädikats feste Werte haben, dann ist es häufig so, daß dieses Prädikat nur eine Lösung hat. Durch den "Cut"-Operator kann der Benutzer dies dem Prolog-System explizit mitteilen.

3. Zur Verhinderung von Laufzeitfehlern bei arithmetischen Operatoren (insbesondere is, vergleiche Kapitel Arithmetik).

Das folgende Beispielprogramm zeigt eine **problematische Anwendung des "Cut"**:

```
ja :- ab(X), !, X=b.
ja.
ab(a).
ab(b).
```

Rein logisch gesehen ist das Literal ja auf zwei Arten beweisbar: Einerseits aufgrund der ersten Regel, wenn die Variable X mit b instantiiert wird, und andererseits aufgrund der zweiten Klausel. Das Prolog-System findet dagegen keine Lösung:

```
?- ja.
no
```

Diese Antwort ist nur durch Verwendung des "Cut" in der Regel entstanden. Auf die Anfrage

```
?- ja.
```

wendet das Prolog-System die erste Regel an und erhält die abgeleitete Anfrage

```
?- ab(X), !, X=b.
```

Zum Beweis des Literals `ab(X)` probiert das Prolog-System zunächst die dritte Klausel aus und instantiiert die Variable `X` mit `a`. Damit ist der Teil vor dem "Cut" bewiesen und das Literal `ja` kann nur bewiesen werden, wenn die Literale hinter dem "Cut" in der Regel beweisbar sind. `X=b` ist aber mit der gegebenen Variableninstantiierung nicht beweisbar und damit `ja` auch nicht. Der "Cut"-Operator verhindert das Backtracking: Es wird weder ein alternativer Beweis für `ab(X)` gesucht (der zum Erfolg führen würde), noch eine andere Klausel für das Literal `ja` ausprobiert (die ebenfalls einen erfolgreichen Beweis lieferte). Eine solche Benutzung des "Cut", welche erfolgreiche Beweise verhindert, ist sicherlich zu vermeiden. Der "Cut"-Operator sollte nur benutzt werden, wenn durch ihn erfolgreiche Beweise nicht verhindert werden.

Sinnvoll ist die Verwendung des "Cut" immer dann, wenn eine Lösung gefunden ist und keine weiteren Lösungen existieren. Dies ist z.B. dann der Fall, wenn zwei Klauseln für ein Prädikat vorhanden sind, wobei die zweite nur dann angewendet werden soll, wenn die erste *nicht* anwendbar ist. Betrachten wir dazu das Prädikat `codiere01(L1,L2)`, das genau dann erfüllt ist, wenn `L2` die Liste ist, die sich ergibt, wenn in der Liste `L1` jedes Element `a` durch eine `0` und jedes andere Element durch eine `1` ersetzt wird. Dieses Prädikat definieren wir mit drei Klauseln: Die erste definiert das Pädikat für die leere Liste, die zweite behandelt den Fall, daß das erste Element der Liste `L1` ein `a` ist, und die dritte Klausel soll angewendet werden, wenn das erste Element von `L1` kein `a` ist:

```
codiere01([],[]).
codiere01([a|R1],[0|R2]) :-
        codiere01(R1,R2).
codiere01([E|R1],[1|R2]) :-
        codiere01(R1,R2).
```

Benutzen wir dieses Prädikat als einziges in einer Anfrage, dann funktioniert es korrekt:

```
?- codiere01([a,b,a],L2).
L2 = [0,1,0]
```

Wenn wir aber alle Lösungen dieser Anfrage wissen wollen, dann erhalten wir falsche Ergebnisse:

```
?- codiere01([a,b,a],L2).
L2 = [0,1,0] ;
L2 = [0,1,1] ;
L2 = [1,1,0] ;
L2 = [1,1,1] ;
no
```

Wie ist das zu erklären? Stellen wir eine Anfrage, dann sucht das Prolog-System nach einer ersten Lösung und gibt sie aus. Wollen wir weitere Lösungen wissen, dann verhält sich das

Prolog-System so, als ob die gefundene Lösung kein Erfolgszweig ist und veranlaßt damit, daß das System mit Hilfe des Backtracking-Verfahrens weitere Lösungen sucht. In unserem Beispiel führt die folgende Ableitungsfolge zum ersten Ergebnis:

```
?- codiere01([a,b,a],L2).
     ⊢                       (Klausel 2,  L2=[0|L2a])
?- codiere01([b,a],L2a).
     ⊢                       (Klausel 3,  L2a=[1|L2b])
?- codiere01([a],L2b).
     ⊢                       (Klausel 2,  L2b=[0|L2c])
?- codiere01([],L2c).
     ⊢                       (Klausel 1,  L2c=[])
□
```

Daraus folgt $L2=[0,1,0]$ als Ergebnis der Anfrage. Wenn nun weitere Lösungen gesucht werden, dann macht das Backtracking-Verfahren die beiden letzten Schritte rückgängig, weil an diesem Punkt statt der 2. auch die 3. Klausel angewendet werden kann:

```
?- codiere01([a],L2b).
     ⊢                       (Klausel 3 (!),  L2b=[1|L2c])
?- codiere01([],L2c).
     ⊢                       (Klausel 1,  L2c=[])
□
```

Das nun berechnete Ergebnis ist $L2=[0,1,1]$ und somit falsch. Dies liegt daran, daß Klausel 3 keine alternative Beweismöglichkeit zur Klausel 2 ist, sondern sie darf nur dann benutzt werden, wenn Klausel 2 nicht angewendet werden konnte (wenn das erste Element der ersten Liste (Variable E) ungleich a ist). Diese Ungleich-Bedingung haben wir nicht explizit formuliert, sondern sind aufgrund der Reihenfolge der Klauseln davon ausgegangen, daß dies auch so funktioniert. *Durch das Backtracking können aber falsche Lösungen entstehen, und deshalb müssen wir es auf jeden Fall verhindern.* Dazu eignet sich der "Cut"-Operator. Wir haben festgestellt, daß die 3. Klausel nur verwendet werden darf, wenn die 2. Klausel nicht anwendbar ist, oder anders formuliert:

Ist die 2. Klausel einmal anwendbar, dann darf die 3. Klausel für den Beweis des gleichen Literals nicht verwendet werden.

Genau dies erreichen wir durch Angabe des "Cut"-Operators am Anfang der rechten Seite der 2. Klausel. Das veränderte Programm lautet

```
codiere01([],[]).
codiere01([a|R1],[0|R2]) :-
        !, codiere01(R1,R2).
codiere01([E|R1],[1|R2]) :-
        codiere01(R1,R2).
```

und funktioniert korrekt:

```
?- codiere01([a,b,a],L2).
L2 = [0,1,0] ;
no
```

Der "Cut"-Operator unterdrückt das Ausprobieren der 3. Klausel, falls die zweite anwendbar war. Mit anderen Worten: Kann das Prolog-System mit der 2. Klausel ein Literal beweisen, dann wird ihm durch den "Cut"-Operator mitgeteilt, daß es keine weiteren Lösungen gibt. Hier ist die Angabe des "Cut"-Operators sinnvoll, weil dies eine Alternative zum Formulieren der Ungleich-Bedingung ist (in der rein logischen Programmierung kennen wir ja nur die Gleichheit von Termen (Unifikation), aber keine Ungleichheit).

Bei Verwendung von arithmetischen Operatoren zur Definition von Funktionen kann der "Cut"-Operator ebenfalls sinnvoll eingesetzt werden. Betrachten wir z.B. die im Kapitel "Arithmetik" als Prädikat definierte Fakultätsfunktion:

```
fak(0,1).
fak(N,F) :-
        N1 is N-1,
        fak(N1,F1),
        F is F1*N.
```

Wird das Literal `fak(0,1)` im Verlauf eines Beweises einer Anfrage aufgrund der ersten Klausel als wahr nachgewiesen und endet der Beweis danach in einer Sackgasse, dann kann es durch das Backtracking-Verfahren passieren, daß die zweite Klausel für einen neuen Beweis von `fak(0,1)` verwendet wird. Nach Anwendung dieser Klausel wird der Versuch gemacht, das Literal `fak(-1,F1)` zu beweisen, was zu einem endlosen Beweis mit immer kleiner werdenden negativen Zahlen führt (die erste Klausel ist nie anwendbar). Um dies zu verhindern, müssen wir dem Prolog-System mitteilen, daß beim Prädikat `fak` das Backtracking-Verfahren nicht angewendet werden darf. Dies machen wir durch Einfügen von "Cut"-Operatoren:

```
fak(0,1) :- !.
fak(N,F) :-
        N1 is N-1,
        fak(N1,F1),
        F is F1*N, !.
```

Die "Cut"-Operatoren bewirken, daß nach einem Beweis eines `fak`-Literals beim eventuellen Backtracking kein neuer Beweis dafür gesucht wird. Hier ist die Benutzung des "Cut" sinnvoll, weil `fak` im Prinzip eine Funktion beschreibt, für die es bei festgelegtem Eingabewert höchtens eine Beweismöglichkeit gibt. Dies wird durch die folgende Anfrage bestätigt:

```
?- fak(4,F).
F = 24 ;
no
```

Bei der Verwendung des "Cut"-Operators müssen wir uns bewußt sein, daß solche Programme aus einer rein deklarativen Sichtweise in der Regel keinen Sinn ergeben. Beispielsweise wird der "Cut"-Operator häufig verwendet, um eine Fallunterscheidung ("if-then-else" in PASCAL-ähnlichen Programmiersprachen) in Prolog zur Verfügung zu haben. So entsprechen die Klauseln

```
p :- q, !, r.
p :- s.
```

(p, q, r, s seien Literale) der Fallunterscheidung (aufgeschrieben in PASCAL-ähnlicher Notation)

```
p :- if q then r else s.
```

Durch den "Cut"-Operator in der ersten Klausel gilt: Ist `q` wahr (d.h. durch eine bestimmte Variableninstantiierung das erste Mal beweisbar), dann ist `p` beweisbar, falls `r` es ist, sonst ist `p` beweisbar, falls `s` es ist.

Beispiel:
Die Maximumrelation `max(X,Y,Z)`, die erfüllt sein soll, wenn `X` und `Y` arithmetische Ausdrücke sind und `Z` der wertmäßig größere von `X` und `Y` ist, kann in Prolog unter Verwendung des "Cut"-Operators wie folgt definiert werden:

```
max(X,Y,Z)  :- X >= Y,  !,  Z=X.
max(X,Y,Z)  :- Z=Y.
```

Weil die zweite Klausel nur angewendet wird, wenn die erste Klausel vor dem "Cut" nicht beweisbar ist, wenn also `X` kleiner als `Y` ist, ist diese Definition von `max` korrekt. Aus deklarativer Sicht (Klauseln beschreiben logische Zusammenhänge, die Reihenfolge ist nicht relevant) ist diese Definition nicht korrekt, weil die zweite Klausel immer anwendbar ist und nach dem Resolutionsprinzip immer nachweisbar wäre, daß das Maximum zweier Ausdrücke immer der zweite Ausdruck ist.

Die spezielle Beweisstrategie von Prolog hat die (unangenehme) Eigenschaft, daß Prolog-Systeme nicht alles beweisen können, was rein logisch beweisbar wäre. Die Verwendung von "Cut"-Operatoren hat, wie das letzte Beispiel zeigt, die Wirkung, daß Prolog-Programme eine im Vergleich zu logischen Programmen vollkommen andere Bedeutung bekommen können. Aus diesem Grund sollten "Cuts" nur vorsichtig eingesetzt werden.

6.5. Negation von Aussagen

Für praktische Anwendungen ist es häufig notwendig, Bedingungen zu negieren (in der Form "Dieses Literal ist beweisbar, wenn ein anderes nicht beweisbar ist"). Die logische Programmierung läßt die Formulierung solcher Aussagen nicht zu, weil dort eine positive Logik zugrundeliegt: Ein Literal ist beweisbar, falls eine Reihe von anderen beweisbar ist, als Bedingung kann die Gleichheit von Termen (Unifizierbarkeit) angegeben werden. Die Negationen hiervon sind in der logischen Programmierung nicht möglich. Prolog bietet eine Möglichkeit zur Negation von Aussagen, die mit der logischen Programmierung nur bedingt vereinbart werden kann und entsprechend vorsichtig benutzt werden sollte. Andererseits können durch Verwendung der Negation "Cut"-Operatoren vermieden werden, was den positiven Effekt haben kann, daß Prolog-Programme leichter lesbar werden.

In Prolog-Systemen ist das Prädikat `not(X)` vordefiniert und **not** als Präfixoperator vereinbart, so daß wir es auch in der Form

```
not X
```

aufschreiben können.   `X` muß beim Beweis dieses Literals mit einem Term instantiiert sein, der die Form eines normalen Literals (Prädikat mit Argumenten) hat. Wenn `not(X)` bewiesen werden soll, dann versucht das Prolog-System, das Literal `X` zu beweisen. Gelingt der Beweis von `X`, dann ist `not(X)` nicht beweisbar; ist `X` dagegen nicht beweisbar, dann ist `not(X)` beweisbar.

Diese Erklärung sieht zunächst logisch aus, jedoch erkennen wir die Problematik, wenn wir uns überlegen, was mit Variablen im Literal `X` passiert. Bisher wurden Variablen in einem Literal so mit Werten instantiiert, daß das sich ergebende Literal beweisbar ist. Wenn nach einem Beweis Variablen nicht instantiiert blieben, bedeutete dies: Anstelle der Variablen kann jeder beliebige Term eingesetzt werden und das Literal bleibt immer noch beweisbar (vgl. die Definition einer "korrekten Antwort"). Bei Verwendung von `not` ist dies anders:

Wenn das Literal `X` nicht beweisbar ist, können keine Variablen in `X` instantiiert werden. Somit werden, wenn `not(X)` beweisbar ist, in `X` ebenfalls keine Variablen instantiiert. Dies bedeutet aber nicht, daß für die Variablen in `X` jeder Wert eingesetzt werden darf und dabei `not(X)` beweisbar bleibt.

Beispiel:
Betrachten wir das schon bekannte Prädikat `letztes(L,E)`, das beweisbar ist, wenn `E` das letzte Element der Liste `L` ist. Das Literal `letztes([1,2],1)` ist nicht beweisbar, also ist

```
not letztes([1,2],1).
```

beweisbar und wir erhalten:

```
?- not not letztes([1,2],1).
no
```

Wir setzen jetzt als zweites Argument eine Variable ein:

```
?- not not letztes([1,2],E).
E = _5
```

Für die Variable `E` wird als Ergebniswert eine neue Variable ausgegeben, was rein logisch bedeutet, daß die Anfrage mit jedem beliebigen Term, der anstelle von `E` eingesetzt wird, beweisbar ist. Dies wird aber durch die vorletzte Anfrage widerlegt.

Die Negation in Prolog kann also nicht im rein logischen Sinn (Resolutionsprinzip) verwendet werden. Dies ist auch nicht verwunderlich, denn Prolog ist ein Beweissystem, das nur Auskunft darüber gibt, ob ein Literal aus einer Menge von Klauseln herleitbar ist. Es kann jedoch nicht sagen, ob ein Literal *nicht* herleitbar ist. Dies müßte aber im rein logischen Sinn von `not` nachgewiesen werden.

Diese Problematik verdeutlichen wir am Verwandtschaftsbeispiel aus dem ersten Kapitel. Dort lautete die Regel zur Definition der Schwester-Beziehung:

```
istSchwesterVon(Schwester,Person) :-
        weiblich(Schwester),
        istMutterVon(Mutter,Schwester),
        istMutterVon(Mutter,Person).
```

Wir hatten festgestellt, daß nach dieser Definition jede weibliche Person mit einer Mutter ihre eigene Schwester ist. Um diesen Fehler zu beseitigen, müssen wir noch die Bedingung "`Schwester` und `Person` müssen verschieden sein" in die Klausel aufnehmen:

```
istSchwesterVon(Schwester,Person) :-
        not Schwester=Person,
        weiblich(Schwester),
        istMutterVon(Mutter,Schwester),
        istMutterVon(Mutter,Person).
```

Zur Kontrolle stellen wir einige Anfragen:

```
?- istSchwesterVon(maria,hugo).
yes
?- istSchwesterVon(maria,maria).
no
?- istSchwesterVon(maria,P).
no
```

Die ersten beiden Antworten sind richtig. Bei der letzten Anfrage hätten wir allerdings die Antwort

```
P = hugo
```

erwartet. Warum ist diese nicht gekommen?

Die letzte Anfrage leitet das Prolog-System mit der einzigen Klausel für `istSchwesterVon` ab. Im nächsten Beweisschritt muß das Literal

```
not maria=P
```

bewiesen werden. Wenn die Variable `P` durch den Wert `maria` ersetzt wird, kann das Literal `maria=P` bewiesen werden und das letzte Literal ist somit nicht beweisbar. Damit ist die ursprüngliche Anfrage auch nicht beweisbar und das Prolog-System antwortet mit `no`.

Die Ursache für dieses aus unserer Sicht verkehrte Verhalten des Prolog-Systems liegt darin, daß es für unseren Zweck wünschenswert wäre, wenn bei einem erfolgreichen Beweis des Literals `not maria=P` die Variable `P` mit einem Wert, der ungleich `maria` ist, instantiiert wird. Gerade dies leistet `not` nicht:

Variablen werden durch `not` nie instantiiert.

In unserem Fall gibt es zwei Lösungsmöglichkeiten:

1. Statt `not Schwester=Person` setzen wir das Literal

    ```
    verschieden(Schwester,Person)
    ```

    ein, wobei `verschieden(P,Q)` ein Prädikat ist, daß die Argumente bei Bedarf mit konkreten Werten instantiiert. Dies kann dadurch erreicht werden, daß das Prädikat ähnlich wie im Färbungsproblem für Landkarten (Kapitel 4.1) durch Fakten definiert ist:

    ```
    verschieden(maria,hugo).
    verschieden(maria,elfriede).
    verschieden(maria,anton).
    ...
    ```

    Weil hierzu aber viele Fakten notwendig sind und diese auch mit jeder neuen Person ergänzt werden müssen, ist diese Lösung wenig praktikabel.

2. Das Literal `not Schwester=Person` wird erst dann bewiesen, wenn die Variablen `Schwester` und `Person` mit konkreten Werten instantiiert sind. Dies können wir durch Umstellung des Literals an das Ende der Klausel erreichen, weil die Variablen durch die vorhergehenden Literale instantiiert werden:

    ```
    istSchwesterVon(Schwester,Person) :-
            weiblich(Schwester),
            istMutterVon(Mutter,Schwester),
            istMutterVon(Mutter,Person),
            not Schwester=Person.
    ```

Hierdurch ist die Schwester-Beziehung korrekt definiert:

```
?- istSchwesterVon(S,P).
S = theresia
P = anton ;
S = maria
P = hugo ;
no
```

Diese Antworten stimmen mit den realen Verhältnissen in unserem Verwandtschaftsbeispiel überein.

Aus diesem Beispiel sollten wir uns merken:

> **Damit die Negation logisch korrekt abläuft, sollten beim Beweis von `not(L)` alle im
> Literal `L` vorkommenden Variablen mit Grundtermen instantiiert sein.**

Eine weitere Bedingung für die logisch richtige Negation von Literalen ist die **Endlichkeit
der Beweise**: Um `not(L)` zu beweisen, muß jeder Beweisversuch für das Literal `L` nach
endlich vielen Schritten fehlschlagen. Gerät das Prolog-System bei nur einem bestimmten
Beweisversuch für `L` in eine Endlosschleife, so kann `not(L)` nie bewiesen werden.

Die Negation kann eine gute Alternative zum "Cut"-Operator sein, wenn dieser zur Formulierung einer Fallunterscheidung in der Form

```
p :- q, !, r.
p :- s.
```

(p, q, r, s seien Literale) benutzt wird. Die zweite Klausel ist nur anwendbar, wenn q nicht
beweisbar ist. Damit dies auch aus rein logischer Sicht klar wird, können wir diese Bedingung
in die zweite Klausel aufnehmen und erhalten das Programm

```
p :- q, r.
p :- not(q), s.
```

Dies ist zwar auch kein Programm aus der logischen Programmierung (aufgrund des
`not(q)`), aber die Bedeutung der Klauseln ist hier schon klarer als beim vorigen Programm.
Der Nachteil des letzten Programms ist der *Effizienzverlust*: Wenn q ein Literal ist, bei dem
das Prolog-System erst nach einem aufwendigen Beweisversuch feststellt, daß es nicht
beweisbar ist, wird der Beweisversuch für q zweimal durchgeführt: Einmal bei Anwendung
der ersten Klausel und ein zweitesmal bei Anwendung der zweiten Klausel, wenn das
Prolog-System versucht, das Literal `not(q)` zu beweisen. In einem solchen Fall empfiehlt es
sich dann doch, den "Cut"-Operator zu benutzen.

Eine zweite Möglichkeit, in Prolog mit der Negation zu programmieren, ist das `fail`-
Prädikat (Fehlschlag). **`fail`** ist ein vordefiniertes Prädikat, für das keine Klauseln existieren
und das daher nie beweisbar ist. Mittels des Literals `fail` kann das Backtracking ausgelöst
werden, oder anders ausgedrückt:

> Durch Verwendung von `fail` kann der Benutzer explizit angeben, daß ein Beweis nicht
> zum Erfolg führt, wenn er an einem bestimmten Punkt angelangt ist.

In Verbindung mit einem "Cut" kann `fail` die gleiche Wirkung wie `not` haben. Die Klausel

```
p :- not(q).
```

(das Literal p ist wahr, wenn das Literal q nicht beweisbar ist) kann bei Verwendung von
"Cut" und `fail` auch folgendermaßen formuliert werden:

```
p :- q, !, fail.
p.
```

6.6. Zyklische Strukturen

Die Unifikation von Termen ist eine zentrale Operation bei der Abarbeitung logischer Programme. Einen Algorithmus zum Finden allgemeinster Unifikatoren haben wir in Kapitel 3.3 kennengelernt. Der wichtigste Fall bei der Unifikation ist der, der eine Variable mit einem anderen Term unifiziert. In diesem Fall wird die Variable durch den Term ersetzt, aber nur, falls die Variable nicht in einem Unterterm vorkommt. Diese Bedingung ist notwendig, weil z.B. die Terme X und f(X) nicht unifizierbar sind. Das Überprüfen dieser Bedingung, auch **Vorkommenstest** (engl. **occur check**) genannt, kann bei großen Termen einige Zeit erfordern. Aus diesem Grund *wird in vielen Prolog-Systemen auf den Vorkommenstest verzichtet!* Das bedeutet, daß viele Prolog-Systeme die Terme X und f(X) unifizieren, wobei der allgemeinste Unifikator die Variable X durch einen **zyklischen Term** ersetzt:

$$U = \{ X / f(\bullet) \}$$

Das Argument des Funktors f des zyklischen Terms ist der Term selbst, d.h. der zyklische Term ist ein unendlicher Term der Form

```
f(f(f(f(f(f(.....))))))
```

Mit solchen unendlichen Termen können die meisten Prolog-Systeme zunächst weiter rechnen, so daß der Benutzer hiervon nichts merkt. Erst bei der Ausgabe oder Unifikation von zyklischen Termen gerät das System in eine unendliche Schleife. Aus der Sicht der logischen Programmierung wird durch den Verzicht auf den Vorkommenstest das Resolutionsprinzip nicht korrekt angewendet und damit die Semantik der Programme verändert. So ist aus dem Programm

```
test :- X = 1+X.
```

die Anfrage

```
?- test.
```

nach dem Resolutionsprinzip nicht herleitbar, weil X=1+X nicht beweisbar ist. Dagegen antwortet ein Prolog-System ohne Vorkommenstest mit yes auf diese Anfrage! Dies ist eine rein logisch falsche Antwort.

Der Fall zyklischer Strukturen tritt bei normalen Anwendungen relativ selten auf, so daß der Verzicht des Vorkommenstests aus praktischer Sicht keine große Einschränkung ist.

6.7. Zerlegung und Konstruktion von Termen

Die Objekte, über die in Prolog Aussagen bewiesen werden, sind Terme. In Prolog steht die Manipulation von Termen im Vordergrund. Bei den bisherigen Beispielen war die Struktur der Terme (Name und Stelligkeit der Funktoren) immer vollständig bekannt. Wenn wir aber allgemeinere Prädikate definieren wollen, die Terme verarbeiten können, deren Struktur vorher nicht bekannt ist (beispielsweise ein Prädikat, das in einem beliebigen Term alle vorkommenden Atome und Zahlen heraussucht), dann können wir das mit den bisher bekannten Mitteln nicht definieren. Aus diesem Grund bietet Prolog zur Verarbeitung allgemeiner Terme das Prädikat `=..(T,L)` an. `=..` ist als Infixoperator vordefiniert, so daß wir Literale in der Form

```
T =.. L
```

aufschreiben können. *Dieses Literal ist beweisbar, wenn* `T` *ein beliebiger Term und* `L` *eine Liste ist, deren erstes Element der Funktor von* `T` *und deren restliche Elemente die Argumente des Terms* `T` *sind.* Hierbei gibt es allerdings einige Einschränkungen. Um diese zu definieren, müssen wir zwischen der Art der Terme unterscheiden, die für `T` stehen bzw. mit denen `T` zum Zeitpunkt des Beweises instantiiert ist:

1. Ist `T` mit der Struktur $f(T_1,...,T_n)$ instantiiert (statt `f` kann auch jedes andere Atom als Funktor stehen; T_1, ..., T_n sind beliebige andere Terme), dann ist das Literal

   ```
   T =.. [f,T₁,...,Tₙ]
   ```

   beweisbar. Wenn `L` eine nicht instantiierte Variable ist, dann ist `T=..L` beweisbar und `L` wird mit der Liste $[f, T_1,...,T_n]$ instantiiert.

2. Ist `T` mit einer Konstanten (Atom oder Zahl) instantiiert, dann ist `T=..L` beweisbar, wenn `L` die einelementige Liste mit der Konstanten als Element ist. Beweisbar sind daher die Literale

   ```
   atom =.. [atom]
   123 =.. [123]
   ```

3. Ist `T` nicht instantiiert (oder an eine nicht instantiierte Variable gebunden), dann muß `L` mit einer einelementigen Liste, deren Element eine Konstante ist, oder mit einer mehrelementigen Liste, deren erstes Element ein Atom ist, instantiiert sein, damit das Literal `T=..L` beweisbar ist.
   Sind `N`, `N1` und `N2` nicht instantiierte Variablen, dann sind die Literale

   ```
   N =.. [f,N1,N2]
   N1 =.. [a]
   N2 =.. [12]
   ```

   beweisbar, während das Literal

   ```
   N =.. N1
   ```

   nicht beweisbar ist.

Mit dem `=..`*-Operator können Terme zerlegt und aufgebaut werden:* Ist `T` ein fester Term und `L` eine nicht instantiierte Variable, dann wird durch den Beweis von `T=..L` der Term `T` in eine Liste mit dem Funktor und seine Argumente zerlegt und `L` wird mit dieser Liste instantiiert. Ist umgekehrt `T` eine nicht instantiierte Variable und `L` eine Liste, deren erstes Element ein Atom ist, dann wird durch den Beweis von `T=..L` ein Term aufgebaut, dessen

Funktor das erste Element von L und dessen Argumente die restlichen Elemente von L sind, und T wird mit diesem Term instantiiert.

Als Beispiel für die **Zerlegung von beliebigen Termen** betrachten wir das Prädikat sucheKonst(T,L), das erfüllt sein soll, wenn T ein vollständig instantiierter Term (=Grundterm) ist und L eine Liste ist, die alle im Term T vorkommenden Konstanten (Atome und Zahlen) enthält. Dazu definieren wir folgende Hilfsprädikate:

* Das Prädikat addKonst(T,L,NeuL) ist erfüllt, wenn NeuL die Liste ist, die sich ergibt, wenn zu der Liste L die im Term T vorkommenden Konstanten hinzugefügt werden. Dieses Prädikat wird durch zwei Klauseln definiert, wobei die erste Klausel den Fall behandelt, daß T eine Konstante ist (dann muß T=..[K] beweisbar sein). Die zweite Klausel fügt die Konstanten aus allen Argumenttermen von T zu der Liste hinzu, was durch Verwendung des zweiten Hilfsprädikats erreicht wird.

* Das Prädikat addKonstInListe(TListe,L,NeuL) ist erfüllt, wenn TListe eine Liste von Termen und NeuL die Liste ist, in die zu der Liste L alle in den Termen von TListe vorkommenden Konstanten hinzugefügt werden. Dieses Prädikat ist durch Anwendung des Prädikats addKonst(T,L1,L2) auf allen in der Liste TListe vorkommenden Terme definiert.

Dies ist das vollständige Programm für das gestellte Problem:

```
sucheKonst(Term,Liste) :-
     addKonst(Term,[],Liste).


addKonst(Term,Liste,[K|Liste]) :-
     Term =.. [K].        % Term ist eine Konstante


addKonst(Term,Liste,NeueListe) :-
     Term =.. [Funktor|Argumente],      % Term ist eine Struktur
     addKonstInListe(Argumente,Liste,NeueListe).

addKonstInListe([],Liste,Liste).

addKonstInListe([Term|TermListe],Liste,NeueListe) :-
     addKonst(Term,Liste,ListeMitTermkonstanten),
     addKonstInListe(TermListe,ListeMitTermkonstanten,NeueListe).
```

Nach Eingabe dieses Programms liefert das Prolog-System die folgenden Antworten:

```
?- sucheKonst(f(a,g(x,y,f(b,c))),L).
L = [c,b,y,x,a]
yes
?- sucheKonst(3+4*5-f(a,b),L).
L = [b,a,5,4,3]
yes
```

Dieses Prädikat wäre ohne den =..-Operator nur dann definierbar, wenn die Namen und Stelligkeit aller in den zu analysierenden Termen vorkommenden Funktoren im Programm bekannt sind. Weil dies bei unserem Programm nicht der Fall ist, kann unser Prädikat als *universell* bezeichnet werden: Es ist auf alle möglichen Grundterme anwendbar.

Als weiteres Beispiel für ein universelles Prädikat wollen wir `drucke(T)` definieren. Dieses Prädikat soll für jeden *Grundterm* `T` beweisbar sein und als Nebeneffekt den Term `T` so ausgeben, daß seine Struktur (Funktor und Argumente) deutlich erkennbar ist. Bei der Ausgabe sollen jeder Funktor und jedes Argument in einer eigenen Zeile stehen. Außerdem sollen in Strukturen die Argumente unter dem Funktor eingerückt ausgegeben werden. Zur Verdeutlichung folgen zwei Beispiele für die Anwendung von `drucke`:

```
?- drucke(person(fritz,meier,datum(1,6,27))).
person(
    fritz
    meier
    datum(
        1
        6
        27
        )
    )
yes


?- drucke( (p :- q, r) ).
:-(
    p
    ,(
        q
        r
        )
    )
yes
```

Das Prädikat `drucke(T)` definieren wir analog zum Prädikat `sucheKonst`: Der Argumentterm wird in den Funktor und die Argumente zerlegt, der Funktor wird mit `write` ausgegeben und jedes Argument wird wiederum mit dem Prädikat `drucke` ausgegeben. Zur konkreten Definition benötigen wir folgende Hilfsprädikate:

- Das Prädikat `druckeAbSpalte(N,T)` gibt als Nebeneffekt den Term `T` wie bei `drucke(T)` aus, jedoch werden vor jeder Zeile `N` Leerzeichen ausgegeben.
- Das Prädikat `druckeArgumenteAbSpalte(N,L)` gibt als Nebeneffekt jeden in der Liste `L` stehenden Term `T` mit dem Prädikat `druckeAbSpalte(N,T)` aus. Es wird gebraucht, um die Argumente einer Struktur auszugeben.
- Das Prädikat `leerzeichen(N)` gibt als Nebeneffekt `N` Leerzeichen aus.

Die vollständige Definition unseres gestellten Problems sieht dann so aus:

```
drucke(T)  :-
        druckeAbSpalte(0,T).

druckeAbSpalte(N,T)  :-
        T =.. [K],        % T ist Konstante
        leerzeichen(N),
        write(T),
        nl.
```

```
druckeAbSpalte(N,T) :-
        T =.. [Funktor|Argumente],
        leerzeichen(N),
        write(Funktor), write('('), nl,
        N3 is N+3,        % Berechne neue Einrueckung fuer Argumente
        druckeArgumenteAbSpalte(N3,Argumente),
        leerzeichen(N3), write(')'), nl.

druckeArgumenteAbSpalte(N,[]).
druckeArgumenteAbSpalte(N,[Argument|Argumente]) :-
        druckeAbSpalte(N,Argument),
        druckeArgumenteAbSpalte(N,Argumente).

leerzeichen(0) :- !.
leerzeichen(N) :-
        write(' '),
        N1 is N-1,
        leerzeichen(N1).
```

Bisher haben wir gesehen, wie das Prädikat =.. angewendet wird, um Terme zu zerlegen. Beispiele für die Konstruktion von Termen mit Hilfe von =.. befinden sich in Übungsaufgabe 6.3 und im nächsten Kapitel.

6.8. Daten als Programme

Fakten haben syntaktisch den gleichen Aufbau wie Strukturen. Entsprechendes trifft auch auf Regeln zu: Die Regel

```
p :- q, r, s.
```

ist nur eine andere Schreibweise für den Term

```
:-(p,',' (q,',' (r,s)))
```

(:- und , sind vordefiniert als Infixoperatoren). Insgesamt können wir jedes Prolog-Programm als eine Folge von Termen auffassen. Aber auch die Umkehrung gilt mit gewissen Einschränkungen: Bestimmte Terme können wir als Teile eines Prolog-Programms interpretieren. Diese Auffassung ("Daten sind Programme") wird von Prolog tatsächlich durch das vordefinierte Prädikat call(X) ermöglicht. Das Literal

```
call(X)
```

ist beweisbar, wenn das Argument X mit einem Term instantiiert ist, der in einer Anfrage vorkommen darf, und die Anfrage

```
?- X.
```

beweisbar ist. Die Variableninstantiierungen, die zum Beweis dieser Anfrage notwendig sind, werden nach dem Beweis des Literals call(X) beibehalten. Wenn also das Literal call(X) in einer Anfrage oder rechten Regelseite vorkommt, dann könnte stattdessen dieses Literal textuell durch den instantiierten Term von X ersetzt werden. Der Vorteil von call(X) ist, daß X erst im Verlaufe eines Beweises berechnet wird und in verschiedenen Beweisen mit verschiedenen Termen instantiiert sein kann. "Cut"-Operatoren, die im Term X vorkommen, haben keinen Einfluß auf das Backtracking der Klausel, in dem das Literal

```
call(X) vorkommt.
```

Das `call`-Prädikat kann in Anfragen wie folgt verwendet werden:

```
?- call(X=3).
X = 3
yes


?- X=3, call(is(Y,X*2)).
X = 3
Y = 6
yes


?- T =.. [is,Y,2*5], call(T).
T = 10 is 2*5
Y = 10
yes
```

Eine wichtige Anwendung des `call`-Prädikats zeigt die letzte Anfrage: Durch Verwendung des Prädikats `=..` werden Terme zusammengesetzt (in diesem Beispiel wird der Term `is(Y,2*5)` zusammengesetzt), die dann durch ein `call` als zu beweisende Literale interpretiert werden.

Die Anwendung dieser Technik innerhalb von Prolog-Programmen verdeutlicht das folgende **Beispiel**:

> Es soll ein Prädikat `praedList(P,L1,L2)` definiert werden, das dann erfüllt ist, wenn `P` der Name eines 2-stelligen Prädikats ist und die Listen `L1` und `L2` gleichlang sind und für das i-te Element `E1i` der Liste `L1` und das i-te Element `E2i` der Liste `L2` gilt: Das Literal
>
>   P(E1i,E2i)
>
> ist beweisbar.

Das Prädikat `praedList` kann immer dann eingesetzt werden, wenn auf alle Elemente einer Liste ein ganz bestimmtes Prädikat angewendet werden soll. Wollen wir beispielsweise alle Elemente einer Zahlenliste wertmäßig verdoppeln, dann definieren wir das Prädikat

```
zweifach(X,ZweiX) :- ZweiX is 2*X.
```

und erhalten die Verdoppelung der Liste `[2,5,3]` durch die Anfrage

```
?- praedList(zweifach,[2,5,3],L).
L = [4,10,6]
yes
```

Das Prädikat `praedList(P,L1,L2)` wird über den Aufbau der Listen definiert. Es gibt ein Faktum für den Fall der leeren Liste und eine Regel, die das Prädikat `P` auf die ersten Elemente beider Listen anwendet. Hierzu werden die Prädikate `=..` und `call` benötigt:

```
praedList(P,[],[]).
praedList(P,[E1|R1],[E2|R2]) :-
          T =.. [P,E1,E2],          % Konstruiere T = P(E1,E2)
          call(T),                  % Beweise P(E1,E2)
          praedList(P,R1,R2).
```

Zur Behandlung von Daten als Programme gibt es in der logischen Programmierung (Prädikatenlogik 1. Stufe) keine Entsprechung, denn dort wird immer zwischen Termen mit Funktoren und Prädikaten unterschieden: Variablen stehen für Terme, aber nicht für Prädikate. In Prolog steht aber bei `call(X)` die Variable `X` für ein Prädikat. Durch das `call`-Prädikat verläßt man die in Kapitel 5 definierte Theorie der logischen Programmierung. Andererseits wird es durch dieses Prädikat möglich, in der Sprache Prolog Aussagen über Prolog-Programme zu formulieren, was eine nützliche Eigenschaft für einige praktische Anwendungen ist.

6.9. Programme als Daten

Im vorigen Kapitel haben wir auf die syntaktische Äquivalenz von Programmen und Daten hingewiesen und gezeigt, wie wir in Prolog Daten als Programme interpretieren können. In diesem Kapitel wollen wir auf die umgekehrte Richtung eingehen und zeigen, wie Programme als Daten aufgefaßt und manipuliert werden können.

Ein Prolog-Programm ist eine Folge von Klauseln. Die Folge der Klauseln, die dem Prolog-System zu einem bestimmten Zeitpunkt bekannt sind, nennen wir **Datenbank** des Prolog-Systems. Prolog bietet vordefinierte Prädikate an, mit denen die Datenbank verändert werden kann. Im wesentlichen sind dies Prädikate zum Einfügen und Löschen von Klauseln. Diese Möglichkeiten sollten nur vorsichtig verwendet werden, weil durch Veränderung der Datenbank das Wissen des Prolog-Systems während eines Beweises verändert wird. Solange nur Klauseln hinzugefügt werden, die logisch aus den gegebenen Klauseln folgen, ist dies relativ ungefährlich. In allen anderen Fällen kann das Verändern der Datenbank Auswirkungen haben, die kaum noch überschaubar sind.

Zum **Einfügen von Klauseln in die Datenbank** gibt es die vordefinierten Prädikate `asserta(K)` und `assertz(K)`. Wenn eines dieser Literale bewiesen werden soll, dann muß `K` mit einem Term instantiiert sein, der als Klausel interpretiert werden kann; er muß also die Form eines Faktums oder einer Regel haben. Ist dies der Fall, dann sind die Literale `asserta(K)` und `assertz(K)` beweisbar und als Nebeneffekt eines solchen Beweises wird die Klausel `K` an den Anfang (bei `asserta`) beziehungsweise an das Ende (bei `assertz`) der Datenbank eingefügt.

Ist die Datenbank des Prolog-Systems leer, dann sind dem Prolog-System nach der Anfrage

```
?- asserta(:-(p,','(q,r))), asserta(p).
```

die folgenden Klauseln bekannt:

```
p.
p :- q, r.
```

Für `asserta(K)` und `assertz(K)` gibt es nur einen Beweis. *Bei einem eventuellen Backtracking werden die Einfügungen in die Datenbank nicht rückgängig gemacht.* Das folgende Programm ermöglicht es dem Benutzer, nach der Anfrage

```
?- neueKlauseln.
```

solange neue Klauseln in das Prolog-System einzugeben, bis der Term `stop` eingegeben wird:

```prolog
neueKlauseln :-
        wiederhole,
        read(T),
        speicher_und_pruefe(T).


speicher_und_pruefe(stop).
speicher_und_pruefe(T) :-
        assertz(T),     % Term T wird in der Datenbank gespeichert
        !, fail.


wiederhole.
wiederhole :- wiederhole.
```

Das Literal `speicher_und_pruefe(T)` kann bewiesen werden, wenn der Term `T` mit `stop` instantiiert wird. In allen anderen Fällen schlägt der Beweis fehl und die Instantiierung von `T` wird als Nebeneffekt des Beweisversuchs an das Ende der Datenbank eingetragen.

Die Definition des Prädikats `wiederhole` sieht auf den ersten Blick unverständlich aus, sie erhält aber ihren Sinn durch die Beweisstrategie von Prolog: Zunächst ist das Literal `wiederhole` mit dem Faktum immer beweisbar. Falls durch das Backtracking ein neuer Beweis für `wiederhole` gesucht wird, kommt die Regel zur Anwendung, d.h. es muß wieder das Literal `wiederhole` bewiesen werden, was durch das Faktum möglich ist. Bei einem erneuten Backtracking kann statt des Faktums wieder die Regel angewendet werden und das neue Literal `wiederhole` wird mit dem Faktum bewiesen. Das Prolog-System findet durch diese beiden Klauseln (deren Reihenfolge wichtig ist!) unendlich viele Beweise für das Literal `wiederhole`, wobei die einzelnen Beweise sich nur durch die Anzahl der Anwendungen der Regel für `wiederhole` unterscheiden. Diese Möglichkeit wird in der Klausel für das Prädikat `neueKlauseln` benutzt: Beim Beweis von `read(T)` wird ein neuer Term eingelesen. Ist dieser Term nicht das Atom `stop`, dann schlägt der Beweis von `speicher_und_pruefe(T)` fehl und es wird mittels Backtracking ein neuer Beweis gesucht. Weil `read(T)` nur einen Beweis hat, wird ein neuer für `wiederhole` gesucht. Hierfür gibt es unendlich viele, also wird ein neuer Beweis gefunden, durch den darauf folgenden Beweis von `read(T)` ein neuer Term eingelesen usw.

In den meisten Prolog-Systemen ist das Prädikat `repeat` vordefiniert, was eine zu `wiederhole` äquivalente Wirkung hat.

Zum **Löschen von Klauseln aus der Datenbank** gibt es das vordefinierte Prädikat `retract(K)`. Dieses Literal ist nur beweisbar, wenn `K` mit einem Term instantiiert ist, der die Form einer Klausel hat, und dieser Term mit einer in der Datenbank vorhandenen Klausel unifiziert werden kann. In diesem Fall wird `K` mit der ersten unifizierbaren Klausel instantiiert und als Nebeneffekt wird diese Klausel aus der Datenbank gelöscht. Falls eventuell ein Backtracking erfolgt, wird bei der Suche nach einem alternativen Beweis für `retract(K)` der Term `K` mit der nächsten unifizierbaren Klausel instantiiert (falls es eine solche gibt) und als Nebeneffekt wird diese Klausel aus der Datenbank gelöscht. Aufgrund dieser Eigenschaft können wir sehr einfach ein Prädikat `loescheKlauseln(P)` definieren, das alle zum Prädikat `P` (dies muß ein Term sein) gehörigen Klauseln löscht:

```prolog
loescheKlauseln(P) :- retract(P), fail.
loescheKlauseln(P) :- retract(:-(P,Rumpf)), fail.
loescheKlauseln(P).
```

Durch die Anfrage

```
?- loescheKlauseln(letztes(L,E)).
```

werden alle zum 2-stelligen Prädikat `letztes` gehörigen Klauseln aus der Datenbank gelöscht. Durch die erste Klausel werden alle mit `P` unifizierbaren Fakten, durch die zweite Klausel alle Regeln, deren linke Seite mit `P` unifizierbar sind, aus der Datenbank gelöscht. Die dritte Klausel sorgt dafür, daß nach dem Löschen das Literal `loescheKlauseln(P)` erfolgreich bewiesen werden kann.

Damit `retract(X)` bewiesen werden kann, muß `X` mit einem Term instantiiert sein, der die Form einer Klausel hat. Ist insbesondere `X` eine nicht instantiierte Variable, dann ist `retract(X)` nicht beweisbar:

```
?- retract(X).
no
```

Mittels `retract` können also keine Prädikate gelöscht werden, deren Namen und Stelligkeit nicht bekannt ist.

Übungen:

6.1: Definieren Sie folgende arithmetische Funktionen durch Prädikate in Prolog:

- Absolutwert einer Zahl

- Größter gemeinsamer Teiler zweier Zahlen

- Kleinstes gemeinsames Vielfaches zweier Zahlen

- Prüfen, ob eine Zahl Primzahl ist

6.2: Definieren Sie ein 0-stelliges Prädikat `roemisch`, das solange natürliche Zahlen einliest und in römischer Zahldarstellung ausgibt, bis der Term `stop` eingegeben wird.

6.3: Definieren Sie in Prolog ein Prädikat, das in einem beliebigen Term alle Funktoren `f` in `g` umwandelt. Beispiel:

```
?- fnachg(f(3,f(f(1,2),4)),T).
T = g(3,g(g(1,2),4))
```


6.4: Definieren Sie für das Verwandtschaftsbeispiel aus Kapitel 1 die Prädikate `heirat` und `geburt`, mit dem der Benutzer dem Prolog-System im Dialog mitteilen kann, daß zwei Personen geheiratet haben oder eine neue Person geboren wurde, und die die entsprechenden neuen Fakten zu der Datenbank hinzufügen. Als Beispiel für diese Prädikate folgt ein Dialog mit dem Prolog-System:

```
?- heirat.
Wie heisst die neue Ehefrau?
maria.
Wie heisst der neue Ehemann?
herbert.
Die Heirat von "maria" mit "herbert" ist registriert.
yes
?- geburt.
Ist das neue Kind weiblich (ja/nein)?
ja.
Wie heisst das neue Kind?
brigitte.
Wie heisst die Mutter des Kindes?
maria.
Die Geburt von "brigitte" ist mit der Mutter "maria" registriert.
yes
```

7. Vordefinierte Prädikate und Operatoren

Wir haben Prolog als Sprache kennengelernt, in der wir Problemwissen in Form von Fakten und Regeln formulieren können. Ein Prolog-System versucht aufgrund dieses Wissens Aussagen zu beweisen. Dies ist das grundsätzliche Konzept der Sprache. Für praktische Anwendungen reicht dies nicht immer aus, weil ein Benutzer eines Computers nicht nur wissen will, ob oder mit welchen Werten eine Aussage wahr ist, sondern er möchte manchmal auch arithmetische Berechnungen durchführen, verschiedene Daten vergleichen, neue Daten abspeichern und ähnliches mehr. Für diese Bedürfnisse stellt Prolog eine Reihe von **vordefinierten Prädikaten** zur Verfügung; dies sind Prädikate, deren Bedeutung das Prolog-System kennt, obwohl der Benutzer keine Fakten und Regeln dafür angegeben hat. Es gilt sogar die Einschränkung, daß *für vordefinierte Prädikate keine neuen Fakten oder Regeln* angegeben werden dürfen.

Einige dieser Prädikate haben wir im letzten Kapitel kennengelernt. In diesem Kapitel geben wir die Prädikate und Operatoren an, die in fast allen Prolog-Systemen vordefiniert sind. Die üblichen Prolog-Systeme bieten häufig noch weitere vordefinierte Prädikate an oder haben leichte Abweichungen gegenüber den hier angegebenen; deshalb müssen die entsprechenden Handbücher der Prolog-Systeme studiert werden. Die hier angegebenen Prädikate dürften aber für die meisten praktischen Anwendungen ausreichend sein.

7.1. Eingabe neuer Klauseln

Um mit einem Prolog-System arbeiten zu können, muß der Benutzer dem System neue Fakten und Regeln mitteilen. Hierzu kann er die neuen Klauseln in eine Datei schreiben und dem Prolog-System mitteilen, daß die Klauseln aus der Datei zu den schon vorhandenen Klauseln hinzugefügt werden sollen. Die Beschreibung, wie Texte in Dateien geschrieben werden können, würde den Rahmen dieses Buches sprengen; hierzu stehen spezielle Programme (Texteditoren) zur Verfügung, deren Benutzung im konkreten Fall erlernt werden muß.

consult(X)

Für dieses vordefinierte Literal existiert nur eine Beweismöglichkeit.   X muß mit einem Atom instantiiert sein, welches der Name der Datei ist, die die neuen einzulesenden Klauseln enthält. Wie solche Dateinamen aussehen müssen, ist vom jeweiligen Computer (Betriebssystem) abhängig. Beim Beweis dieses Literals werden als Nebeneffekt die Klauseln in der Datei mit dem Namen X zu den vorhandenen Klauseln an das Ende der Datenbank hinzugefügt.

Beispiele:

* Die Klauseln in der Datei mit dem Namen "labyrinth" sollen zu der Datenbank hinzugefügt werden:

```
?- consult(labyrinth).
labyrinth consulted
yes
```

Das Prolog-System teilt dem Benutzer mit, daß die Klauseln in der Datei "labyrinth" eingelesen wurden. Falls in dieser Datei einige Klauseln syntaktisch nicht korrekt aufgeschrieben sind, würde das Prolog-System diese Klauseln mit einer entsprechenden Fehlermeldung ausgeben.

- Die in der Datei "/user/pl/format" stehenden Klauseln sollen eingelesen werden. Weil dieser Dateiname nicht nur aus Buchstaben und Ziffern besteht, aber das Argument für consult ein Atom sein muß, wird der Dateiname in Apostrophs eingefaßt:

```
?- consult('/user/pl/format').
/user/pl/format consulted
yes
```

- Die neuen Klauseln sollen nicht von einer Datei, sondern von der Tastatur eingegeben werden. Dazu geben wir den Dateinamen **"user"** an, wodurch alle auf der Tastatur eingegebenen Zeichen so interpretiert werden, als ob sie hintereinander in einer Datei stehen und diese eingelesen wird. Ein Problem ergibt sich beim *Ende der Tastatureingabe*. Während das Ende einer Datei genau definiert ist, muß der Benutzer bei der Eingabe von der Tastatur das Ende explizit angeben: Entweder durch eine spezielle Tastenkombination (häufig: Control- und Z-Taste gleichzeitig drücken) oder durch einen speziellen Term (häufig: **end_of_file**). Die genauen Möglichkeiten variieren bei den konkreten Prolog-Systemen. Nachfolgend ist die Eingabe der Klauseln für die Prädikate konk und anhang von der Tastatur gezeigt:

```
?- consult(user).
konk([],L,L).
konk([E|R],L,[E|RL]) :- konk(R,L,RL).
     % Nun wird Control-Z eingegeben:
user consulted
yes

?- consult(user).
anhang([],E,[E]).
anhang([K|R],E,[K|RE]) :- anhang(R,E,RE).
end_of_file.
user consulted
yes
```

Zur Beendigung der Eingabe der Klauseln von der Tastatur wurde einmal die Tastenkombination Control-Z gedrückt und beim zweiten Mal das Atom end_of_file eingegeben.

reconsult(X)

Das Prädikat reconsult wirkt wie consult, jedoch mit einem Unterschied: Bei reconsult(X) werden bei allen Prädikaten, für die in der Datei X Fakten bzw. Regeln angegeben sind, die in der Datenbank vorhandenen Klauseln für diese Prädikate vor dem Einlesen gelöscht. Alle anderen Klauseln in der Datenbank bleiben unverändert. Das Prädikat reconsult kann somit benutzt werden, um fehlerhafte Klauseln durch neue zu ersetzen. Nachfolgend ist ein Teil einer Prolog-Sitzung aufgezeigt, bei der der Benutzer das Prädikat letztes zunächst falsch definiert und anschließend korrigiert.

```
?- consult(user).
letztes([E],E).
letztes([K|R],K) :- letztes(R,E).
end_of_file.
user consulted
yes
```

```
?- letztes([a,b,c],E).
E = a
yes


?- reconsult(user).
letztes([E],E).
letztes([K|R],E) :- letztes(R,E).
end_of_file.
user reconsulted
yes
?- letztes([a,b,c],E).
E = c
yes
```

Bei der erstmaligen Definition von `letztes` ist die zweite Klausel fehlerhaft. Daher kommt das Prolog-System bei der Anfrage auch zu einem falschen Ergebnis. Durch Verwendung des Prädikats `reconsult` werden die vorhandenen Klauseln für `letztes` durch neue ersetzt und damit ist der Fehler behoben. Hätte der Benutzer an dieser Stelle statt `reconsult` das Prädikat `consult` benutzt, dann wären die fehlerhaften Klauseln nicht gelöscht worden.

[X1,...,Xn]

Bei der praktischen Arbeit mit einem Prolog-System werden häufig mehrere Dateien mit neuen Klauseln eingelesen. Damit nicht für jede einzelne Datei ein `consult`- bzw. `reconsult`-Literal aufgeschrieben werden muß, bietet Prolog eine spezielle Listennotation an: Steht in einer Anfrage oder auf einer rechten Regelseite als Literal eine Liste mit Dateinamen (Atome), dann wird diese genauso interpretiert, als ob für jeden Dateinamen in der Liste ein `consult`-Literal angegeben wäre. Wird vor einem Dateinamen in der Liste ein Minuszeichen gesetzt, dann wird dies als `reconsult`-Literal interpretiert. Somit sind die Anfragen

```
?- [labyrinth,-'/user/pl/format',user].
```

und

```
?- consult(labyrinth), reconsult('/user/pl/format'), consult(user).
```

äquivalent.

7.2. Definition von Operatoren

Im Kapitel 2 haben wir gesehen, daß bestimmte Atome als Operatoren deklariert sind, wodurch Strukturen in einer angenehmer lesbaren Weise notiert werden können. Bei Operatoren müssen wir unterscheiden zwischen Präfix-, Infix- und Postfixoperatoren und für jeden Operator muß die Präzedenz und Assoziativität definiert sein. Die *Präzedenz eines Operators* wird durch eine Zahl zwischen 1 und 1200 festgelegt: Je größer diese Zahl ist, umso größer ist auch die Präzedenz des Operators. Die Präzedenz legt fest, wie Terme in Operatorschreibweise als Strukturen interpretiert werden. *Operatoren mit einer kleineren Präzedenz bilden Unterstrukturen von Operatoren mit höheren Präzedenzen.*

Beispiel:

Der Operator $+$ hat die Präzedenz 500 und der Operator $*$ die Präzedenz 400. Somit wird der Term

```
3+4*5
```

interpretiert als Struktur

```
+(3,*(4,5))
```

Weil $*$ eine kleinere Präzedenz als $+$ hat, bildet dieser Funktor eine Unterstruktur der Struktur mit dem Funktor $+$.

Die Art des Operators (Präfix, Infix, Postfix) wird zusammen mit der Assoziativität durch Angabe eines **Operatortyps** definiert: Für Infixoperatoren gibt es die Typen

```
xfx      xfy      yfx
```

Diese Typen können als bildliche Darstellung der Operatorschreibweise aufgefaßt werden: f ist der Operator und x bzw. y sind die Argumente. Weil f bei allen drei Operatortypen in der Mitte steht, sind dies die Typen für Infixoperatoren. Die Wahl von x bzw. y als Argumente legt die Assoziativität fest: Ein x besagt, daß alle in diesem Argument vorkommenden Operatoren eine kleinere Präzedenz als der Operator f haben müssen.

Beispiel:

Der vordefinierte Operator $:-$ hat den Typ xfx. Also müssen in dem Term

```
P :- Q
```

(P und Q symbolisieren beliebige andere Terme) die links und rechts von $:-$ vorkommenden Operatoren eine kleinere Präzedenz als $:-$ haben. Insbesondere dürfen Operatoren mit gleicher Präzedenz wie $:-$ in P und Q nicht vorkommen. Der Term

```
a :- b :- c
```

ist somit nicht zulässig. Infixoperatoren, deren Typ xfx ist, werden auch als **nicht assoziativ** bezeichnet.

Ein y in einem Operatortyp legt fest, daß alle in diesem Argument vorkommenden Operatoren eine gleiche *oder* kleinere Präzedenz als der Operator f haben müssen. Hierdurch werden assoziative Operatoren definiert: yfx ist der Typ eines linksassoziativen Infixoperators, und xfy steht für einen rechtsassoziativen Infixoperator.

Beispiel:

Der vordefinierte Operator $+$ hat den Typ yfx. Weil das rechte Argument vom Typ x ist und dies für ein Argument steht, in dem alle Operatorpräzedenzen kleiner sind, kann der Term

```
1+2+3
```

nur interpretiert werden in der Form

```
+(+(1,2),3)
```

$+$ ist somit ein linksassoziativer Infixoperator.

Für Präfixoperatoren gibt es die Typen

```
fx    fy
```

f, x und y haben die gleiche Bedeutung wie bei den Infixoperatortypen. Beispielsweise ist not mit dem Typ fy vordefiniert. Daher ist die Notation

```
not not p
```

erlaubt und diese wird interpretiert als

```
not(not(p))
```

Wäre der Typ von not als fx vordefiniert, dann wäre diese Notation unzulässig. Zur Definition von Postfixoperatoren gibt es die Typen

```
xf    yf
```

deren Bedeutung analog zu den Präfixoperatortypen ist.

Anmerkung: Alle bisherigen Aussagen über Präzedenzen und Assoziativitäten beziehen sich auf Terme in Operatorschreibweise, die keine Klammern enthalten. Durch *Setzen von Klammern* innerhalb von Termen kann erzwungen werden, daß der Term in einem Klammerpaar eine Struktur bilden soll und somit als eine Einheit aufgefaßt wird.

Beispiel:
Wie wir oben gesehen haben, ist die Operatorschreibweise

```
a :- b :- c
```

unzulässig, weil :- ein nicht assoziativer Operator ist. Durch Setzen von Klammern können wir aber den Teilterm a :- b zu einer Einheit zusammenfassen: Die Schreibweise

```
(a :- b) :- c
```

ist zulässig und steht für die Struktur

```
:-(:-(a,b),c)
```

In der Tabelle "Vordefinierte Operatoren" sind die in Prolog vordefinierten Operatoren mit Angabe des Typs und der Präzedenz zusammengefaßt. Bei speziellen Prolog-Systemen können noch weitere Operatoren deklariert sein oder die Präzedenzzahlen abweichen.

op(P,T,N)

Dieses Literal besitzt höchstens einen Beweis und als Nebeneffekt wird bei einem erfolgreichen Beweis ein Atom als Operator deklariert. Dabei muß N der Name (ein Atom), P die Präzedenz (eine ganze Zahl zwischen 1 und 1200) und T der Typ (einer der oben aufgeführten Typen) des zu deklarierenden Operators sein. Ein Atom kann mehrfach als Operator deklariert werden. Hierbei sind drei Fälle zu unterscheiden:

1. Zum Zeitpunkt der neuen Deklaration existiert schon eine Operatordeklaration mit gleichem Namen, aber einer anderen Präzedenz. Dann wird diese alte Deklaration gelöscht.

Vordefinierte Operatoren		
Name	Operatortyp	Präzedenz
`:-`	`xfx`	1200
`-->`	`xfx`	1200
`:-`	`fx`	1200
`?-`	`fx`	1200
`;`	`xfy`	1100
`->`	`xfy`	1050
`,`	`xfy`	1000
`not`	`fy`	900
`spy`	`fx`	900
`nospy`	`fx`	900
`=`	`xfx`	700
`\=`	`xfx`	700
`is`	`xfx`	700
`=..`	`xfx`	700
`=:=`	`xfx`	700
`=\=`	`xfx`	700
`<`	`xfx`	700
`=<`	`xfx`	700
`>`	`xfx`	700
`>=`	`xfx`	700
`@<`	`xfx`	700
`@=<`	`xfx`	700
`@>`	`xfx`	700
`@>=`	`xfx`	700
`==`	`xfx`	700
`\==`	`xfx`	700
`+`	`yfx`	500
`-`	`yfx`	500
`+`	`fx`	500
`-`	`fx`	500
`*`	`yfx`	400
`/`	`yfx`	400
`mod`	`xfx`	300

2. Es existiert schon eine Operatordeklaration mit gleichem Namen, gleicher Präzedenz und gleichem Typ (Präfix, Infix oder Postfix). Dann wird diese Deklaration durch die neue ersetzt.

3. Es existiert schon eine Operatordeklaration mit gleichem Namen, gleicher Präzedenz, aber unterschiedlichem Typ (Präfix, Infix, Postfix). Dann wird die neue Deklaration zu der alten hinzugefügt. Ein Atom kann beispielsweise sowohl als Infix- als auch als Präfixoperator definiert sein (vergleiche + in der Tabelle der vordefinierten Operatoren).

Bei *Verwendung selbst definierter Operatoren in Klauseln,* die in einer einzulesenden Datei stehen, ist zu beachten, daß der *Operator vor dem Einlesen der Klauseln definiert* wird. Es können sonst beim Einlesen Syntaxfehler (vgl. Kapitel 8) auftreten. Um die notwendige Deklaration von Operatoren nicht zu vergessen, kann die Operatordefinition (Literal der Form op(P,T,N)) an den Anfang der Datei gesetzt werden. Damit der Operator definiert wird, muß das op-Literal schon beim Einlesen bewiesen werden. Dies können wir erreichen, indem wir den Präfixoperator : – verwenden: Kommt in einer Datei anstelle einer Klausel der Term

```
:- L₁, L₂, ..., Lₙ.
```

vor, dann werden sofort beim Einlesen dieses Terms die Literale L_1, L_2, ..., L_n bewiesen (dieser Term entspricht somit einer Anfrage).

Beispiel:
Am Anfang einer Datei mit Klauseln steht der Term

```
:- op(800,xfx,=>).
```

Dann wird beim Einlesen dieser Datei das op-Literal bewiesen und das Atom => als Infixoperator deklariert. Der Operator => kann in den nachfolgenden Klauseln der Datei benutzt werden. Schon in der nächsten Klausel darf der Term

```
a+0=1 => a=1
```

notiert werden. Dies wäre ohne die Operatordeklaration unzulässig.

isop(P,T,N)

Dieses Literal ist beweisbar, wenn N mit einem Operator unifizierbar ist, dessen Präzedenz mit P und dessen Typ mit T unifiziert werden kann. Beim Beweis dieses Literals muß keines der Argumente instantiiert sein. Bei einem eventuellen Backtracking werden weitere unifizierbare Operatoren gesucht.

Beispiel:
Wenn wir für alle drei Argumente nicht-instantiierte Variablen einsetzen, erhalten wir eine Aufzählung aller definierten Operatoren:

```
?- isop(P,T,Name).
P = 1200
T = xfx
Name = :- ;
P = 1200
T = xfx
Name = --> ;
...
```

7.3. Arithmetik und Vergleichen von Zahlen

Die arithmetischen Möglichkeiten von Prolog wurden in Kapitel 6.2 eingeführt. In diesem Abschnitt ist daher nur eine Zusammenfassung dieser Möglichkeiten angegeben.

Z is A

Dieses Literal ist beweisbar, wenn A ein arithmetischer Ausdruck ist, bei dem alle vorkommenden Variablen mit anderen arithmetischen Ausdrücken instantiiert sind (vollständig instantiierter arithmetischer Ausdruck). In diesem Fall wird der Ausdruck A nach den üblichen mathematischen Regeln zu einer Zahl ausgerechnet und das Ergebnis wird mit z unifiziert. Die nachfolgende Aufstellung zeigt die Möglichkeiten für arithmetische Ausdrücke auf.

Zahl: Eine Zahl ist ein arithmetischer Ausdruck, wobei je nach Prolog-System neben ganzen Zahlen auch Gleitpunktzahlen zugelassen sind.

X + Y: X und Y müssen arithmetische Ausdrücke sein. Wenn dieser Ausdruck beim Beweis eines is-Literals ausgerechnet wird, werden zunächst X und Y ausgerechnet und deren Ergebnisse addiert.

X − Y: Wie bei +, jedoch werden hier die Ergebnisse von X und Y voneinander subtrahiert.

X * Y: Wie bei +, jedoch werden hier die Ergebnisse von X und Y miteinander multipliziert.

X / Y: Wie bei +, jedoch werden hier die Ergebnisse von X und Y durcheinander dividiert.

X mod Y: Wie bei +, jedoch ist das Ergebnis der Rest bei ganzzahliger Division der ausgerechneten Ergebnisse von X und Y.

− X: X muß ein arithmetischer Ausdruck sein. Beim Ausrechnen dieses Ausdrucks wird zunächst X ausgerechnet und dann das Ergebnis negiert.

+ X: Wie − X, jedoch wird das ausgerechnete Ergebnis von X nicht negiert.

Beim Vergleichen von Werten arithmetischer Ausdrücke müssen beide Ausdrücke vollständig instantiiert sein. Ist beim Beweis des Literals

    1 < X

die Variable X nicht instantiiert, dann wird der Beweis mit einer Fehlermeldung abgebrochen und die Variable X wird nicht mit einer Zahl größer als 1 instantiiert (was aus logischer Sicht korrekt wäre). In Prolog stehen 6 Prädikate für arithmetische Vergleiche zur Verfügung:

X =:= Y

X und Y müssen arithmetische Ausdrücke sein, bei denen alle Variablen instantiiert sind. Zum Beweis dieses Literals werden X und Y ausgerechnet (wie beim is-Prädikat) und die Ergebnisse werden verglichen. Sind sie gleich, dann ist dieses Literal beweisbar.

X =\= Y

Es gilt dasselbe wie beim Prädikat =:=, nur mit dem Unterschied, daß dieses Literal beweisbar ist, wenn die ausgerechneten Werte von X und Y ungleich sind.

X < Y

Es gilt dasselbe wie beim Prädikat =:=, nur mit dem Unterschied, daß dieses Literal beweisbar ist, wenn der ausgerechnete Wert von X kleiner als der ausgerechnete Wert von Y ist.

X > Y

Es gilt dasselbe wie beim Prädikat =:=, nur mit dem Unterschied, daß dieses Literal beweisbar ist, wenn der ausgerechnete Wert von X größer als der ausgerechnete Wert von Y ist.

X >= Y

Es gilt dasselbe wie beim Prädikat =:=, nur mit dem Unterschied, daß dieses Literal beweisbar ist, wenn der ausgerechnete Wert von X größer oder gleich dem ausgerechneten Wert von Y ist.

X =< Y

Es gilt dasselbe wie beim Prädikat =:=, nur mit dem Unterschied, daß dieses Literal beweisbar ist, wenn der ausgerechnete Wert von X kleiner oder gleich dem ausgerechneten Wert von Y ist.

Anmerkung:

Der letzte Operator wird "kleiner-gleich" ausgesprochen, d.h. eigentlich müßte für ihn das Symbol <= verwendet werden. Stattdessen wird das Atom =< verwendet, um dem Benutzer die Möglichkeit zu geben, das Atom <= als selbst definierten Operator zu verwenden (<= kann als Ersatz für einen linken Pfeil benutzt werden).

7.4. Ein- und Ausgabe

Die wichtigsten Prädikate zur Ein- und Ausgabe von Daten haben wir in Kapitel 6.3 kennengelernt. Hier werden wir diese zusammenfassen und weitere vordefinierte Prädikate zur Ein- und Ausgabe von Daten angeben.

get0(N)

Die Daten, die ein Benutzer auf der Tastatur dem Prolog-System mitteilt, sind nichts anderes als eine Folge von Zeichen. Dieses Prädikat liest genau ein Zeichen aus dieser Folge ein. Soll ein Literal der Form get0(N) bewiesen werden, dann wird als Nebeneffekt des Beweisversuchs das nächste Zeichen von der Benutzereingabe gelesen und der zum Zeichen gehörige ASCII-Wert (vergleiche ASCII-Tabelle im Anhang dieses Buches) berechnet. Das Literal get0(N) ist beweisbar, wenn der ASCII-Wert des gelesenen Zeichens mit N unifizierbar ist. Eine andere Beweismöglichkeit gibt es nicht. Beim Backtracking wird das gelesene Zeichen nicht wieder auf die Eingabe zurückgesetzt.

Ist beim Beweis von get0(N) die Variable N nicht instantiiert, dann wird N mit dem ASCII-Wert des nächsten eingelesenen Zeichens instantiiert und das Literal ist damit bewiesen. Wenn beim Beweis von get0(N) N ein instantiierter Wert ist, dann wird ebenfalls ein Zeichen von der Eingabe gelesen. Der Beweis ist aber nur erfolgreich, wenn der ASCII-Wert des gelesenen Zeichens gleich N ist.

Beispiele:

1. Der Benutzer stellt die Anfrage

```
?- get0(Zeichen1), get0(Zeichen2).
```

und gibt dann die Zeichenfolge

```
Prolog
```

(abgeschlossen durch einen Zeilenvorschub) ein. Beim Beweis des ersten Literals in der Anfrage wird das Zeichen P eingelesen. Der ASCII-Wert von P ist gemäß der Tabelle im Anhang 80. Also wird die Variable Zeichen1 mit 80 instantiiert und das zweite Literal der Anfrage bewiesen. Dadurch wird das nächste Zeichen r eingelesen und die

Variable `Zeichen2` mit dem ASCII-Wert hiervon (114) instantiiert. Die Anfrage ist somit bewiesen und die instantiierten Variablen werden ausgegeben:

```
Zeichen1 = 80
Zeichen2 = 114
```

2. Der Benutzer stellt die Anfrage

```
?- get0(65).
```

und gibt die Zeichenfolge

```
xyz
```

ein. Beim Beweis der Anfrage wird das erste Zeichen x eingelesen und sein ASCII-Wert (120) mit dem Argument 65 verglichen. Weil diese Werte nicht unifizierbar sind und auch kein anderer Beweis für `get0(65)` existiert, ist die Anfrage nicht beweisbar.

get(N)

Dieses Literal ist beweisbar, wenn der ASCII-Wert des nächsten *Druckzeichens* in der Eingabe mit N unifiziert werden kann. Ein **Druckzeichen** ist ein Zeichen, dessen ASCII-Wert größer als 32 ist (insbesondere sind Zeilenvorschub- und Leerzeichen keine Druckzeichen). Der Unterschied des Prädikats `get` zu `get0` ist, daß bei `get0` immer das nächste Zeichen in der Eingabe gelesen wird, während bei `get` die Zeichen, die keine Druckzeichen sind, zuvor übersprungen werden. Auch für `get` gibt es höchstens einen Beweis und bei einem eventuellen Backtracking werden die aus der Eingabe gelesenen Zeichen nicht zurückgesetzt.

skip(N)

Beim Beweis dieses Literals werden die nächsten Zeichen in der Eingabe solange eingelesen, bis der ASCII-Wert des eingelesenen Zeichens gleich dem Argument N ist. Das Argument muß eine ganze Zahl bzw. mit einer ganzen Zahl instantiiert sein. Es gibt genau einen Beweis für dieses Literal.

read(X)

Beim Beweis dieses Literals wird der nächste Term von der Eingabe gelesen. Ist der gelesene Term mit X unifizierbar, dann ist das Literal beweisbar, sonst nicht. Hinter dem Term muß in der Eingabe ein Punkt und ein Zeichen, das kein Druckzeichen ist (Zeilenvorschub- oder Leerzeichen), folgen. Diese werden beim Beweis überlesen. Alle bisher deklarierten Operatoren werden beim Einlesen des Termes berücksichtigt, d.h. bei ihnen kann die definierte Notation (Präfix, Infix, Postfix) verwendet werden.

Beispiel:

Bei den Verwandtschaftsbeziehungen aus dem ersten Kapitel sollen die Benutzer die Möglichkeit haben, anstelle der Strukturnotation

```
istMutterVon(elfriede,maria)
```

auch die leichter lesbare Infixnotation

```
elfriede istMutterVon maria
```

zu verwenden. Dies wird durch folgende Operatordeklaration erreicht:

```
?- op(700,xfx,istMutterVon).
yes
?- read(Aussage), Aussage =.. Zerlegung.
elfriede istMutterVon maria.
Aussage = elfriede istMutterVon maria
Zerlegung = [istMutterVon,elfriede,maria]
yes
```

Die Zerlegung des eingelesenen Terms `Aussage` in eine Liste durch das Prädikat `=..` in der Anfrage zeigt, daß `istMutterVon` der Funktor und `elfriede` bzw. `maria` die Komponenten des Terms sind.

Wird mit `read` von einer Datei gelesen (siehe nächstes Kapitel) und ist der letzte Term in der Datei gelesen worden, dann wird beim nächsten Beweis des Literals `read(T)` das Argument `T` mit einem speziellen Term (in der Regel mit dem Atom **end_of_file**) unifiziert.

put(N)

Beim Beweis dieses Literals wird das Zeichen, dessen ASCII-Wert gleich dem Argument `N` ist, ausgegeben. Es gibt genau einen Beweis für dieses Literal und bei einem eventuellem Backtracking wird die Ausgabe des Zeichens nicht rückgängig gemacht. Wenn beim Beweis des Literals das Argument `N` nicht mit einer ganzen Zahl instantiiert ist, wird eine Fehlermeldung ausgegeben und der gesamte Beweis abgebrochen.

nl

Beim Beweis dieses Literals wird ein Zeilenvorschub auf der Ausgabe durchgeführt. Hat das Zeilenvorschubzeichen den Dezimalwert 10 (wie es häufig üblich ist), dann könnte das Prädikat `nl` in Prolog selbst durch die Klausel

```
nl :- put(10).
```

definiert werden.

Beispiel:
Es sollen die Zeichen `X` und `Y` in einer Zeile und `Z` in der darauffolgenden Zeile ausgegeben werden:

```
?- put(88), put(89), nl, put(90), nl.
XY
Z
yes
```

tab(N)

Das Argument `N` muß mit einer ganzen Zahl instantiiert sein. Beim Beweis dieses Literals werden `N` Leerzeichen ausgegeben. Es gibt nur einen Beweis für dieses Literal und die Ausgabe wird beim eventuellen Backtracking nicht rückgängig gemacht.

write(X)

Für dieses Literal gibt es genau einen erfolgreichen Beweis. Als Nebeneffekt wird das Argument ausgegeben. Bei der Ausgabe werden in dem Term vorkommende Funktoren, die als Operatoren deklariert sind, in Operatordarstellung ausgegeben: Präfix- und Postfixoperatoren werden vor bzw. nach dem Argument, Infixoperatoren zwischen den Argumenten ausgegeben.

writeq(X)

Für dieses Literal gibt es genau einen erfolgreichen Beweis. Als Nebeneffekt wird das Argument so ausgegeben, daß es in der gleichen Form durch ein `read`-Literal wieder eingelesen werden könnte. Der wesentliche Unterschied zwischen `writeq` und `write` ist, daß bei `writeq` *Atome in Apostrophs* ausgegeben werden, falls dies notwendig ist.

Beispiel:
Die folgenden Anfragen zeigen den Unterschied zwischen `write` und `writeq`:

```
?- write('Prolog'), nl, writeq('Prolog'), nl.
Prolog
'Prolog'
yes
?- write(:-('a b',c)), nl, writeq(:-('a b',c)), nl.
a b :- c
'a b' :- c
yes
```

display(X)

Für dieses Literal gibt es genau einen erfolgreichen Beweis. Als Nebeneffekt wird der Argumentterm in Strukturschreibweise (erst der Funktor, dahinter in Klammern und durch Komma getrennt die Komponenten) ausgegeben.

Beispiel:
Die folgende Anfrage zeigt die unterschiedliche Ausgabeweise von `write` und `display`:

```
?- write(3+4*5), nl, display(3+4*5), nl.
3+4*5
+(3,*(4,5))
yes
```

7.5. Verarbeitung von Dateien

Während eines Beweises liest das Prolog-System standardmäßig alle Eingaben (z.B. beim Beweis eines `read`-Literals) von der Tastatur ein und gibt Ausgabedaten auf dem Bildschirm aus. Daher wird die Tastatur auch **Standardeingabe** und der Bildschirm **Standardausgabe** genannt. Es besteht die Möglichkeit, dem Prolog-System mitzuteilen, daß die Eingaben nicht von der Standardeingabe, sondern von einer Datei eingelesen werden sollen. Genauso können die Ausgaben während eines Beweises statt auf die Standardausgabe in eine Datei geschrieben werden. Hierzu bietet Prolog sechs vordefinierte Prädikate an.

Das *Konzept bei Verarbeitung von Dateien* in Prolog ist folgendes: Zu jedem Zeitpunkt eines Beweises gibt es genau eine **aktuelle Eingabedatei** und eine **aktuelle Ausgabedatei**. Beim Beweis von Literalen zur Ein- bzw. Ausgabe (vgl. Kapitel 7.4) wird immer von der aktuellen Eingabe gelesen bzw. auf die aktuelle Ausgabedatei geschrieben. Jede Datei ist durch einen **Dateinamen** (ein Atom) eindeutig gekennzeichnet. Standardeingabe und -ausgabe haben den Dateinamen "**user**". Zu Beginn ist die aktuelle Eingabedatei die Standardeingabe und die aktuelle Ausgabedatei die Standardausgabe. Mit den nachfolgenden Prädikaten kann die aktuelle Ein- bzw. Ausgabedatei umdefiniert werden.

see(D)

Beim Beweis dieses Literals muß `D` der Name einer existierenden Datei sein (ein Atom). Als Nebeneffekt wird die Datei `D` zur aktuellen Eingabedatei. Dabei sind zwei Fälle zu unterscheiden:

1. Für die Datei ist zum erstenmal ein `see`-Literal bewiesen worden. Dann wird die Datei geöffnet und von Anfang an gelesen. Beispielsweise wird beim Beweis des nächsten `get0`-Literals das erste Zeichen in der Datei gelesen.

2. Die Datei ist durch den Beweis eines entsprechenden `see`-Literals schon einmal geöffnet worden. Dann wird die Datei an der Stelle weiter gelesen, bis zu der sie durch den vorhergehenden Beweis gelesen wurde. (Ausnahme: Die Datei wurde durch `seen` geschlossen; siehe unten)

Bei einem eventuellen Backtracking wird die Umschaltung der aktuellen Eingabedatei nicht rückgängig gemacht.

Beispiel:
In der Datei mit dem Namen `bsp` stehen die Terme `f(1)` und `f(2)` (jeweils durch einen Punkt und einen Zeilenvorschub abgeschlossen). Dann wird beim ersten Beweis des Literals `see(bsp)` die Datei eröffnet und durch ein nachfolgendes `read`-Literal der Term `f(1)` eingelesen. Wird danach eine andere Datei geöffnet und anschließend wieder das Literal `see(bsp)` bewiesen, dann wird durch das nächste `read`-Literal der Term `f(2)` eingelesen:

```
?- see(bsp), read(A), see(user), ..., see(bsp), read(B), ...
A = f(1)
B = f(2)
yes
```

Durch `see(user)` wird die Standardeingabe zur aktuellen Eingabedatei.

seeing(D)

Dieses Literal ist beweisbar, wenn der Name der aktuellen Eingabedatei mit dem Argument `D` unifizierbar ist. Falls `D` eine nicht instantiierte Variable ist, so ist dieses Literal beweisbar und `D` wird mit dem Namen der aktuellen Eingabedatei instantiiert.

seen

Für dieses Literal gibt es genau einen Beweis und als Nebeneffekt wird die aktuelle Eingabedatei geschlossen. Dies bedeutet, daß nach einem neuen Eröffnen dieser Datei (durch den Beweis eines entsprechenden `see`-Literals) die Datei von Anfang an gelesen wird. Nach dem Beweis des Literals `seen` wird die Standardeingabe zur neuen aktuellen Eingabedatei. Beim Backtracking dieses Literals wird das Schließen der aktuellen Eingabedatei nicht rückgängig gemacht. Falls die aktuelle Eingabedatei die Standardeingabe (Tastatur) ist, so hat der Beweis des Literals `seen` keinen Nebeneffekt.

Beispiel:
Die Datei mit dem Namen `fterm` enthält folgende Terme:

```
f(a).
f(b).
f(c).
```

Dann werden durch den Beweis der Anfrage

```
?- see(fterm), read(T1), see(user),
   see(fterm), read(T2), seen,
   see(fterm), read(T3), seen.
```

folgende Variablen instantiiert:

```
T1 = f(a)
T2 = f(b)
T3 = f(a)
```

tell(D)

Beim Beweis dieses Literals muß `D` ein zulässiger Dateiname sein (ein Atom). Als Nebeneffekt wird die Datei `D` zur aktuellen Ausgabedatei. Dabei sind zwei Fälle zu unterscheiden:

1. Für die Datei ist zum erstenmal ein `tell`-Literal bewiesen worden. Dann wird die Datei geöffnet und von Anfang an beschrieben. Beispielsweise wird beim Beweis des Literals `write(1)` die Zahl `1` als erstes Zeichen in die Datei geschrieben. Existiert schon eine Datei mit dem gleichen Namen, dann wird diese zuvor gelöscht, andernfalls wird eine neue Datei mit diesem Namen angelegt.

2. Die Datei ist durch den Beweis eines entsprechenden `tell`-Literals schon einmal geöffnet worden. Dann wird die Datei an der Stelle weiter beschrieben, bis zu der sie durch den vorhergehenden Beweis beschrieben worden ist. (Ausnahme: Die Datei wurde durch `told` geschlossen; siehe unten)

Bei einem eventuellen Backtracking wird die Umschaltung der aktuellen Ausgabedatei nicht rückgängig gemacht.

Beispiel:

Nach dem Beweis der folgenden Anfrage steht in der ersten Zeile der Datei `nummer` der Term `n(1)` und in der zweiten Zeile der Term `n(2)`:

```
?- tell(nummer), write(n(1)), nl, tell(user), write('O.K.'), nl,
   tell(nummer), write(n(2)), nl.
O.K.
yes
```

Durch `tell(user)` wird die Standardausgabe zur aktuellen Ausgabedatei.

telling(D)

Dieses Literal ist beweisbar, wenn der Name der aktuellen Ausgabedatei mit dem Argument `D` unifizierbar ist. Falls `D` eine nicht instantiierte Variable ist, so ist dieses Literal beweisbar und `D` wird mit dem Namen der aktuellen Ausgabedatei instantiiert.

told

Für dieses Literal gibt es genau einen Beweis und als Nebeneffekt wird die aktuelle Ausgabedatei geschlossen. Dies bedeutet, daß nach einem neuen Eröffnen dieser Datei (durch den Beweis eines entsprechenden `tell`-Literals) die Datei von Anfang an beschrieben wird. Nach dem Beweis des Literals `told` wird die Standardausgabe zur neuen aktuellen Ausgabedatei. Beim Backtracking dieses Literals wird das Schließen der aktuellen Ausgabedatei nicht rückgängig gemacht. Falls die aktuelle Ausgabedatei die Standardausgabe (Bildschirm) ist, so hat der Beweis des Literals `told` keinen Nebeneffekt.

Beispiel:

Nach dem Beweis der Anfrage

```
?- tell(fterm), write(f(a)), nl, write(f(b)), nl, told,
   tell(fterm), write(f(c)), nl, told.
```

enthält die Datei mit dem Namen `fterm` nur den Term

```
f(c)
```

7.6. Untersuchen von Termen

In Prolog werden Terme durch Zerlegung gegebener und Zusammensetzung neuer Terme manipuliert. Ein vordefiniertes Prädikat zur Termmanipulation wurde in Kapitel 6.7 vorgestellt. In diesem Abschnitt werden weitere vordefinierte Prädikate zur Untersuchung von Termen angegeben.

var(X)

Dieses Literal ist beweisbar, wenn das Argument `X` eine nicht instantiierte Variable ist. Mit dem Prädikat `var` ist es möglich, Terme zu untersuchen, die Variablen enthalten.

Zur Demonstration der Anwendung von `var` definieren wir ein Prädikat `enthaeltZahl(L,Z)`, das erfüllt ist, wenn `L` eine Liste mit beliebigen Termen (auch Variablen!) und die Zahl `Z` in dieser Liste enthalten ist. Der Beweis des Literals `enthaeltZahl(L,Z)` soll die Liste nicht verändern; insbesondere sollen in der Liste vorkommende Variablen nicht instantiiert werden. Die folgende Definition ist angelehnt an die Definition des Prädikats `enthaelt` aus Kapitel 2.4:

```
enthaeltZahl([Z|_],Z).
enthaeltZahl([Term|Rest],Z) :- enthaeltZahl(Rest,Z).
```

Nach dieser Definition erfüllt das Prädikat `enthaeltZahl` nicht die Anforderungen, weil in der Liste vorkommende Variablen eventuell instantiiert werden:

```
?- enthaeltZahl([a,X,5,f(1)],3).
X = 3
yes
```

Die Ursache dieses Fehlverhaltens liegt in der ersten Klausel: Ist das erste Element der Liste eine Variable, dann wird durch Anwendung dieser Klausel in einem Beweis die Variable grundsätzlich mit der zu suchenden Zahl instantiiert. Um dies zu vermeiden, wird noch eine zusätzliche Klausel benötigt für den Fall, daß das erste Element eine Variable ist. Zur Feststellung dieses Falls wird das Prädikat `var` verwendet. `enthaeltZahl` ist dann wie folgt definiert:

```
enthaeltZahl([V|Rest],Z) :- var(V), !, enthaeltZahl(Rest,Z).
enthaeltZahl([Z|_],Z).
enthaeltZahl([Term|Rest],Z) :- enthaeltZahl(Rest,Z).
```

Der "Cut"-Operator ist in der ersten Klausel notwendig, weil sonst beim Backtracking das zweite Faktum angewendet werden könnte, auch wenn das erste Element der Liste eine Variable ist.

Wenn wir nach Eingabe dieser Klauseln die obige Anfrage stellen, erhalten wir ein korrektes Ergebnis:

```
?- enthaeltZahl([a,X,5,f(1)],3).
no
```

nonvar(X)

Dieses Literal ist beweisbar, wenn das Argument `X` keine nicht instantiierte Variable ist. Das Prädikat `nonvar` ist somit die Negation von `var`. Die folgenden Anfragen zeigen die Bedeutung von `nonvar`:

```
?- nonvar(a).
yes
?- nonvar(X).
no
?- X=3, nonvar(X).
X = 3
yes
```

atom(A)

Dieses Literal ist beweisbar, wenn das Argument `A` ein Atom (bzw. eine mit einem Atom instantiierte Variable) ist. Damit sind die folgenden Anfragen möglich:

```
?- atom('Var').
yes
?- atom(Var).
no
?- atom(10).
no
?- Var='Dies ist ein Atom', atom(Var).
yes
?- atom(f(1)).
no
```

integer(I)

Dieses Literal ist beweisbar, wenn das Argument `I` mit einer ganzen Zahl instantiiert ist.

Beispiel: Partielle arithmetische Auswertung von Termen

Zur Demonstration der Anwendbarkeit des Prädikats `integer` wollen wir ein zu `is` analoges Prädikat definieren, das auf beliebigen Termen definiert ist. Die Problematik bei der Benutzung des Prädikats `is` ist die Forderung, daß der auszurechnende Term ein vollständig instantiierter arithmetischer Ausdruck sein muß (vgl. Kapitel 6.2). Beim Beweis eines `is`-Literals muß der auszurechnende Term erstens ein zulässiger arithmetischer Ausdruck sein, und zweitens müssen alle darin vorkommenden Variablen instantiiert sein. Falls dies nicht der Fall ist, wird der gesamte Beweis mit einer Fehlermeldung abgebrochen.

Wünschenswert wäre aber ein Prädikat, daß Terme soweit wie möglich ausrechnet und nicht mit einer Fehlermeldung abbricht. So sollte der Term

```
3*5+X-f(2+3,Y)
```

ausgerechnet werden zum Term

```
15+X-f(5,Y)
```

Dies heißt *partielle arithmetische Auswertung von Termen*, weil nur Teile des Terms ausgerechnet werden. Es soll somit ein Prädikat `partis(P,T)` definiert werden, das den Term `T` partiell auswertet und das Ergebnis mit `P` zu unifizieren versucht.

Das Prädikat `partis(P,T)` definieren wir über den Aufbau der Terme. Soll ein Term der Form

```
f(T₁,T₂,...,Tₙ)
```

partiell ausgewertet werden, so werden zunächst die Terme T_1, T_2, ..., T_n partiell ausgewertet. Ist der Term ein arithmetischer Ausdruck (z.B. `+(T₁,T₂)`) und ergibt die partielle Auswertung jedes Teilterms eine Zahl, dann kann dieser Term mit dem Prädikat `is` ausgerechnet werden. Zur Überprüfung, ob der partiell ausgewertete Teilterm eine Zahl ist, wird das Prädikat `integer` verwendet.

Zur Definition von `partis` benötigen wir zwei Hilfsprädikate.

- Das Prädikat `partAuswListe(L1,L2)` ist erfüllt, wenn jedes Element der Liste `L1` partiell ausgewertet wird und `L2` die Liste dieser ausgewerteten Terme ist.

- Das Prädikat `ausrechnen(T,W)` rechnet den Term `T` aus, wenn alle Komponenten von `T` ganze Zahlen sind und der Funktor ein arithmetischer Operator ist. `W` ist dann der ausgerechnete Wert. Wenn `T` nicht ausgerechnet werden kann, müssen `T` und `W` unifizierbar sein.

Die vollständige Definition von `partis` sieht dann so aus:

```prolog
partis(P,T) :-
    var(T), !, P=T.    % Variablen werden nicht verändert
partis(P,T) :-
    T =.. [Funktor|Komponenten],
        % partielle Auswertung der Komponenten:
    partAuswListe(Komponenten,AuswKomp),
    ZwischenTerm =.. [Funktor|AuswKomp],
    ausrechnen(ZwischenTerm,P), !.


partAuswListe([],[]).
partAuswListe([Term|TermListe],[PartTerm|PartTermListe]) :-
    partis(PartTerm,Term),
    partAuswListe(TermListe,PartTermListe).


ausrechnen(T1+T2,Wert) :-
    integer(T1), integer(T2), % Sind die Komponenten ganze Zahlen?
    Wert is T1+T2.            % Rechne den Term aus
ausrechnen(T1-T2,Wert) :-
    integer(T1), integer(T2),
    Wert is T1-T2.
ausrechnen(T1*T2,Wert) :-
    integer(T1), integer(T2),
    Wert is T1*T2.
ausrechnen(T1/T2,Wert) :-
    integer(T1), integer(T2),
    Wert is T1/T2.
ausrechnen(T1 mod T2,Wert) :-
    integer(T1), integer(T2),
    Wert is T1 mod T2.
ausrechnen(-T,Wert) :-
    integer(T),
    Wert is -T.
ausrechnen(+T,Wert) :-
    integer(T),
    Wert is +T.
ausrechnen(T,T).
```

Nach Eingabe dieser Klauseln kann das `partis`-Prädikat verwendet werden:

```prolog
?- partis(E,3*5+1).
E = 16
yes
?- partis(E,3*5+X-f(2+3,Y)).
E = 15+_5-f(5,_14)
X = _5
Y = _14
yes
```

Viele Prolog-Systeme benennen alle Variablen in den eingegebenen Klauseln und Anfragen in Namen wie _5, _34 usw. um. Kommen in Antworten nicht instantiierte Variablen vor, dann werden diese umbenannten Namen ausgegeben.

atomic(K)

Dieses Literal ist beweisbar, wenn das Argument K mit einer Konstanten (Atom oder Zahl) instantiiert ist. Es ist somit beweisbar, wenn `atom(K)` *oder* `integer(K)` beweisbar ist. Bei Prolog-Systemen, die auch mit rationalen Zahlen (Gleitpunktzahlen) arbeiten, ist dieses Prädikat auch erfüllt, wenn das Argument eine Gleitpunktzahl ist.

functor(T,F,N)

Das Prädikat `functor` kann einerseits verwendet werden, um den Funktor und die Stelligkeit einer Struktur zu bestimmen, andererseits um eine Struktur mit vorgegebenem Funktor und Stelligkeit zu erzeugen. Beim Beweis des Literals `functor(T,F,N)` muß entweder T mit einer Struktur oder Konstanten instantiiert sein oder F muß mit einer Konstanten und N mit einer Zahl instantiiert sein. Dann ist das Literal unter folgenden Bedingungen beweisbar:

1. T ist mit einer Struktur instantiiert. Dann ist das Literal beweisbar, wenn F mit dem Funktor und N mit der Stelligkeit der Struktur unifiziert werden kann.

2. T ist mit einer Konstanten instantiiert. Dann ist das Literal beweisbar, wenn F mit T und N mit der Zahl 0 unifiziert werden können.

3. T ist nicht instantiiert. Dann muß F mit einer Zahl und N mit der Zahl 0 oder F mit einem Atom und N mit einer Zahl instantiiert sein. Ist N mit 0 instantiiert, dann wird T mit der Konstanten F instantiiert und das Literal ist bewiesen. Ist dagegen N mit einer Zahl größer als Null instantiiert, dann ist das Literal auch beweisbar und T wird mit einer Struktur mit Funktor F und Stelligkeit N instantiiert, wobei deren Komponenten neue Variablen sind.

Beispiel:
Die folgenden Anfragen demonstrieren die verschiedenen Möglichkeiten des Prädikats `functor`:

```
?- functor(3*5,F,N).
F = *
N = 2
yes
?- functor(maria,F,N).
F = maria
N = 0
yes
?- functor(97,F,N).
F = 97
N = 0
yes
?- functor(T,stop,0).
T = stop
yes
?- functor(T,istVaterVon,2).
T = istVaterVon(_6,_7).
yes
?- functor(T,satz,10).
T = satz(_6,_7,_8,_9,_10,_11,_12,_13,_14,_15)
yes
```

arg(N,T,A)

Mit Hilfe des Prädikats `arg` kann auf bestimmte Komponenten einer Struktur zugegriffen werden. Wenn dieses Literal bewiesen werden soll, muß N mit einer positiven Zahl und T mit einer Struktur instantiiert sein. Das Literal ist beweisbar, wenn die N-te Komponente mit A unifiziert werden kann (die Komponenten sind von links nach rechts mit 1 beginnend durchnumeriert)

Beispiel:

Es folgen einige Anwendungen des Prädikats `arg`:

```
?- arg(4,farben(rot,gruen,blau,gelb),A).
A = gelb
yes
?- arg(2,[1,2,3,4],A).
A = [2,3,4]
yes
?- arg(1,3+5,5).
no
```

T =.. L

Auf dieses wichtige Prädikat wurde schon in Kapitel 6.7 ausführlich eingegangen, wo auch Einzelheiten zu finden sind. Allgemein gilt: Das Literal ist beweisbar, wenn T eine Struktur (oder Konstante) und L eine Liste ist, deren erstes Element der Funktor von T und deren restliche Elemente die Komponenten von T sind. Beim Beweis des Literals muß mindestens eines der Argumente T oder L instantiiert sein.

name(A,L)

Mit dem Prädikat `name` kann ein Atom in die Folge seiner Buchstaben zerlegt werden und umgekehrt. Beim Beweis des Literals muß A mit einem Atom oder L mit einer Liste von Zahlen (ASCII-Werte) instantiiert sein.

1. Ist A mit einem Atom instantiiert, dann ist das Literal beweisbar, wenn L mit einer Liste unifiziert werden kann, deren Elemente die Folge der ASCII-Werte der einzelnen Zeichen des Atoms A sind.

2. Ist L mit einer Zahlenliste instantiiert, dann ist das Literal beweisbar, wenn A mit dem Atom unifiziert werden kann, bei dem die ASCII-Werte der einzelnen Zeichen die Elemente der Liste L sind.

Beispiele:

1. Zunächst wird die Wirkungsweise des Prädikats `name` anhand einiger Anfragen demonstriert:

```
?- name(abc,L).
L = [97,98,99]
yes
?- name(A,[112,108,117,115]).
A = plus
yes
?- name(A,"prolog").
A = prolog
yes
```

Bei der letzten Anfrage wurde die in Kapitel 2.3 erwähnte Notation für Texte in Prolog verwendet: Texte in Anführungsstrichen werden automatisch in die Liste der ASCII-Werte umgewandelt. *Mit dem Prädikat* name *können somit Texte in Atome umgewandelt werden und umgekehrt.*

2. Es soll ein Prädikat konkAtom(A1,A2,A3) definiert werden, das erfüllt ist, wenn A1 und A2 mit Atomen instantiiert sind und A3 mit dem Atom unifiziert werden kann, das sich ergibt, wenn A1 und A2 hintereinander geschrieben werden:

```
?- konkAtom(af,fe,A).
A = affe
yes
?- konkAtom(ba,by,babi).
no
```

Das Hintereinanderfügen von Atomen können wir erreichen, indem wir die beiden Atome in die Listen ihrer Zeichen umwandeln, diese Listen aneinanderhängen und die neue Liste in ein Atom zurückverwandeln. Dazu verwenden wir das Prädikat name:

```
konkAtom(A1,A2,A3) :-
    name(A1,L1),      % Umwandlung von A1 in eine Liste
    name(A2,L2),      % Umwandlung von A2 in eine Liste
    konk(L1,L2,L3),   % Verkettung der beiden Listen
    name(A3,L3).      % Zurückverwandlung von Liste L3 in ein Atom
```

Hierbei ist vorausgesetzt, daß das Prädikat konk zur Konkatenation von Listen schon definiert worden ist (wie in Kapitel 4.3).

7.7. Vergleich von Termen

Zum Vergleich von Termen bietet Prolog zahlreiche Prädikate an, die nachfolgend erläutert werden. Der Vergleich von arithmetischen Ausdrücken ist dagegen in Kapitel 7.3 beschrieben.

X = Y

Dieses Literal ist beweisbar, wenn die Terme X und Y unifizierbar sind (vergleiche Kapitel 3.4). Durch den Beweis dieses Literals können in X oder Y vorkommende Variablen instantiiert werden.

X \= Y

Dies ist die Negation des Literals X=Y: Das Literal X\=Y ist beweisbar, wenn X=Y nicht beweisbar ist und umgekehrt. Dieses Literal ist somit beweisbar, wenn die Argumente X und Y nicht unifizierbar sind.

Das Prädikat \= könnte auch in Prolog selbst definiert werden durch folgende Klauseln:

```
X \= Y  :-  X=Y, !, fail.
X \= Y.
```

X == Y

Dieses Literal ist beweisbar, wenn die Argumente X und Y identische Terme bezeichnen. In den Termen X und Y vorkommende Variablen werden beim Beweis des Literals nicht instantiiert, sondern sie müssen für einen erfolgreichen Beweis identisch bzw. aneinander gebunden sein. Wir erhalten somit folgende Antworten:

```
?- f(X) == f(X).
X = _0
yes
?- X == Y.
no
```

In der letzten Anfrage sind X und Y unterschiedliche Variablen; daher ist das Literal nicht beweisbar. Dagegen sind die beiden Variablen unifizierbar:

```
?- X=Y.
X = _0
Y = _0
yes
?- A=B, A==B.
A = _0
B = _0
yes
```

Bei der letzten Anfrage werden die Variablen A und B durch den Beweis des Literals A=B miteinander unifiziert. Danach bezeichnen die Variablen identische Terme und das nachfolgende Literal A==B kann somit bewiesen werden.

In Kapitel 2.5 wurden die zwei Gleichheitsbegriffe von Prolog erläutert: Einerseits die strenge Termgleichheit und andererseits die Unifizierbarkeit. == steht für die strenge Gleichheit und = für die Unifizierbarkeit von Termen. Das Prädikat == kann immer dann benutzt werden, wenn Terme zu vergleichen sind, wobei in ihnen vorkommende Variablen nicht instantiiert werden sollen.

X \== Y

Dieses Literal ist die Negation des Literals X==Y: Es ist beweisbar, wenn X==Y nicht beweisbar ist und umgekehrt. Dieses Literal ist somit beweisbar, wenn die Argumentterme X und Y nicht identisch sind. Das Prädikat \== könnte in Prolog selbst wie folgt definiert werden:

```
X \== Y  :- X==Y, !, fail.
X \== Y.
```

X @< Y

Dieses Prädikat vergleicht die Terme X und Y miteinander und ist beweisbar, wenn der Term X in der Standardordnung kleiner als der Term Y ist.

Die **Standardordnung** der Prolog-Terme ist wie folgt definiert:

1. *Variablen* sind nach dem Zeitpunkt ihres erstmaligen Auftretens in einem Beweis geordnet: Ältere Variablen sind kleiner als neuere Variablen. Der Variablenname spielt bei der Ordnung keine Rolle.

2. *Zahlen* sind im üblichen mathematischen Sinn geordnet (7 ist kleiner 13).

3. *Atome* sind in der lexikographischen Reihenfolge geordnet, die durch die ASCII-Tabelle vorgegeben ist (aD ist kleiner als ab, weil in der ASCII-Tabelle D vor b steht).

4. *Strukturen* sind zunächst nach ihrer Stelligkeit (b(1) ist kleiner als a(1,1)), dann nach dem Namen des Funktors (x(0) ist kleiner als z(0)) und, falls Funktor und Stelligkeit übereinstimmen, nach den Argumenten von links nach rechts geordnet (f(a,b) ist kleiner als f(b,b), t(1,2,3) ist größer als t(1,2,1)).

5. Die Reihenfolge der Punkte 1-4 gehört auch zur Standardordnung: Variablen sind kleiner als Zahlen, Atome und Strukturen, Zahlen sind kleiner als Atome usw.

Beispiel:
Die folgenden Anfragen demonstrieren die Standardordnung:

```
?- X @< a.
X = _0
yes
?- 10 @< a.
yes
?- system @< systeme.
yes
?- g(a,b) @< g(a,10).
no
?- 3+5 @< f(1,2).
yes
```

X @> Y

Dieses Literal ist beweisbar, wenn der Term X in der Standardordnung größer als der Term Y ist.

X @=< Y

Dieses Literal ist beweisbar, wenn der Term X in der Standardordnung nicht größer als der Term Y ist.

X @>= Y

Dieses Literal ist beweisbar, wenn der Term X in der Standardordnung nicht kleiner als der Term Y ist.

7.8. Abfrage und Manipulation der Datenbank

Die **Datenbank** eines Prolog-Systems ist die Folge der zu einem bestimmten Zeitpunkt bekannten Klauseln. Hier werden vordefinierte Prädikate vorgestellt, mit denen die Datenbank ausgegeben und verändert werden kann.

listing(P)

Das Prädikat listing(P) gibt als Nebeneffekt alle Klauseln aus, die das Prädikat P definieren. Beim Beweis des Prädikats muß P mit einer Prädikatspezifikation instantiiert sein. Eine **Prädikatspezifikation** ist

- entweder der Name eines Prädikats (ein Atom)

- oder ein Term der Form `N / S`, wobei `N` der Name eines Prädikats und `S` die Stelligkeit des Prädikats (eine Zahl) ist.

Das Literal `listing(N/S)` ist genau einmal beweisbar, und als Nebeneffekt werden alle Fakten und Regeln, die das `S`-stellige Prädikat `N` definieren, in der Reihenfolge ihres Eintrags in die Datenbank ausgegeben. Das Literal `listing(N)` (das Argument ist ein Atom) ist ebenfalls genau einmal beweisbar, und als Nebeneffekt werden alle Fakten und Regeln, die ein Prädikat mit Namen `N` definieren, ausgegeben.

Beispiel:

In der Datei mit dem Namen `listen` stehen die Klauseln für Prädikate, die auf Listen operieren. Dann erhalten wir durch die folgende Anfrage die Definition des 3-stelligen Prädikats anhang:

```
?- [listen].
listen consulted
yes
?- listing(anhang/3).
anhang([],_27,[_27]).
anhang([_35|_36],_27,[_35|_37]) :-
    anhang(_36,_27,_37).
yes
```

Beim Einlesen der Klauseln werden von vielen Prolog-Systemen die Variablen umbenannt und haben danach Namen wie `_15`, `_34` usw.

listing

Dieses Literal ist immer genau einmal beweisbar. Als Nebeneffekt werden alle vom Benutzer in das Prolog-System eingegebenen Klauseln ausgegeben. Durch den Beweis dieses Literals wird also die gesamte Datenbank aufgelistet (bis auf die vordefinierten Prädikate).

Beispiel:

Hat ein Benutzer durch Einlesen vorhandener Klauseln und Eingabe neuer Klauseln ein Prolog-Programm fertiggestellt, dann kann er das gesamte Programm durch folgende Anfrage in der Datei 'prog.pl' abspeichern:

```
?- tell('prog.pl'), listing, told.
yes
```

Das gespeicherte Programm kann später mit `consult('prog.pl')` wieder eingelesen werden.

clause(P,Q)

Beim Beweis dieses Literals muß `P` mit einem Atom (Name eines 0-stelligen Prädikats) oder einer Struktur (Prädikatname mit Argumenten) instantiiert sein. Dieses Literal ist beweisbar, wenn in der Datenbank eine Regel existiert, deren linke Seite mit `P` und deren rechte Seite mit `Q` unifiziert werden kann (Fakten werden in diesem Fall als Regeln aufgefaßt, deren rechte Seite `true` ist). Beim ersten Beweis dieses Literals wird die erste passende Regel in der Datenbank mit `P` und `Q` unifiziert. Bei erneuten Beweisen desselben Literals (durch Backtracking) werden die nächsten passenden Regeln in der Datenbank mit `P` und `Q` unifiziert.

Beispiel:
Um alle in der Datenbank vorhandenen Klauseln für das 3-stellige Prädikat konk
herauszufinden, stellen wir die folgende Anfrage:

```
?- clause(konk(Arg1,Arg2,Arg3),Rumpf).
Arg1 = []
Arg2 = _1
Arg3 = _1
Rumpf = true ;
Arg1 = [_17|_18]
Arg2 = _1
Arg3 = [_17|_19]
Rumpf = konk(_18,_1,_19) ;
no
```

Daraus können wir schließen, daß in der Datenbank nur die beiden folgenden Klauseln für das
3-stellige Prädikat konk stehen:

```
konk([],_1,_1).
konk([_17|_18],_1,[_17|_19]) :- konk(_18,_1,_19).
```

asserta(K)

Für dieses Literal gibt es genau einen Beweis und als Nebeneffekt wird der Term K als
Klausel interpretiert und an den *Anfang der Datenbank* eingefügt. Beim Beweis des Literals
darf das Argument K keine nicht instantiierte Variable sein, sondern muß ein Atom (wird
interpretiert als Faktum für ein 0-stelliges Prädikat) oder eine Struktur sein. Beispiele hierzu
befinden sich in Kapitel 6.9.

assertz(K)

Wie asserta(K), jedoch wird das Argument K an das *Ende der Datenbank* angehängt.

retract(K)

Beim Beweis dieses Literals wird die erste Klausel, die mit K unifizierbar ist, aus der Datenbank gelöscht. Bei jedem weiteren Beweis desselben Literals (durch Backtracking) werden
die nächsten unifizierbaren Klauseln gelöscht. Existiert keine mit K unifizierbare Klausel in
der Datenbank, dann ist dieses Literal nicht beweisbar. Weitere Details und Beispiele sind in
Kapitel 6.9 zu finden.

abolish(N,S)

Beim Beweis dieses Literals werden sämtliche Klauseln, die das Prädikat mit Namen N und
Stelligkeit S definieren, aus der Datenbank gelöscht. Das erste Argument N muß beim
Beweis mit einem Atom und S mit einer Zahl instantiiert sein. In diesem Fall gibt es für das
Literal genau einen Beweis.

7.9. Konstruktion neuer Anfragen

Die einfachste Form einer Anfrage ist ein einzelnes Literal (Prädikatname mit Argumenten).
In diesem Fall soll das Prolog-System herausfinden, ob das Literal beweisbar ist oder nicht.
Dazu wird die Datenbank nach entsprechenden Klauseln durchsucht. Existiert ein passendes

Faktum, dann ist die Anfrage bewiesen. Gibt es eine passende Regel, dann wird in der Anfrage das Literal durch die rechte Regelseite ersetzt und die sich ergebende Anfrage wird bewiesen. Alle Konstruktionen, die auf rechten Regelseiten vorkommen können, sind somit auch in Anfragen erlaubt. Einige Möglichkeiten zur Konstruktion von Anfragen werden in diesem Abschnitt erläutert.

true

Dieses Literal ist immer genau einmal beweisbar.

Beispielsweise kann mit diesem Literal jedes Faktum

```
p(...).
```

auch als Regel in der Form

```
p(...) :- true.
```

definiert werden.

fail

Dieses Literal ist nie beweisbar.

Es kann dazu benutzt werden, um dem Prolog-System explizit mitzuteilen, daß ein Beweis nicht erfolgreich ist, wenn eine bestimmte Stelle beim Beweisen erreicht wird. `fail` dient also zum Formulieren negativer Aussagen (vergleiche auch Kapitel 6.5).

call(X)

Um Terme als Anfragen zu interpretieren, kann das Prädikat `call` verwendet werden. Das Literal `call(X)` ist beweisbar, wenn das Argument `X`, interpretiert als Anfrage, bewiesen werden kann. Weitere Details und Beispiele sind in Kapitel 6.8 angegeben.

X

Steht in einer Anfrage oder in einer rechten Regelseite anstelle eines Literals eine Variable `X`, dann wird dies interpretiert als Literal `call(X)`.

not X

Dieses Literal ist beweisbar, wenn das Argument `X`, interpretiert als Anfrage, nicht beweisbar ist und umgekehrt. Mit `not` können Aussagen negiert werden. Dieses Prädikat könnte in Prolog selbst wie folgt definiert werden:

```
not X  :-  X, !, fail.
not X.
```

In Kapitel 6.5 sind Erläuterungen über die Problematik der Negation in Prolog und Beispiele zum Prädikat `not` angegeben.

X , Y

Dieses Literal ist beweisbar, wenn die Argumente `X` *und* `Y`, interpretiert als Anfragen, beweisbar sind. Ein Komma in einer Anfrage oder rechten Regelseite steht also für eine logische "und"-Verknüpfung.

X ; Y

Dieses Literal ist beweisbar, wenn die Argumente X *oder* Y, interpretiert als Anfragen, beweisbar sind. Ein Semikolon in einer Anfrage oder rechten Regelseite steht also für eine logische "oder"-Verknüpfung.

Dieses Prädikat könnte in Prolog durch die beiden folgenden Klauseln definiert werden (unter der Bedingung, daß weder in X noch in Y ein "Cut" vorkommt):

```
X ; Y  :-  X.
X ; Y  :-  Y.
```

B -> T ; E

Dies ist eine Abkürzung für eine *Fallunterscheidung* : Wenn das Literal B beweisbar ist, dann ist B -> T ; E beweisbar, wenn T bewiesen werden kann. Ist das Literal B nicht beweisbar, dann ist B -> T ; E beweisbar, wenn E beweisbar ist. Somit können wir B -> T ; E lesen als "Falls B wahr ist, dann T, sonst E". Die Realisierung solch einer Fallunterscheidung haben wir schon in Kapitel 6.4 kennengelernt: In Prolog könnte dies durch die Klauseln

```
B -> T ; E  :- B, !, T.
B -> T ; E  :- E.
```

definiert werden. Mit dieser Fallunterscheidung kann z.B. die Maximumrelation aus Kapitel 6.4 mit nur einer Klausel definiert werden:

```
max(X,Y,Z)  :- X>=Y -> Z=X ; Z=Y.
```

7.10. Beeinflussung des Backtracking

Die folgenden vordefinierten Prädikate nehmen explizit Bezug auf die Tatsache, daß Prolog eine Backtracking-Methode zur Beweisfindung verwendet.

!

Dieses Literal ("Cut") ist immer beweisbar. Der Unterschied zum Literal true ist, daß hier das Backtracking explizit verhindert wird. Eine Regel der Form

```
p(...)  :- q, !, r.
```

(p ist ein Prädikatname, q und r sind Literale) hat die Bedeutung: Wenn zum Beweis des Literals p(...) die obige Regel verwendet wird und q zum ersten Mal beweisbar ist, dann wird kein weiterer Beweis für q gesucht und das Literal p(...) ist nur beweisbar, falls r bewiesen werden kann. Eine **bedingte Aussage** der Form

```
p :- "Falls q dann r sonst s".
```

kann hiermit so formuliert werden:

```
p :- q, !, r.
p :- s.
```

In Kapitel 6.4 ist eine ausführliche Beschreibung des "Cut"-Operators angegeben.

repeat

Dieses Literal ist immer beweisbar und es gibt unendlich viele Beweise für dieses Literal. Beim Backtracking dieses Literals findet das Prolog-System immer neue Beweise dafür. `repeat` kann verwendet werden, um Schleifen der Form

"Beweise das Literal `p`, solange die Bedingung `b` nicht erfüllt ist."

in Prolog zu formulieren:

```
..., repeat, p, b, ...
```

Beim Beweis dieser Literalfolge werden zunächst `repeat` und `p` bewiesen. Wenn `b` nicht erfüllt ist, wird durch das Backtracking ein neuer Beweis für `p` gesucht und, falls keiner mehr existiert, ein neuer für `repeat`. Hierfür existieren unendlich viele, so daß das Literal `p` neu bewiesen wird, ebenso `b` usw.

Beispiel:

`repeat` wird häufig benutzt, um eine sich wiederholende Ein- und Ausgabe von Daten zu beschreiben. Das nachfolgend definierte Prädikat `druckeDatei(D)` gibt sämtliche in der Datei mit dem Namen `D` stehende Terme aus:

```
druckeDatei(D) :-
    see(D),
    repeat,
    leseUndDrucke(T),
    T = end_of_file,
    seen.

leseUndDrucke(T) :-
    read(T),
    drucke(T), !.

drucke(end_of_file).
drucke(T) :- write(T), nl.
```

Bei jedem neuen Beweis des Literals `leseUndDrucke(T)` wird als Nebeneffekt ein Term eingelesen, `T` mit diesem instantiiert und, falls dies nicht das Ende der Datei ist, ausgegeben. Die Abbruchbedingung für die Schleife ist `T=end_of_file`: Das Literal `leseUndDrucke(T)` wird solange bewiesen, bis das Dateiende beim Einlesen erreicht wird.

Das Prädikat `repeat` könnte in Prolog selbst wie folgt definiert werden:

```
repeat.
repeat :- repeat.
```

Eine Erläuterung hierzu und ein weiteres Beispiel befindet sich in Kapitel 6.9 (dort heißt das Prädikat `wiederhole` statt `repeat`).

7.11. Ausgabe des Beweisverlaufs

Prolog-Systeme bieten die Möglichkeit, den Verlauf eines Beweises oder Teile hiervon auszugeben. Dies wird benötigt, um bei unendlichen Beweisen oder fehlerhaften Antworten die Ursache herauszufinden. Eine genaue Beschreibung der Möglichkeiten zur Fehlersuche befindet sich in Kapitel 8.2. Hier sind die dazu vordefinierten Prädikate kurz angegeben.

Gerade in den Möglichkeiten zur Fehlersuche unterscheiden sich die verschiedenen Prolog-Systeme voneinander; daher sind in konkreten Prolog-Systemen einige der hier aufgeführten Prädikate in leicht veränderter oder erweiterter Form enthalten.

trace

Beim Beweis dieses Literals wird als Nebeneffekt der **trace-Modus** ("trace" bedeutet soviel wie "verfolgen") eingeschaltet. Im *trace*-Modus wird jeder einzelne Beweisschritt des Prolog-Systems ausgegeben und danach auf eine Reaktion des Benutzers gewartet. Die Bedeutung der einzelnen Ausgaben ist in Kapitel 8.2 erklärt. Bei einem eventuellen Backtracking dieses Literals wird der *trace*-Modus *nicht* ausgeschaltet.

notrace

Beim Beweis dieses Literals wird als Nebeneffekt der *trace*-Modus ausgeschaltet.

spy P

Beim Beweis dieses Literals werden als Nebeneffekt **Beobachtungspunkte** (englisch: **spy points**) auf vom Benutzer definierte Prädikate gesetzt.
Soll während eines Beweises einer Anfrage ein Literal

```
p(...)
```

(mit n Argumenten) bewiesen werden und liegt auf dem n-stelligen Prädikat p ein Beobachtungspunkt, so wird vor dem Beweis des Literals der *trace*-Modus eingeschaltet. Dadurch wird das zu beweisende Literal ausgegeben und auf eine Reaktion des Benutzers gewartet. Durch Setzen von Beobachtungspunkten ist es möglich, spezielle Teile eines Beweises zu verfolgen und den Beweis bestimmter Literale zu beobachten. Das Argument P des Literals spy P muß eine Prädikatspezifikation sein. Die beiden folgenden Fälle sind zulässig:

- Ist das Argument eine Struktur der Form P / N, wobei P ein Atom und N eine Zahl ist, dann wird auf das N-stellige Prädikat mit Namen P ein Beobachtungspunkt gesetzt.

- Ist das Argument ein Atom P, dann werden auf alle Prädikate mit Namen P Beobachtungspunkte gesetzt.

Mit dem Setzen der Beobachtungspunkte wird gleichzeitig der **debug-Modus** eingeschaltet. Im *debug*-Modus ("debug" bedeutet soviel wie "Fehler beheben") wird beim Beweis eines Literals der *trace*-Modus eingeschaltet, wenn auf das entsprechende Literal ein Beobachtungspunkt gesetzt ist.

nospy P

Beim Beweis dieses Literals werden als Nebeneffekt die Beobachtungspunkte von den im Argument P spezifizierten Prädikaten entfernt. Für das Argument P gilt dasselbe wie beim Prädikat spy.

nodebug

Beim Beweis dieses Literals werden als Nebeneffekt alle gerade gesetzten Beobachtungspunkte gelöscht und der *debug*-Modus wird ausgeschaltet.

debugging

Beim Beweis dieses Literals werden als Nebeneffekt die gerade gesetzten Beobachtungspunkte ausgegeben.

Beispiel:

Der nachfolgende Dialog zeigt die Ausgaben des Prädikats `debugging`:

```
?- [listen].
listen consulted
yes
?- spy letztes/2.
Spy-point placed on letztes/2.
Debug mode switched on.
yes
?- spy konk.
Spy-point placed on konk/3.
Debug mode switched on.
yes
?- debugging.
Debug mode is switched on.
Spy-points set on:  letztes/2  konk/3
yes
```

Übungen:

7.1:   Definieren Sie ein Prolog-Prädikat, das einen natürlichsprachlichen Satz (eine Folge
       von Zeichen) einliest und in eine Liste der einzelnen Worte umwandelt. Jedes Wort soll
       dabei ein Atom sein. Beispiel:

```
?- liesSatz(S), writeq(S).
['Dies',ist,ein,'Satz.']
```

Auf der Tastatur eingegebene Zeichenfolge:

```
Dies ist ein Satz.
```

Folgende Voraussetzungen können gemacht werden:

–   Worte werden durch Leerzeichen, Zeilenvorschub oder die Zeichen "?", ".", "!",
    "," getrennt bzw. beendet.

–   Ein Satz wird durch eines der Zeichen ".", "?" oder "!" beendet.

7.2:   Definieren Sie ein Prädikat `sprache(P)`, welches das in der Datei P stehende Prolog-
       Programm in einer mehr umgangssprachlichen Formulierung ausgibt. So soll die
       Klausel

```
opa(O,E) :- vater(O,V), vater(V,E).
```

in der Form

```
"Wenn vater(O,V) und vater(V,E), dann gilt opa(O,E)."
```

ausgegeben werden.

7.3: Definieren Sie ein Prädikat `undefined(D)`, welches das in der Datei `D` stehende Prolog-Programm daraufhin untersucht, ob auf den rechten Seiten von Regeln Literale vorkommen, bei denen das zugehörige Prädikat nicht durch Klauseln definiert ist (ausgeschlossen sind vordefinierte Prädikate). Diese undefinierten Literale sollen zusammen mit der Regel, in der sie vorkommen, ausgegeben werden.
Erweitern Sie das Prädikat `undefined(D)` so, daß als Argument auch eine Liste von Dateinamen zulässig ist. Alle Klauseln in diesen Dateien bilden das zu untersuchende Prolog-Programm. Es sollen dann nur die Literale ausgegeben werden, bei denen in sämtlichen Dateien der Liste keine Klauseln für das zugehörige Prädikat vorkommen.

7.4: Definieren Sie ein Prädikat `p_abolish(N,S)`, dessen Bedeutung identisch zum vordefinierten Prädikat `abolish(N,S)` ist. Dabei soll aber nicht das Prädikat `abolish` verwendet werden. Bei dieser Aufgabe soll also `abolish(N,S)` auf der Basis anderer vordefinierter Prädikate (z.B. `retract` und `functor`) definiert werden.

7.5: Das in Kapitel 7.6 definierte Prädikat `partis` rechnet Terme nicht unbedingt soweit aus, wie es nach den mathematischen Gesetzen (Kommutativ-, Assoziativ- und Distributivgesetze) möglich wäre. Z.B. könnte der Ausdruck `3+f(1)+5` zum Term `8+f(1)` ausgerechnet werden, aber dies leistet `partis` nicht:

```
?- partis(E,3+f(1)+5).
E = 3+f(1)+5
yes
```

Wie können die Klauseln von `partis` verändert werden, damit auch diese und ähnliche Mög'ichkeiten berücksichtigt werden? Achten Sie darauf, daß auch bei der neuen Definition von `partis` endlose Beweise von `partis`-Literalen ausgeschlossen sind.

8. Praktische Programmierung mit Prolog

Wir haben in den bisherigen Kapiteln fast alle Möglichkeiten der Sprache Prolog kennengelernt. Die alleinige Kenntnis der Sprachkonstrukte reicht aber nicht aus, um die Sprache sinnvoll anzuwenden. Zur Lösung bestimmter Problemstellungen mit Hilfe einer Programmiersprache sind praktische Erfahrungen unbedingt notwendig. Das Studium dieses Buches kann zwar kein Ersatz für praktische Übungen sein, aber es sollen doch ein paar Hinweise gegeben werden, die den Umgang mit Prolog in der Praxis erleichtern.

Die verschiedenen Prolog-Systeme geben dem Benutzer unterschiedliche Hilfen bei der Erstellung seiner Programme. In diesem Buch wird auf eine Darstellung dieser Möglichkeiten verzichtet, weil sich hierzu noch kein einheitlicher Standard herauskristallisiert hat. Es kann nur auf das Studium der Handbücher der verschiedenen Prolog-Systeme verwiesen werden. Im folgenden wird von einem sehr einfachen Prolog-System ausgegangen, daß nur die elementaren Unterstützungen bei der Programmerstellung anbietet, die in fast allen Prolog-Systemen vorhanden sind. Zunächst werden Hinweise gegeben, wie Prolog-Programme gestaltet werden können, damit sie leicht verständlich sind. Danach erfolgt eine Einführung in die Techniken der Fehlersuche und eine Aufzählung von typischen Programmierfehlern.

8.1. Strukturierung und Modularisierung

Bei größeren Programmen empfiehlt es sich, die Klauseln nicht direkt am Terminal in das Prolog-System einzugeben (mit `consult(user)`), sondern die Klauseln sollten zunächst mit einem Texteditor in eine Datei geschrieben und dann mit dem Prädikat `consult` eingelesen werden. Beim Aufschreiben der Klauseln sollten die folgenden Konventionen beachtet werden, damit das Programm lesbarer wird.

Die Definition eines Prädikats durch Klauseln muß klar erkennbar sein. Deswegen sollen *alle Klauseln für ein Prädikat hintereinander* aufgeschrieben werden. Zwischen Klauseln für verschiedene Prädikate sollte mindestens eine Leerzeile stehen:

```
enthaelt([Element|_],Element).
enthaelt([_|Rest],Element) :- enthaelt(Rest,Element).

letztes([Element],Element).
letztes([Kopf|Rest],Element) :- letztes(Rest,Element).

anhang([],Element,[Element]).
anhang([Kopf|Rest],Element,[Kopf|RestundElement]) :-
      anhang(Rest,Element,RestundElement).
```

Häufig stehen bei Regeln auf der rechten Seite mehrere Literale. Damit bei einer Regel klar ersichtlich ist, welche Prädikate auf der rechten Seite verwendet werden, sollte *jedes Literal auf der rechten Regelseite in einer eigenen Zeile mit einigen Leerzeichen davor* notiert werden:

```
istSchwesterVon(Schwester,Person) :-
     weiblich(Schwester),
     istMutterVon(Mutter,Schwester),
     istMutterVon(Mutter,Person),
     not Schwester=Person.
```

Hier ist klar zu sehen, daß zur Definition der Schwester-Beziehung außer den vordefinierten Prädikaten `not` und `=` die vom Benutzer zu definierenden Prädikate `weiblich` und `ist-MutterVon` verwendet werden.

Ein überaus wichtiger Punkt für die Lesbarkeit von Programmen sind die verwendeten Namen für Prädikate, Variablen usw. Für den Computer sind Namen Zeichenfolgen ohne jede Bedeutung: Ob ein Prädikat den Namen `v` oder den Namen `istVaterVon` hat, ist vollkommen gleichgültig. Wichtig ist nur die Gleichheit von Namen. Wird die Beziehung zwischen einem Vater und seinem Kind als Prädikat `v(V,K)` ausgedrückt, dann muß überall im Programm, wo diese Beziehung verwendet wird, der Prädikatname `v` angegeben werden. Versucht dagegen ein Mensch, ein Programm zu verstehen, dann sind die Namen nicht mehr bedeutungslos. Jedes Prädikat wird mit einer Beziehung assoziiert, und letztendlich werden die Namen der Prädikate geistig mit bestimmten Beziehungen verknüpft:

> "Das 2-stellige Prädikat `v` steht für die Vater-Kind-Beziehung, wobei das erste Argument der Name des Vaters und das zweite Argument der Name des Kindes ist."

Beim Aufschreiben der Programme sind *die Namen so zu wählen, daß die geistigen Assoziationen unterstützt werden.* Anstelle des Namens `v` für die Vater-Kind-Beziehung sollte besser der Name `istVaterVon` benutzt werden, oder statt des nichtssagenden Namens `lE` der Name `letztesElement`. Auch wenn lange Namen zunächst mehr Schreibarbeit verursachen, erleichtern sie das Verständnis erheblich. Im übrigen sind Prolog-Programme verglichen mit Programmen aus imperativen Sprachen (BASIC, PASCAL o.ä.) sehr kurz, so daß diese Schreibarbeit akzeptabel ist.

Über Variablennamen haben wir gelernt, daß nur die Gleichheit von Namen innerhalb eines Terms wichtig ist; ansonsten können die Namen beliebig gewählt werden. Aber auch bei Variablen ist es (für den Menschen) wichtig, bedeutungsvolle Namen zu wählen. Die Klausel

```
istVaterVon(V1,V2) :-
     verheiratet(V3,V1),
     istMutterVon(V3,V2).
```

ist aufgrund der nichtssagenden Variablennamen nicht sofort verständlich. Eine einfache Umbenennung der Variablennamen ändert die Situation sofort:

```
istVaterVon(Vater,Kind) :-
     verheiratet(Mutter,Vater),
     istMutterVon(Mutter,Kind).
```

Leider benennen viele Prolog-Systeme die Variablennamen in Klauseln sofort nach dem Einlesen um, wie folgender Dialog mit einem konkreten Prolog-System zeigt:

```
?- consult(user).
istVaterVon(Vater,Kind) :-
    verheiratet(Mutter,Vater),
    istMutterVon(Mutter,Kind).
end_of_file.
user consulted
yes
?- listing(istVaterVon).
istVaterVon(_3,_4) :-
        verheiratet(_13,_3),
        istMutterVon(_13,_4).
yes
```

Programme sollten daher, wie schon gesagt, mit einem Texteditor in eine Datei geschrieben und nicht mit `consult(user)` eingegeben werden, weil sonst die gewählten Variablennamen verloren gehen.

Zur Definition eines einzelnen Prädikats sind manchmal viele Klauseln notwendig, insbesondere bei Verwendung der "musterorientierten Wissensrepräsentation" als Programmiertechnik. Weil in solchen Fällen die Gesamtdefinition des Prädikats nicht sofort überschaubar ist, sollte vor die erste Klausel ein *Kommentar* geschrieben werden, der die Bedeutung des Prädikats erläutert. **Kommentare** können an jeder Stelle (außer innerhalb von Atomen) in einem Prolog-Programm stehen und haben für den Computer keine Bedeutung. Sie beginnen mit dem Zeichen % und erstrecken sich bis zum Ende der Zeile. Falls der Kommentar nicht in eine Zeile paßt, muß vor jede weitere Kommentarzeile das Prozentzeichen gesetzt werden.

Beispiel:

Vor den Klauseln für das Prädikat `dx(F,DF)` (aus Kapitel 4.2) sollte unbedingt ein Kommentar stehen:

```
% Das Prädikat "dx(F,DF)" ist erfüllt, wenn F eine
% mathematische Funktion, dargestellt als Prolog-Term,
% und DF die erste Ableitung dieser Funktion ist.
dx(k(C),k(0)).
dx(x,k(1)).
dx(F+G,DF+DG) :-
        dx(F,DF), dx(G,DG).
...
```

Falls Prädikate nur eingeschränkt benutzt werden können (wenn beispielsweise einige Argumente mit speziellen Termen instantiiert sein müssen), dann sollte dies in einem Kommentar angemerkt werden.

Beispiel:

Werden in Prolog arithmetische Berechnungen durchgeführt, dann können die Prädikate in der Regel nur eingeschränkt angewendet werden:

```
% Das erste Argument muß beim Beweis von "fak(N,FAC)"
% mit einer Zahl instantiiert sein!
fak(0,1) :- !.
fak(N,F) :-
        N1 is N-1,
        fak(N1,F1),
        F is F1*N, !.
```

Bei der Lösung komplizierter Problemstellungen müssen oft zahlreiche Prädikate definiert werden. Wenn die Klauseln für die Prädikate in eine Datei geschrieben werden, dann ist für einen Benutzer schwer erkennbar, welche Anfrage er stellen muß, um eine Lösung des gegebenen Problems zu erhalten. Daher empfiehlt es sich, einen entsprechenden Kommentar an den Anfang der Datei zu schreiben. Eine gute zusätzliche Möglichkeit ist, ein *0-stelliges Prädikat mit einem einprägsamen Namen* zu definieren, bei dessen Beweis als Nebeneffekt dem *Benutzer Auskünfte* darüber erteilt werden, welche Anfragen er sinnvollerweise stellen kann.

Beispiel:
Es bietet sich an, in jedem Programm ein Prädikat `help` zu definieren, das beim Aufruf dem Benutzer weiterhilft:

```
?- [sort].
sort consulted
yes
?- help.
Dies ist ein Programm zum Sortieren einer Zahlenliste.
Das Literal "sortiere(UL,SL)" ist beweisbar, wenn UL
mit einer Zahlenliste instantiiert ist und SL mit
einer sortierten Version der Liste UL unifiziert
werden kann.
yes
```

Dieses `help`-Prädikat ist wie folgt definiert worden:

```
help :-
    write('Dies ist ein Programm zum Sortieren einer Zahlenliste.'),
    nl,
    write('Das Literal "sortiere(UL,SL)" ist beweisbar, wenn UL'),
    nl,
    write('mit einer Zahlenliste instantiiert ist und SL mit'),
    nl,
    write('einer sortierten Version der Liste UL unifiziert'),
    nl,
    write('werden kann.'),
    nl.
```

Die bisherigen Hinweise bezogen sich hauptsächlich auf die äußere Form von Prolog-Programmen. Aber auch in der logischen Strukturierung des Programms gibt es verschiedene Möglichkeiten, die unterschiedliche Auswirkungen haben. In Kapitel 6.1 haben wir gesehen, wie verschiedene (logisch äquivalente) Formulierungen der Regeln das Beweisverhalten beeinflussen. In Abhängigkeit der Reihenfolge der Regeln und der Literale auf rechten Regelseiten kann das Prolog-System die Anfrage beweisen oder auch nicht beweisen. Auf diese Aspekte unterschiedlicher Formulierungen wollen wir nicht mehr eingehen. Jetzt interessiert mehr der Aspekt der Verständlichkeit der Klauseln. In Kapitel 4 haben wir schon darauf hingewiesen, daß bei der Definition neuer Prädikate möglichst schon vorhandene benutzt werden sollten. So kann das bekannte Prädikat `enthaelt(L,E)` einerseits durch die Klauseln

```
enthaelt([Element|_],Element).
enthaelt([Kopf|Rest],Element) :- enthaelt(Rest,Element).
```

definiert werden. Andererseits kann es durch die Regel

```
enthaelt(L,E) :- konk(Teilliste1,[E|Teilliste2],L).
```

definiert werden, wenn das Prädikat `konk(L1,L2,L12)` zum Aneinanderhängen von Listen dem Prolog-System bekannt ist. Die letzte Definition ist einfacher und klarer als die erste (wenn die Bedeutung von `konk` bekannt ist).

Grundsätzlich müssen wir uns bei einer gegebenen Problemstellung überlegen, was die relevanten Aussagen (Prädikate) sind. Anschließend müssen wir das bekannte Wissen über die Prädikate in Form von Klauseln ausdrücken. Falls die direkte Formulierung mit Regeln zu kompliziert ist, können wir auch weitere Hilfsprädikate einführen. In diesem Fall definieren wir die Prädikate unter Verwendung der Hilfsprädikate und anschließend werden die Hilfsprädikate selbst (mit eventuell weiteren Hilfsprädikaten) erklärt. Diese Technik wurde bisher auch angewendet, beispielsweise in Kapitel 4.1 bei der Definition des Prädikats `sortiere`: Dazu hatten wir die Hilfsprädikate `sortiert`, `permutation` und `streiche` eingeführt. Bei komplexen Problemstellungen erhalten wir auf diese Weise eine Vielzahl von Prädikaten. Zum Verständnis solch großer Programme ist es notwendig, die Menge der Prädikate wiederum zu strukturieren. Hierbei bietet sich die Technik der Modularisierung an.

Mit **Modularisierung** wird die Unterteilung der Klauseln in logisch zusammenhängende, überschaubare Einheiten bezeichnet. Diese Einheiten werden **Module** genannt. Das ist eine recht schwache Erklärung, und demzufolge hat der Programmierer große Freiheiten in der Unterteilung der Klauseln. Die folgenden Punkte geben einige Vorschläge zur Modularisierung an:

- Alle Klauseln, die ein bestimmtes Prädikat definieren, gehören zu einem Modul.

- Alle Prädikate, die zur Manipulation spezieller Strukturen dienen, gehören zu einem Modul. Beispielsweise können alle Prädikate zur Listenmanipulation (`enthaelt`, `anhang`, `letztes`, `konk` usw.) in einem Modul zusammengefaßt werden.

- Alle Prädikate, die ähnliche Probleme beschreiben, sollten in einem Modul zusammengefaßt werden.
  Bei größeren Problemstellungen werden oft Prädikate definiert, deren einzige Funktion die benutzerfreundliche Ein- und Ausgabe von Daten ist. Die Klauseln für diese Prädikate gehören zu einem "Ein-/Ausgabe"-Modul.

Ein wichtiger Vorteil von Moduln ist deren *mehrfache Verwendbarkeit*. Ein Modul mit Definitionen von Prädikaten zur Listenmanipulation kann in vielen anderen Programmen benutzt werden, weil Listen die wichtigsten Strukturen in Prolog sind. Dies bedeutet: Bei jeder neuen Problemstellung, zu deren Lösung Listen benutzt werden, brauchen die notwendigen Listenmanipulationen wie `letztes`, `anhang` usw. nicht durch neue Klauseln definiert zu werden, sondern es kann jedesmal das fertige Modul zur Listenmanipulation verwendet werden.

Ein anderer Aspekt der Modularisierung ist die *Zusammenarbeit mehrerer Programmierer*. Häufig sind die zu lösenden Probleme so komplex, daß diese von einem einzelnen

Programmierer nicht schnell genug gelöst werden können. In diesem Fall wird das Problem in einfachere Teilprobleme unterteilt. Die Lösung jedes Teilproblems bildet ein Modul und wird von einem Programmierer erstellt. Die verschiedenen Module müssen genau zusammenpassen, um das gesamte Problem korrekt zu lösen. Wichtig ist eine exakte Absprache der einzelnen Programmierer untereinander, damit jedem klar ist, was sein eigenes Modul und die Module der anderen leisten sollen.

Es existieren Prolog-Systeme, die die Bildung von Moduln direkt unterstützen. Weil das aber nicht für alle zutrifft, wollen wir im folgenden zeigen, wie mit den Standardmitteln jedes Prolog-Systems diese Module realisiert werden können.

Jedes Modul steht in einer eigenen Datei, in der die zum Modul gehörenden Klauseln zusammengefaßt sind. Vor den Klauseln steht ein Kommentar, in dem beschrieben ist, was das Modul leisten soll. Ein Modul sollte beispielsweise so aussehen:

```
% Modul "listen"

% In diesem Modul sind die wichtigsten Praedikate
% zur Manipulation von Listen definiert.

% Exportierte Praedikate:
%   konk(L1,L2,L12): L12 ist die Konkatenation der Listen L1 und L2
%   anhang(L,E,LundE): LundE ist die Liste L und Element E am Ende
%   letztes(L,E): E ist das letzte Element der Liste L
%   enthaelt(L,E): E ist in der Liste L als Element enthalten
%   streiche(E,L,LminusE): LminusE ist die Liste L ohne Element E
%   teilliste(T,L): T ist als Teilliste in L enthalten

% Importierte Praedikate: keine

konk([],L,L).
konk([E|RestL1],L2,[E|RestL2]) :- konk(RestL1,L2,RestL2).
...
```

Am Anfang stehen der Name und eine Kurzbeschreibung des Moduls. Der Modulname sollte möglichst identisch zum Namen der Datei sein, in der das Modul notiert ist. Danach folgt eine Auflistung der Prädikate, die in dem Modul durch Klauseln definiert sind. Hierbei müssen nicht alle Prädikate aufgeführt sein, sondern nur diejenigen, die für die Anwender des Moduls interessant sind. Diese Prädikate heißen **exportierte Prädikate**.

Zum Sortieren von Zahlenlisten wurde in Kapitel 4.1 das Prädikat `sortiere` definiert. Dabei sind die Hilfsprädikate `sortiert`, `permutation` und `streiche` eingeführt worden. Werden alle Prädikate zum Sortieren in einem Modul zusammengefaßt, dann muß ein Anwender des Moduls nur das Prädikat `sortiere` kennen. Über die Existenz der drei Hilfsprädikate braucht er nichts zu wissen, weil diese nur ein Hilfsmittel sind, um dem Prolog-System die Definition von `sortiere` mitzuteilen. Daher ist `sortiere` ein exportiertes Prädikat (und wird am Anfang des Moduls im Kommentar entsprechend hervorgehoben), während die Hilfsprädikate nicht explizit erwähnt werden (die zugehörigen Klauseln stehen aber im Modul, weil sie dem Prolog-System bekannt sein müssen).

Bei nicht exportierten Hilfsprädikaten müssen allerdings **Namenskonflikte** beachtet werden. Wird in dem Modul "m1" ein Hilfsprädikat `hp(X,Y)` definiert, in dem Modul "m2" ebenfalls ein Hilfsprädikat `hp(A,B)`, das aber eine andere Bedeutung als das erste hat, dann geht dies gut, solange diese beiden Module nicht in einem Programm benutzt werden. Werden sie aber zusammen verwendet, können Fehler auftreten, weil die Ersteller der Module (dies können ja zwei verschiedene Personen sein) diesen Prädikaten eine unterschiedliche Bedeutung zugewiesen haben (und auch durch Klauseln zum Ausdruck gebracht haben), während das Prolog-System zwischen dem Prädikat `hp(X,Y)` aus Modul "m1" und dem Prädikat `hp(A,B)` aus dem Modul "m2" nicht unterscheidet. Das Prolog-System interpretiert alle Klauseln für das Prädikat `hp` aus Modul "m1" *und* Modul "m2" als eine Definition des Prädikats `hp`.

Zur *Vermeidung solcher Namenskonflikte* sollte der Name eines Hilfsprädikats immer aus dem Modulnamen, gefolgt von Buchstaben, Ziffern und Unterstrichen, bestehen. Werden die obigen Hilfsprädikate mit `m1_hp(X,Y)` und `m2_hp(A,B)` bezeichnet, dann ist der Konflikt gelöst. Zur Problematik der Namenskonflikte beachte man auch die Übungsaufgaben am Ende des Kapitels.

Hinter der Liste der exportierten Prädikate werden die **importierten Prädikate** aufgeführt. Dies sind die Prädikate, die in diesem Modul verwendet werden, aber in anderen Moduln definiert sind. Dadurch ist klar erkennbar, auf welchen anderen Prädikaten dieses Modul basiert. Beispielsweise wird in Kapitel 4.1 zum Sortieren von Zahlenlisten das Prädikat `streiche` verwendet. Werden die Klauseln zum Sortierproblem in einem Modul zusammengefaßt, dann braucht `streiche` nicht durch Klauseln definiert zu werden, sondern `streiche` ist ein importiertes Prädikat aus dem Modul "listen". Die im Modul verwendeten vordefinierten Prädikate brauchen nicht als importiert aufgeführt zu werden, weil sie vom Prolog-System standardmäßig zur Verfügung gestellt werden.

Der Modulname, die Kurzbeschreibung und die Listen der exportierten und importierten Prädikate bilden den **Modulkopf**. Die sich an den Modulkopf anschließende Folge der Klauseln, welche die exportierten Prädikate und die Hilfsprädikate konkret definieren, wird **Modulrumpf** genannt. Will jemand ein bestimmtes Modul benutzen, dann sollte es ausreichen, sich den Modulkopf anzusehen. Der Modulrumpf muß nur in Zweifelsfällen in Betracht gezogen werden.

Werden in einem Modul "m" Prädikate aus den Moduln "m_1", ..., "m_n" importiert, dann müssen die Module "m_1", ..., "m_n" auf jeden Fall eingelesen werden, wenn "m" eingelesen wird, weil dem Prolog-System die Definitionen (Klauseln) aller vorkommenden Prädikate eingegeben werden müssen. Aus diesem Grund kann die Aufforderung zum Einlesen der Module (vordefiniertes Prädikat `consult` oder `reconsult`) hinter der Auflistung der importierten Prädikate stehen. Dazu wird der Präfixoperator `:-` benutzt. Kommt in einer Datei, die das Prolog-System einliest, anstelle einer Klausel der Term

```
:- L1, L2, ..., Ln.
```

vor, dann werden die Literale L_1, L_2, ..., L_n sofort beim Einlesen bewiesen. Ist L_i ein `consult`- oder `reconsult`-Literal, dann wird durch den Beweis des Literals die entsprechende Datei sofort eingelesen. Wenden wir diese Technik bei der Definition des Sortierproblems in Form eines Moduls an, dann erhalten wir das folgende Ergebnis:

```
% Modul "sort"

% In diesem Modul wird eine langsame Loesung
% zum Sortieren einer Zahlenliste definiert.

% Exportierte Praedikate:
%    sortiere(UL,SL): UL ist die unsortierte, SL die sortierte
%                     Zahlenliste. UL muss immer instantiiert sein.

% Importierte Praedikate:
%    streiche(E,L,LminusE)   vom Modul "listen"

:- reconsult(listen).  % Einlesen der importierten Praedikate

sortiere(UL,SL):-
        sort_permutation(UL,SL),
        sort_sortiert(SL).

sort_permutation([],[]).
sort_permutation(Liste1,[E2|Rest2]) :-
        streiche(E2,Liste1,Rest1),
        sort_permutation(Rest1,Rest2).

sort_sortiert([]).
sort_sortiert([E]).
sort_sortiert([E1,E2|L]):-
        E1 =< E2,
        sort_sortiert([E2|L]).
```

Zum Einlesen wird das Prädikat `reconsult` verwendet, weil bei `consult` die Gefahr besteht, daß die im Modul "listen" enthaltenen Klauseln mehrfach in der Datenbank stehen, falls zwei verschiedene Module das "listen"-Modul einlesen.

Nach dem letzten Beispiel ist auch klar, wie verschiedene Module zu einem fertigen Programm verbunden werden: Sie werden einfach nacheinander eingelesen. Der Modulkopf ist nur ein Kommentar und wird vom Prolog-System nicht beachtet, während die Klauseln im Modulrumpf beim Einlesen zur Datenbank hinzugefügt werden.

Beispiel:
Besteht ein Programm zur Verwaltung von Bibliotheksdaten aus den Moduln "eingabe", "ausgabe", "abfragen", "aendern" und "daten", dann wird das komplette Programm nach dem Starten des Prolog-Systems durch folgende Anfrage eingelesen:

```
?- [eingabe,ausgabe,abfragen,aendern].
```

Für die Aufteilung einer Problemstellung in Module gibt es keine einfache Vorschrift. Nur durch Erfahrung bekommt man das Gefühl für sinnvolle Vorgehensweisen. Dieses Kapitel sollte nur Ideen vermitteln, wie Prolog-Programme lesbar aufgeschrieben werden können. Die Notwendigkeit, es auch so zu tun, erkennt man, wenn man einmal versucht, ein schlecht geschriebenes Prolog-Programm von nur einer halben Seite Länge zu verstehen.

8.2. Fehlersuche in Prolog-Programmen

Wird das Wissen über ein Problem durch Fakten und Regeln definiert, dann findet das
Prolog-System manchmal keine Lösung oder die gefundene Lösung ist nicht korrekt (im
Sinne der umgangssprachlich formulierten Problemstellung). Die Ursache liegt meistens in
einer unzureichenden oder fehlerhaften Definition der verwendeten Prädikate.

Beispiel:
Das Prädikat `enthaelt(L,E)`, das erfüllt sein soll, wenn die Liste `L` das Element `E`
enthält, wird durch die Klauseln

```
enthaelt(E,[E|_]).
enthaelt([_|Rest],E) :- enthaelt(Rest,E).
```

definiert. Dann gibt das Prolog-System Antworten, die mit der intuitiven Vorstellung nicht
übereinstimmen:

```
?- enthaelt([2,3,5,7],5).
no
```

Die Fehlerursache liegt in der ersten Klausel für `enthaelt`. Hier sind aus Versehen die
Argumente vertauscht worden. Korrekt lautet sie:

```
enthaelt([E|_],E).
```

In diesem Beispiel ist die Fehlersuche sehr einfach, weil es nur zwei Klauseln gibt, die
fehlerhaft sein können. Bei komplexen Problemen, zu deren Lösung einige hundert Klauseln
angegeben werden, ist das Auffinden von Fehlern ungleich schwieriger. Ein einziger Schreib-
fehler bei der Eingabe der Klauseln kann dazu führen, daß das Prolog-System mit "no"
antwortet. Das Auffinden solcher Fehler allein durch Anschauen der eingegebenen Klauseln
ist sehr mühselig; daher bieten alle Prolog-Systeme eine Unterstützung bei der Fehlersuche
an. Die Art der Unterstützung kann von System zu System variieren. Es gibt aber einige
elementare Hilfen zum Beobachten des Beweisverlaufs, die von allen Systemen angeboten
werden (sollten) und nachfolgend vorgestellt werden. Weitere Mechanismen zur Fehlersuche
sind aus den jeweiligen Systembeschreibungen ersichtlich.

In Kapitel 7.11 wurden vordefinierte Prädikate aufgeführt, mit denen wir uns den Verlauf
eines Beweises ausgeben lassen können. Bei der Ausgabe des Beweisverlaufs liegt den
Literalen das sogenannte **Box-Modell** zugrunde: Wenn ein Literal bewiesen werden soll, dann
wird dieses Literal als Box (Kasten) dargestellt, die zwei Eingänge (`call` und `redo`) und
zwei Ausgänge (`exit` und `fail`) hat und in deren Mitte die in der Datenbank vorhandenen
Klauseln für das entsprechende Prädikat stehen.

Beispiel:
Alle Klauseln unseres Beispiels der Verwandtschaftsbeziehungen aus Kapitel 1 seien in der
Datenbank vorhanden. Wird das Literal

```
istTanteVon(theresia,hugo)
```

bewiesen, dann gehört dazu folgendes Box-Modell:

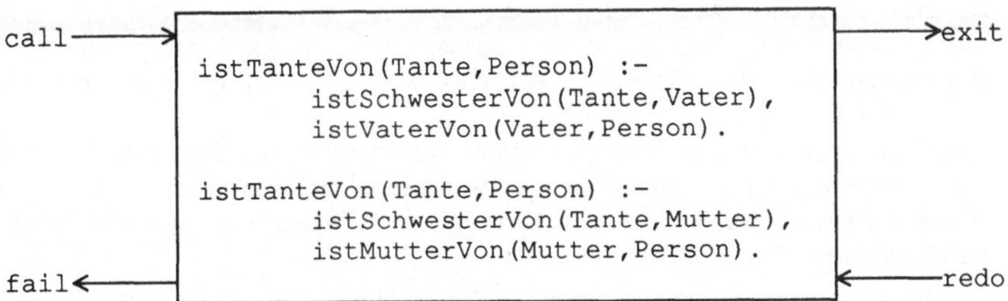

Die Pfeile repräsentieren Positionen im Beweisverlauf, bei denen das Prolog-System bei der Fehlersuche Ausgaben machen und anhalten kann. Die einzelnen Pfeile haben folgende Bedeutung:

call: Dieser Pfeil steht für den ersten Beweisversuch des Literals. Wenn das Literal

```
istTanteVon(theresia,hugo)
```

bewiesen werden soll, wird die obige Box erzeugt und das Prolog-System "betritt" die Box über den `call`-Eingang. Üblich ist auch die folgende Sprechweise: Durch den Beweis des Literals wird das 2-stellige Prädikat `istTanteVon` **aufgerufen**. (to *call* up = aufrufen). Wenn das Prolog-System die Box durch den `call`-Eingang betreten hat, versucht es, das Literal mit Hilfe der in der Box stehenden Klauseln zu beweisen. In unserem Beispiel paßt die linke Seite der ersten Regel zu dem zu beweisenden Literal. Daher kann diese Regel angewendet werden, und das Prolog-System versucht die Literale auf der rechten Regelseite zu beweisen. Dazu wird eine neue Box für das Literal

```
istSchwesterVon(theresia,Vater)
```

erzeugt, diese wird ebenfalls durch den `call`-Eingang betreten usw.

exit: Dieser Pfeil repräsentiert einen erfolgreichen Beweis des Literals. Verläßt das Prolog-System eine Box durch diesen Ausgang, dann hat es einen von eventuell vielen möglichen Beweisen gefunden. Nach dem Verlassen der Box durch diesen Ausgang bleibt die Box aber weiterhin existent, weil es notwendig sein kann, einen anderen Beweis für dieses Literal zu finden.

redo: Durch diesen Eingang betritt das Prolog-System die Box, wenn es schon einen Beweis für das Literal gefunden hat, aber ein nachfolgendes Literal nicht bewiesen werden konnte, so daß ein neuer Beweis für das Literal gesucht werden muß. Durch den `redo`-Eingang wird eine Box nur betreten, wenn das Prolog-System sie schon mindestens einmal durch den `exit`-Ausgang verlassen hat.
In unserem Beispiel findet das Prolog-System einen Beweis des Literals

```
istTanteVon(theresia,hugo)
```

mit Hilfe der ersten Regel und verläßt die Box durch den `exit`-Ausgang. Falls ein nachfolgendes Literal nicht bewiesen werden kann, dann wird infolge des ausgelösten Backtrackings die Box durch den `redo`-Eingang wieder betreten. Nun muß ein neuer Beweis gesucht werden. Dazu wird zunächst für das zuletzt bewiesene Literal in dieser Box (`istVaterVon(Vater,Person)`) ein neuer Beweis gesucht, d.h. die zugehörige Box wird durch den `redo`-Eingang betreten. Falls dafür kein anderer Beweis existiert, wird ein neuer Beweis für das vorletzte Literal (`istSchwesterVon(Tante,Vater)`) gesucht. Existiert auch hierfür kein anderer Beweis, so wird die nächste in der Box stehende Klausel zum Beweis des `istTanteVon`-Literals angewendet.

Hieraus ist ersichtlich, daß sich das Prolog-System beim Verlassen einer Box durch den `exit`-Ausgang die zum Beweis verwendete Klausel merken muß, damit beim erneuten Betreten der Box (`redo`) nachfolgende Klauseln zum Beweis ausprobiert werden können.

fail: Durch diesen Ausgang verläßt das Prolog-System die Box, wenn keine der in der Box stehenden Klauseln zum Beweis des Literals angewendet werden kann oder wenn bei allen verschiedenen Beweisen des Literals ein nachfolgendes Literal nicht bewiesen werden konnte. Nach dem Verlassen der Box durch den `fail`-Ausgang wird diese nie wieder betreten (weil keine weiteren Beweise existieren); sie kann daher gelöscht werden.

Für *jedes* zu beweisende Literal wird im Verlaufe eines Beweises eine eigene Box erzeugt. Daher können für dasselbe Literal im Programmtext während des Beweises verschiedene Boxes erzeugt werden.

Beispiel:

Das 2-stellige Prädikat `enthaelt` ist wie folgt definiert:

```
enthaelt([Element|_],Element).
enthaelt([_|Rest],Element) :- enthaelt(Rest,Element).
```

Wenn die Anfrage

```
?- enthaelt([2,3,5,7],5).
```

gestellt wird, wird für das Literal in der Anfrage folgende Box erzeugt:

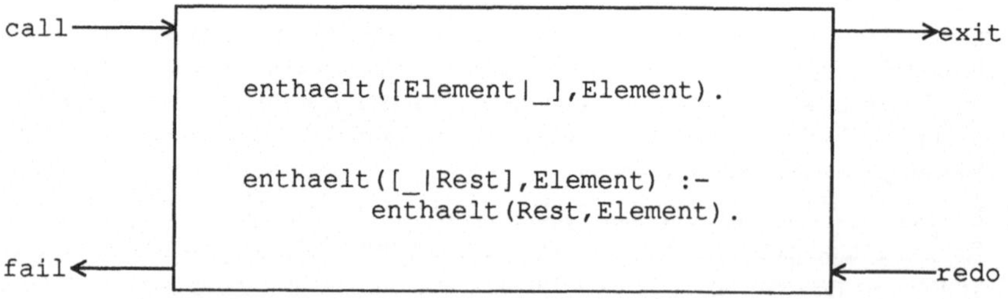

Diese Box wird durch den `call`-Eingang betreten, und die zweite Klausel wird zum Beweis des Literals verwendet. Dazu muß das Literal auf der rechten Regelseite bewiesen werden. Folglich wird eine Box für das Literal

```
enthaelt([3,5,7],5)
```

erzeugt und diese durch den `call`-Eingang betreten. Die zweite Klausel wird wieder zum Beweis verwendet, und somit wird eine neue Box für das Literal auf der rechten Seite erzeugt. Nun sind schon zwei Boxes für das Literal

```
enthaelt(Rest,Element)
```

erzeugt worden. Diese sind aber unabhängig voneinander, weil sie auf verschiedene Weisen bewiesen werden können.

Damit zu jedem Zeitpunkt klar ist, welche Box betreten oder verlassen wird, *erhält jede erzeugte Box eine eindeutige Identifizierung in Form einer ganzen Zahl.*

Bei der Beobachtung des Beweisverlaufs (im *trace* -Modus) gibt das Prolog-System nur dann etwas aus, wenn eine Box betreten oder verlassen wird. Der Ablauf in einer Box (unifizieren, ausprobieren verschiedener Klauseln) bleibt dem Benutzer verborgen. Werden in einer Box Regeln angewendet und dadurch neue Boxes erzeugt, so kann sich der Benutzer das Betreten und Verlassen dieser Boxes wieder ansehen (wenn der *trace* -Modus weiterhin eingeschaltet ist). Insofern hat er eine Kontrolle über den gesamten Beweisverlauf.

Betrachten wir als erstes Beispiel die Abarbeitung der oben definierten Klauseln für das Prädikat `enthaelt`. Durch das vordefinierte Prädikat `trace` wird der *trace-Modus* eingeschaltet. In diesem Modus gibt das Prolog-System jedes Betreten oder Verlassen einer Box aus. Wir stellen die Anfrage

```
?- trace, enthaelt([2,3,5,7],3).
```

und erhalten die folgenden Ausgaben des Beweisverlaufs:

```
(2)  Call:  enthaelt([2,3,5,7],3)
(3)  Call:  enthaelt([3,5,7],3)
(3)  Exit:  enthaelt([3,5,7],3)
(2)  Exit:  enthaelt([2,3,5,7],3)
```

In jeder Zeile steht die Nummer der Box, die gerade Betreten oder Verlassen wird, gefolgt von der Angabe des Ein- oder Ausgangs. Danach ist das Literal angegeben, zu dem die Box gehört. Die erste Ausgabezeile bedeutet:

Die zweite Box (die erste Box wurde bereits beim Beweis des Literals `trace` erzeugt) wird durch den `call` Eingang betreten. Dabei soll das Literal

```
enthaelt([2,3,5,7],3)
```

bewiesen werden.

Zum Beweis kann nur die Regel für `enthaelt` angewendet werden. Folglich muß ein neues Literal bewiesen und eine neue Box erzeugt werden, was in der nächsten Ausgabezeile zu sehen ist:

Die dritte Box wird durch den `call`-Eingang betreten. Dabei soll das Literal `enthaelt([3,5,7],3)` bewiesen werden.

Dies ist mit der ersten Klausel direkt möglich, weil diese ein Faktum ist. Damit ist das Literal bewiesen, und die Box wird durch den `exit`-Ausgang verlassen (3. Ausgabezeile). Das Literal von Box 2 ist somit ebenfalls bewiesen; sie wird auch über den `exit`-Ausgang verlassen (4. Ausgabezeile).

Als nächstes stellen wir eine Anfrage, zu deren Beantwortung das Backtracking notwendig ist. Wir wollen eine Zahl in der Liste `[2,3,5,7]` finden, die größer als 2 ist:

```
?- trace, enthaelt([2,3,5,7],Z), Z>2.
```

Nach dem Einschalten des *trace* -Modus wird das zweite Literal in der Anfrage zu beweisen versucht, was mit der ersten Klausel für `enthaelt` sofort möglich ist:

```
(2) Call: enthaelt([2,3,5,7],Z)
(2) Exit: enthaelt([2,3,5,7],2)
```

Die Instantiierung von Variablen wird bei der Ausgabe berücksichtigt. Hier ist z mit dem Wert 2 instantiiert worden. Anschließend muß das Literal z>2 bewiesen werden:

```
(3) Call: 2>2
(3) Fail: 2>2
```

Die Instantiierung der Variablen z ist beim Betreten der Box 3 berücksichtigt worden. Das Literal 2>2 ist nicht beweisbar (der interne Beweis vordefinierter Prädikate wird im *trace*-Modus nicht ausgegeben), Box 3 wird daher durch den fail-Ausgang verlassen. Somit wird die zum vorhergehenden Literal gehörende Box 2 über den redo-Eingang betreten:

```
(2) Redo: enthaelt([2,3,5,7],2)
(4) Call: enthaelt([3,5,7],Z)
(4) Exit: enthaelt([3,5,7],3)
(2) Exit: enthaelt([2,3,5,7],3)
```

Beim neuen Beweis für das Literal enthaelt([2,3,5,7],Z) wurde jetzt die zweite Klausel (Regel) für enthaelt angewendet, was zur Folge hat, daß ein neues enthaelt-Literal bewiesen werden muß (Box 4). Hier wird zunächst die erste Klausel (Faktum) ausprobiert, wodurch die Variable z mit 3 instantiiert wird und ein neuer Beweis gefunden ist. Mit dieser neuen Instantiierung kann das Literal z>2 bewiesen werden:

```
(5) Call: 3>2
(5) Exit: 3>2
```

Damit ist die gesamte Anfrage abgearbeitet und die Variableninstantiierung wird ausgegeben:

```
Z = 3
```

Steuerung des trace-Modus

Der *trace*-Modus wird durch die vordefinierten Prädikate trace und notrace ein- und ausgeschaltet (vgl. Kapitel 7.11). Im *trace*-Modus wird jedes Betreten und Verlassen einer Box (call, exit, redo, fail) zusammen mit der Boxnummer und dem zugehörigen Literal ausgegeben. Zusätzlich kann der Benutzer nach dem Fragezeichen in jeder Ausgabezeile angeben, wie der *trace*-Modus weiter ablaufen soll. Hierbei gibt es folgende Möglichkeiten:

creep: ("kriechen") Das nächste Betreten oder Verlassen einer Box soll ausgegeben werden. Dann wird der Benutzer erneut aufgefordert, den *trace*-Modus zu steuern.

skip: ("springe") Es soll erst wieder eine Ausgabe erfolgen, wenn die gerade aktuelle Box betreten oder verlassen wird. Beobachtungspunkte (s.u.) werden während der weiteren Abarbeitung bis zur nächsten Ausgabe nicht beachtet. Die Angabe von skip ist nur sinnvoll bei call- und redo-Eingängen.
skip dient dazu, die Ausgabe des Beweises bei Prädikaten, von deren Korrektheit man überzeugt ist, zu überspringen. Ist man beispielsweise sicher, daß das Prädikat sortiere korrekt definiert ist, dann können die einzelnen Beweisschritte mit skip übersprungen werden:

```
   ...
(35)  Call: sortiere([7,1,15,8,2],_40) ? skip
(35)  Exit: sortiere([7,1,15,8,2],[1,2,7,8,15]) ?
```

Nun kann der *trace* -Modus erneut beeinflußt werden.

leap: ("hüpfe") Es soll erst wieder eine Ausgabe erfolgen, wenn ein Beobachtungspunkt (s.u.) erreicht wird oder wenn die gerade aktuelle Box betreten oder verlassen wird. Weiß man, daß große Teile eines Beweises korrekt verlaufen, und soll der Beweis nur an speziellen Stellen überprüft werden, dann setzt man an diese Stellen Beobachtungspunkte und springt mit `leap` von einem Beobachtungspunkt zum nächsten.

abort: ("abbrechen") Der Beweis soll abgebrochen werden. Danach können neue Anfragen eingegeben werden. Hat man einen Fehler entdeckt, dann kann der Beweis mit `abort` abgebrochen und der Fehler in den Klauseln ausgebessert werden.

In der Regel können auch Abkürzungen für diese Worte eingeben werden, damit die Schreibarbeit bei der Fehlersuche nicht zu groß wird. Daneben bieten Prolog-Systeme weitere Möglichkeiten zur Steuerung des *trace* -Modus an; z.B. kann das Prolog-System angewiesen werden, die gerade aktuelle Box durch einen bestimmten Ein- oder Ausgang zu betreten oder zu verlassen (wodurch der Beweis nicht mehr nach dem Resolutionsprinzip abläuft), oder es kann festgelegt werden, daß der Benutzer nur an bestimmten Ein- oder Ausgängen (etwa `call` und `redo`) den *trace* -Modus beeinflussen kann (dies wird "leashing" genannt).

Wichtig ist die Benutzung von **Beobachtungspunkten**. Mit dem vordefinierten Prädikat `spy` ("spioniere") können auf bestimmte Prädikate Beobachtungspunkte gesetzt werden (vgl. Kapitel 7.11). Im *debug* -Modus, der bei `spy` automatisch eingeschaltet wird, geht das Prolog-System sofort in den *trace* -Modus, sobald ein Prädikat mit Beobachtungspunkt bewiesen wird. Der Benutzer kann dann den weiteren Ablauf des *trace* -Modus steuern.

Die Verwendung von Beobachtungspunkten ist ein wichtiges Hilfsmittel bei der Fehlersuche in großen Programmen. Bei langen Beweisen ist es kaum möglich, allein mit dem *trace* - Modus Fehler zu finden, weil die Menge der ausgegebenen Informationen zu hoch und zu unübersichtlich ist. Durch Setzen von Beobachtungspunkten kann der Beweis gezielt unterbrochen werden und man kann anhand der bisher durchgeführten Variableninstantiierungen prüfen, ob der Beweis bis zu diesem Punkt korrekt verlaufen ist. Falls nicht, wird beim nächsten Beweis zwischen dem letzten korrekten Beobachtungspunkt und diesem Punkt ein neuer gesetzt. Mit dieser Methode wird der Fehler langsam eingekreist.

Wie bei der Strukturierung von Programmen gilt auch bei der Fehlersuche, daß praktische Erfahrung eine große Hilfe ist. Eine weitere Hilfe wäre eine gute Unterstützung, die vom Prolog-System selbst ausgeht. Es gibt schon Ansätze, die weit über die hier vorgestellte Basisunterstützung hinausgehen. Weil es aber noch keine einheitlichen guten Unterstützungshilfen gibt, sei jedem empfohlen, die Handbücher der Prolog-Systeme bezüglich des "Debugging" (Fehlersuche) genau zu studieren.

8.3. Typische Programmierfehler

In diesem Kapitel wollen wir einige Fehler auflisten, die häufig in Prolog-Programmen vorkommen. Dies soll eine Hilfe für den Fall sein, daß man keine Idee hat, weswegen ein eingegebenes Programm nicht das leistet, was es eigentlich leisten soll. Man kann dann das Programm daraufhin überprüfen, ob einer der hier aufgeführten Fehler vorliegt.

Recht einfach sind *Syntaxfehler* aufzufinden. Sie werden nämlich vom Prolog-System schon beim Einlesen der Klauseln (mit `consult` oder `reconsult`) gemeldet. Jede Sprache hat eine bestimmte **Syntax**. Dies sind Vorschriften, wie Sätze dieser Sprache aufgebaut sein müssen (in der deutschen Sprache gilt zum Beispiel die Vorschrift, daß in Hauptsätzen das Verb vor dem Objekt stehen muß). Prolog ist auch eine Sprache und hat eine genau festgelegte Syntax (Beispiel einer Vorschrift: "In einer Struktur folgt unmittelbar hinter dem Funktor eine öffnende runde Klammer"). Die Syntax von Prolog haben wir in den Kapiteln 2 und 3 eingeführt. Eine genaue Definition befindet sich im Anhang. Wird in einem Prolog-Programm diese Syntax nicht genau eingehalten, dann gibt das Prolog-System eine Fehlermeldung aus. Solche Fehler werden **Syntaxfehler** genannt. Typische Syntaxfehler sind:

- Jede Klausel muß durch einen Punkt mit nachfolgendem Zeilenvorschub (oder Leerzeichen) beendet werden. Häufig wird der Punkt am Klauselende vergessen. In diesem Fall wird die Klausel zusammen mit der nachfolgenden als eine einzige interpretiert, was in der Regel zu einem Syntaxfehler führt.

- Zu jeder öffnenden Klammer in einem Term muß auch eine schließende vorhanden sein. Bei größeren Termen passiert es leicht, daß eine schließende Klammer fehlt, wie bei

  ```
  f(g(3,a(1-(2-5)))
  ```

- Atome müssen in bestimmten Fällen in Apostrophs gesetzt werden. Fängt ein Atom mit einem Kleinbuchstaben an und enthält es sonst nur Buchstaben, Ziffern und Unterstriche, dann können die Apostrophs fehlen. Fängt aber ein Atom mit einem Großbuchstaben an oder enthält es Sonderzeichen, dann müssen Apostrophs gesetzt werden:

  ```
  'eins&zwei'              'VAR'(3)
  ```

- Bei Verwendung der Operatordarstellung im Term muß darauf geachtet werden, daß die Präzedenzen und Assoziativitäten eingehalten werden. Ist beispielsweise der Operator `=>` mit dem Typ `xfx` (vgl. Kapitel 7.2) deklariert worden, dann ist die Notation

  ```
  a => b => c
  ```

  unzulässig, weil `=>` nicht assoziativ ist. Ein entsprechender Term kann nur durch Setzen von Klammern notiert werden:

  ```
  (a => b) => c            oder            a => (b => c)
  ```

Im Zweifelsfall sollten zur Sicherheit Klammern gesetzt werden.

Neben den Syntaxfehlern gibt es auch Fehler, die vom Prolog-System nicht erkannt werden oder nicht erkannt werden können (logische Fehler). Sie führen zu falschen Ergebnissen und sind weitaus schwieriger aufzufinden. Beispiele hierfür sind:

- *Tippfehler bei Namen von Prädikaten, Variablen, Funktoren und Atomen:* Häufig kommen Tippfehler bei Prädikatnamen vor, wie z.B. in der Regel

```
istVaterVon(Vater,Kind) :-
    verheiratet(Mutter,Vater),
    istMuterVon(Mutter,Kind).
```

Hier ist der Name des Prädikats `istMuterVon` falsch geschrieben. Gemeint ist eigentlich das Prädikat `istMutterVon`. Dieser Tippfehler hat Auswirkungen auf den Beweis von Literalen. Wird beim Beweis die obige Regel verwendet, dann ist das Literal

```
istMuterVon(Mutter,Kind)
```

nicht beweisbar, weil zum 2-stelligen Prädikat `istMuterVon` keine Klauseln vorhanden sind. Folglich schlägt die Anwendung dieser Regel immer fehl. Wird die Regel in einem längeren Beweis verwendet, dann kann es aufwendig werden, diesen Tippfehler als Ursache für den fehlgeschlagenen Beweis herauszufinden.

Einige Prolog-Systeme geben bei Verwendung von Prädikaten, für die keine Klauseln eingegeben worden sind, während eines Beweises eine Fehlermeldung aus ("undefined predicate"). Bei Prolog-Systemen, die dies nicht tun, ist in den Übungsaufgaben zu Kapitel 7 ein nützliches Prädikat zu finden.

Schwierig sind Tippfehler bei Variablennamen zu finden, wie z.B. in der Regel

```
istVaterVon(Vater,Kind) :-
    verheiratet(Mutter,Vater),
    istMutterVon(Muttre,Kind).
```

Bei dieser Regel ist eigentlich gemeint, daß die Variablen `Mutter` und `Muttre` die gleiche Person bezeichnen. Aber durch den Tippfehler sind dies verschiedene Variablen, wodurch die Bedeutung der Regel nun so lautet:

> Wenn eine Person `Vater` verheiratet ist und eine Person `Kind` eine Mutter hat, dann ist `Vater` der Vater von `Kind`.

Hierdurch erhalten wir folgende, in unserer Beispiel-Verwandtschaft falsche Antworten:

```
?- istVaterVon(V,maria).
V - fritz ;
V = heinz ;
V = anton ;
...
```

Ebenso können Tippfehler bei Funktoren und Atomen die Bedeutung von Klauseln stark verändern. Werden Tippfehler nicht gleich beim Aufschreiben erkannt, dann hilft nur eine (häufig aufwendige) Fehlersuche im Beweisverlauf weiter. Prolog-Programme sollten daher sehr sorgfältig eingegeben werden.

- *Falsche Argumentanzahl in Prädikaten und Strukturen:* Prädikate werden nicht allein durch den Namen, sondern auch durch die Stelligkeit identifiziert. Ein 1-stelliges Prädikat `p(X)` kann eine vollkommen andere Bedeutung als das 2-stellige Prädikat gleichen Namens, `p(A,B)`, haben. Vergißt man bei einem Literal ein Argument, dann kann dies die gleichen Auswirkungen wie ein falsch geschriebener Prädikatname haben. Das entsprechende gilt für die Anzahl der Komponenten von Strukturen.

- *Falsche Reihenfolge der Argumente:* Die Reihenfolge der Argumente ist bei Prädikaten sehr wichtig. Diese Reihenfolge muß in Literalen, bei denen die Prädikate verwendet werden, und in Klauseln, die die Prädikate definieren, übereinstimmen.

Das 2-stellige Prädikat `enthaelt` wurde immer so definiert, daß das erste Argument eine Liste und das zweite Argument das in der Liste enthaltene Element ist. Die Vertauschung der Argumente führt zur Nicht-Beweisbarkeit von Literalen:

```
?- enthaelt(b,[a,b,c]).
no
```

Die Namen der Prädikate sollten so gewählt sein, daß aus ihnen auch die Reihenfolge der Argumente hervorgeht, wie z.B. `istVaterVon` statt `vater`.
Entsprechendes gilt für die Reihenfolge der Komponenten in Strukturen.

- *Gültigkeitsbereiche von Variablennamen:* Variablennamen sind nur *innerhalb* einer Klausel oder eines Terms relevant. Steht ein Variablenname in zwei verschiedenen Klauseln, dann haben diese Variablen nichts miteinander zu tun.
Beispiel:
Für das Prädikat `istTanteVon` sind die beiden folgenden Klauseln vorhanden:

```
istTanteVon(Tante,Person) :-
        istSchwesterVon(Tante,Vater),
        istVaterVon(Vater,Person).
istTanteVon(Tante,Person) :-
        istSchwesterVon(Tante,Mutter),
        istMutterVon(Mutter,Person).
```

Dann hat die Variable `Tante` in der ersten Klausel nichts mit der Variablen `Tante` in der zweiten Klausel zu tun. Dies bedeutet, daß für diese gleichnamigen Variablen unterschiedliche Werte eingesetzt werden können.

Kommt ein Variablenname dagegen in einem Term mehrfach vor, dann dürfen an jeder Stelle nur gleiche Objekte für die Variablen eingesetzt werden. So bezeichnet `f(X,X)` eine 2-stellige Struktur mit Funktor `f`, deren 1. und 2. Komponente gleich (unifizierbar) sind.
Die Nichtbeachtung dieser Regeln für die Gültigkeit von Variablennamen kann auch eine Fehlerursache sein.

- *Nicht instantiierte Variablen in arithmetischen Ausdrücken:* Beim Ausrechnen eines arithmetischen Ausdrucks unter Verwendung des `is`-Prädikats (vgl. Kapitel 6.2) müssen alle darin vorkommenden Variablen instantiiert sein, andernfalls gibt das Prolog-System eine Fehlermeldung aus. Die Ursache dafür liegt meistens in Tippfehlern bei Variablennamen oder in der Nichtbeachtung der Beweisstrategie.

- *Fehler beim Einlesen von Daten:* Werden Terme von einer Datei mit dem vordefinierten Prädikat `read(T)` gelesen, dann müssen hinter jedem Term ein Punkt und ein Zeilenendezeichen (oder Leerzeichen) stehen. Wenn diese fehlen, kann es zu Syntaxfehlern beim Einlesen kommen oder die Datei wird bis zum Ende eingelesen, wodurch der eingelesene Term das Atom `end_of_file` ist. Auf Dateien, die von einem Prolog-Programm erzeugt und von einem anderen Prolog-Programm eingelesen werden, müssen die Terme mit `writeq` anstelle von `write` ausgegeben werden und hinter jeden Term wird ein Punkt und ein Zeilenvorschub geschrieben. Ein Term `T` sollte wie folgt auf eine (wieder einzulesende) Datei ausgegeben werden (das Zeichen "." hat den ASCII-Wert 46):

```
writeq(T), put(46), nl
```

- *Falsch interpretierte Operatorschreibweise:* Die Operatorschreibweise kann eine Fehlerursache sein, weil die Interpretation von Termen in Operatorschreibweise von den gerade aktuellen Operatorpräzendenzen und -assoziativitäten abhängig ist. Die Schreibweise X*Y steht für eine 2-stellige Struktur mit dem Funktor *. Der Term (3+4)*5 kann mit dieser Struktur unifiziert werden:

```
?- X*Y = (3+4)*5.
X = 3+4
Y = 5
yes
```

Werden die Klammern weggelassen, dann kann der Term aufgrund der vordefinierten Operatorpräzedenzen nicht mehr mit X*Y unifiziert werden, weil der Term dann als Struktur mit dem Funktor + interpretiert wird:

```
?- X*Y = 3+4*5
no
?- X+Y = 3+4*5
X = 3
Y = 4*5
yes
```

Terme mit dem Funktor "," sollten in Operatorschreibweise geklammert werden, um Mißverständnisse zu vermeiden. Der Term

```
','(a,b)
```

wird in Operatorschreibweise so notiert:

```
a , b
```

Wird dieser Term als Argument des 1-stelligen Prädikats write angegeben, dann müssen um den Term Klammern gesetzt werden:

```
write( (a , b) )
```

Ohne Klammern würde dies als 2-stelliges Prädikat interpretiert werden:

```
write( a , b )
```

Bei Unklarheiten über die Interpretation von Termen in Operatorschreibweise kann man den Term mit dem vordefinierten Prädikat display(T) ausgeben. Im Zweifelsfall sollten zur Sicherheit Klammern verwendet werden.

- *Nicht endende Beweise durch falsche Reihenfolgen:* Die Reihenfolge der Klauseln und der Literale auf rechten Regelseiten hat Einfluß auf den Beweisverlauf (vgl. Kapitel 6.1). Besonders linksrekursive Regeln enthalten die Gefahr von endlosen Beweisen. Aus diesem Grund sollten Klauseln für Spezialfälle (insbesondere Fakten) vor Klauseln für allgemeine Fälle stehen.

- *Nicht endende Beweise durch zyklische Strukturen:* Das Vorkommen zyklischer Strukturen ist in der Regel recht selten, aber in vielen Prolog-Systemen ist es möglich aufgrund des fehlenden Vorkommenstests bei der Unifikation (vgl. Kapitel 6.6). Werden solche Terme analysiert oder unifiziert, dann kann ein endloser Beweis die Folge sein. Die Entstehung zyklischer Terme kann im *trace*-Modus beobachtet werden, weil ein zyklischer Term zu einer endlosen Ausgabe führt.

Bei auftretenden Fehlern sollte zunächst der Programmtext sorgfältig überprüft werden. Falls dies nicht erfolgreich ist, können die vom Prolog-System angebotenen Unterstützungen zur Fehlersuche verwendet werden.

Übungen:

8.1: Geben Sie eine vollständige Definition des Moduls "listen" aus Kapitel 8.1 an. Fügen Sie weitere sinnvolle Prädikate auf Listen zu dem Modul hinzu (Umkehrung der Reihenfolge der Listenelemente, Länge einer Liste etc.).

8.2: Definieren Sie ein 1-stelliges Prädikat `konflikte`, so daß beim Beweis des Literals

$$konflikte([m_1, m_2, \ldots, m_n])$$

als Nebeneffekt die Module "m_1", "m_2", ..., "m_n" auf Namenskonflikte untersucht werden. Es soll also untersucht werden, ob es Prädikate gibt, für die in verschiedenen Moduln Klauseln angegeben sind. In diesem Fall werden entsprechende Meldungen ausgegeben, z.B. in folgender Form:

```
?- konflikte([eingabe,ausgabe,daten,rechnen,analyse]).
Praedikat "anhang/3" ist definiert in:
Modul eingabe
Modul analyse
Praedikat "zerlegeTerm/2" ist definiert in:
Modul ausgabe
Modul analyse
yes
```

8.3: Studieren Sie die Hilfen zur Fehlersuche ("Debugging") Ihres Prolog-Systems und probieren Sie diese aus. Verfolgen Sie den Beweis einiger von Ihnen selbst definierten Prädikate im *trace*-Modus und benutzen Sie `creep` und `skip`. Setzen Sie mit `spy` Beobachtungspunkte und steuern Sie den *trace*-Modus mit `leap`.

9. Grammatiken in Prolog

Eine Anwendungsmöglichkeit von Prolog ist die Erstellung von Programmen zur Verarbeitung geschriebener Sprache. Die meisten Prolog-Systeme bieten hierzu ein fertiges Konzept an (sogenannte "Grammatikregeln"). In diesem Kapitel wird das Konzept und seine Realisierung vorgestellt.

9.1. Sprachbeschreibung mit Grammatiken

Wenn wir einen Computer benutzen, müssen wir ihm exakt mitteilen, welche Probleme er lösen soll. Wollen wir also einen Computer zur Verarbeitung von Sätzen einer Sprache verwenden, so müssen wir genau definieren, welche Form die Sätze der Sprache haben können. Die erlaubte Form der Sätze heißt **Syntax** der Sprache. Die **Semantik** einer Sprache legt die Bedeutung der Sätze fest. Wir wollen uns zunächst nur mit der Syntax von Sprachen beschäftigen.

Die Syntax einer Sprache ist die Festlegung, welche Sätze zu der Sprache gehören. Für natürliche Sprachen (Deutsch, Englisch) ist eine exakte Festlegung sehr schwierig, weil sie sehr komplex und zeitlichen Änderungen unterworfen sind. Aus diesem Grund werden bei der Kommunikation mit Computern primitivere Sprachen benutzt, deren Aufbau leichter zu definieren ist. Zur *Definition der Syntax* von Sprachen werden Grammatiken verwendet. Eine **Grammatik** ist eine Menge von Regeln, die festlegen, welche **Sätze** (damit bezeichnen wir Folgen von Wörtern/Atome) zu der Sprache gehören. Unter den verschiedenen Typen von Grammatiken sind die kontextfreien Grammatiken bei der Beschreibung von Computersprachen am meisten verbreitet.

Eine **kontextfreie Grammatik** besteht aus folgenden Teilen:

1. Einer Menge von Worten der Sprache, genannt **Terminalsymbole**. Jeder Satz der Sprache ist eine Folge dieser Terminalsymbole.

   In Prolog schließen wir Terminalsymbole in eckige Klammern ein:

   ```
   [der]        [blau]        [:-]        [is]
   ```

2. Einer Menge von **Nichtterminalsymbolen**. Jedes Nichtterminalsymbol repräsentiert ein *Sprachkonstrukt*.

   Beispielsweise sind "Satz", "Nebensatz", "Objekt" usw. Konstrukte der deutschen Sprache. Ein konkreter Satz der Sprache kann in einzelne Konstrukte zerlegt werden, wobei jedes Konstrukt wieder aus anderen Sprachkonstrukten oder Terminalzeichen besteht.

   Die Sprache Prolog hat unter anderem die Konstrukte "Programm", "Klausel", "Literal" und "Argumente". Ein konkreter Satz von Prolog (ein Programm) enthält z.B. ein Konstrukt "Regel", in der mehrere Konstrukte "Literal" vorkommen, wobei jedes "Literal" das Konstrukt "Argumente" enthält usw.

   Jedes in der Sprache vorkommende Konstrukt wird in der Grammatik durch ein Nichtterminalsymbol repräsentiert. In Prolog werden die Nichtterminalsymbole durch Atome dargestellt:

   ```
   satz        subjekt        objekt        nebensatz
   ```

3. Einer Menge von **Grammatikregeln**. Jede dieser Regeln definiert, aus welchen Teilkonstrukten ein Sprachkonstrukt zusammengesetzt sein kann. Allgemein notieren wir Grammatikregeln in der Form

```
K --> K₁, K₂, ..., Kₙ.
```

Dabei ist K ein Nichtterminalsymbol und K_1, K_2, ..., K_n sind Terminal- oder Nichtterminalsymbole. K heißt **linke Seite** und K_1, K_2, ..., K_n **rechte Seite** der Regel. Eine solche Grammatikregel besagt:

"Die Folge der Konstrukte K_1, K_2, ..., K_n bildet das Konstrukt K."

Beispiele:
Die Grammatikregel

```
regel --> literal, [:-], literalfolge, [.].
```

besagt: "Ein Konstrukt `literal`, gefolgt vom Terminalsymbol :-, einem Konstrukt `literalfolge` und dem Terminalsymbol . bildet das Konstrukt `regel`."
Eine Grammatik kann auch mehrere Regeln mit dem gleichen Nichtterminalsymbol auf der linken Seite enthalten:

```
.klausel --> faktum.
 klausel --> regel.
```

Diese beiden Grammatikregeln besagen: "Ein `faktum` oder eine `regel` bilden eine `klausel`."

4. Einem **Startsymbol**. Das Startsymbol muß ein Nichtterminalsymbol sein. Es definiert, welches Sprachkonstrukt ein Satz der Sprache ist.
   Beispielsweise ist ein Satz der Sprache Prolog ein Programm, daher ist das Konstrukt `programm` das Startsymbol der Grammatik für Prolog (vgl. Anhang).

In Prolog brauchen wir nur den 3. Teil der Grammatik zu notieren, also die Grammatikregeln. Die Terminalzeichen (eingefaßt in eckige Klammern) und die Nichterminalzeichen sind daraus erkennbar. Das Startsymbol wird erst angegeben, wenn eine konkrete Folge von Terminalsymbolen daraufhin untersucht werden soll, ob sie zu der durch die Grammatik definierten Sprache gehört oder nicht.

Beispiel:
Nachfolgend ist eine Grammatik angegeben, die eine Sprache mit einigen einfachen Sätzen beschreibt. Genauso kann man sie in Prolog mit `consult` bzw. `reconsult` eingeben (bis auf die Angabe des Startsymbols).

```
satz         -->    subjekt, verb, objekt.
subjekt      -->    artikel, substantiv.
objekt       -->    artikel, substantiv.
artikel      -->    [die].
substantiv   -->    [maus].
substantiv   -->    [katze].
verb         -->    [jagt].
verb         -->    [beisst].
```

Startsymbol: `satz`

Die erste Regel besagt: "Das Sprachkonstrukt `satz` besteht aus einer Folge der Konstrukte `subjekt, verb` und `objekt`." Die letzte Regel bedeutet, daß das Terminalsymbol `beisst` das Sprachkonstrukt `verb` bildet.

Wie können wir jetzt feststellen, ob die Terminalzeichenfolge

```
[die,katze,jagt,die,maus]
```

zu der durch die Grammatik definierten Sprache gehört?

Dazu müssen wir mit Hilfe der Grammatikregeln zeigen, daß die angegebene Terminalsymbolfolge das Sprachkonstrukt `satz` (dies ist das Startsymbol) bildet. In diesem Fall können wir das durch folgende Argumentationskette begründen:

1. Das Terminalsymbol `die` ist ein `artikel`.

2. Das Terminalsymbol `katze` ist ein `substantiv`.

3. Ein `subjekt` ist eine Folge von `artikel` und `substantiv`, daher ist die Folge `[die,katze]` ein `subjekt` (wegen 1 und 2).

4. Das Terminalsymbol `jagt` ist ein `verb`.

5. Das Terminalsymbol `maus` ist ein `substantiv`.

6. Ein `objekt` ist eine Folge von `artikel` und `substantiv`, daher ist die Folge `[die,maus]` ein `objekt` (wegen 1 und 5).

7. Ein `satz` ist eine Folge von `subjekt, verb` und `objekt`, daher ist die Folge `[die,katze,jagt,die,maus]` ein `satz` (wegen 3, 4 und 6).

Bildet eine Terminalsymbolfolge ein Sprachkonstrukt, dann sagen wir auch: Die Terminalsymbolfolge ist aus dem Sprachkonstrukt **ableitbar**. So ist in der obigen Grammatik die Folge

```
[die,katze,jagt,die,maus]
```

aus dem Sprachkonstrukt `satz` ableitbar. Die Menge aller aus dem Startsymbol ableitbaren Terminalsymbolfolgen ist die **Sprache**, die durch die Grammatik definiert wird. Eine aus dem Startsymbol ableitbare Terminalsymbolfolge heißt **Satz der Sprache**. Die Argumentationskette zur Begründung, weswegen ein Satz zu einer Sprache gehört, heißt **Ableitung**. Zur anschaulichen Darstellung von Ableitungen werden Bäume verwendet. Ein **Ableitungsbaum** ist ein (geordneter und markierter) Baum (vgl. Kapitel 5.3), dessen Knoten mit Terminal- und Nichtterminalzeichen markiert und für den folgende Bedingungen erfüllt sind:

1. Die Wurzel ist mit dem Startsymbol markiert.

2. Ist ein Knoten mit einem Terminalsymbol markiert, dann hat er keinen Sohn (der Knoten ist ein Blatt).

3. Ist ein Knoten mit einem Nichtterminalsymbol K markiert und hat er n Söhne, die von links nach rechts mit $K_1, K_2, ..., K_n$ markiert sind, so muß die Grammatikregel

$$K \;\; \text{-->} \;\; K_1, \;\; K_2, \;\; ..., \;\; K_n.$$

existieren. Bei einem Ableitungsbaum bildet die Folge der Blätter (von links nach rechts gelesen) einen Satz der Sprache.

Beispiel:
Der Baum

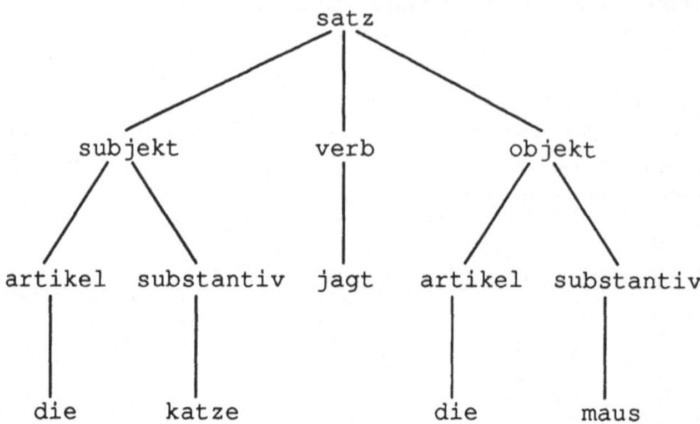

ist ein Ableitungsbaum für die Grammatik des letzten Beispiels (der Leser sollte dies anhand
der Definition überprüfen!). Also ist die Folge

```
[die,katze,jagt,die,maus]
```

ein Satz der Sprache. Ableitungsbäume sind eine kompakte und anschauliche Formulierung
von Argumentationsketten.

Ein Programm, das feststellt, ob eine Symbolfolge ein Satz der Sprache ist und eventuell den
dazugehörigen Ableitungsbaum aufbaut, heißt **Parser** (deutsch: **Zerteiler**) für die Sprache.
Teilen wir einem Prolog-System die Regeln einer Grammatik mit (mit Hilfe von `consult`
oder `reconsult`), so wird automatisch ein Parser für die durch die Grammatik definierte
Sprache erzeugt. Das Literal

```
s(F,[])
```

ist beweisbar, wenn `s` ein Nichtterminalsymbol und `F` eine Folge (Liste von Terminalsymbolen) ist, die aus dem Sprachkonstrukt `s` ableitbar ist.

Beispiel:
Haben wir die Grammatikregeln aus dem obigen Beispiel eingegeben, dann können wir durch
Angabe des Startsymbols `satz` anfragen, ob ein Satz zu der Sprache gehört oder nicht:

```
?- satz([die,katze,jagt,die,maus],[]).
yes
?- satz([die,beisst,die,maus],[]).
no
?- satz([die,maus,beisst,die,katze],[]).
yes
```

Geben wir in der Anfrage als erste Komponente eine Variable an, dann erhalten wir eine
Aufzählung aller Sätze der Sprache:

```
?- satz(E,[]).
E = [die,maus,jagt,die,maus] ;
E = [die,maus,jagt,die,katze] ;
E = [die,maus,beisst,die,maus] ;
E = [die,maus,beisst,die,katze] ;
E = [die,katze,jagt,die,maus] ;
E = [die,katze,jagt,die,katze] ;
E = [die,katze,beisst,die,maus] ;
E = [die,katze,beisst,die,katze] ;
no
```

Ein Satz, der vom Prolog-System analysiert werden soll, muß eine Folge von Konstanten sein. Dies ist eine gewisse Einschränkung, weil ein Benutzer eigentlich "normale" Sätze (ohne eckige Klammern und Kommas) eingeben möchte. Es ist allerdings möglich, ein Prädikat zu definieren, das einen normalen Satz von der Tastatur einliest und in eine Folge von Atomen umwandelt (vgl. Übungsaufgabe 7.1). Aus diesem Grund beschränken wir uns weiterhin auf die Analyse von Listen mit Konstanten.

Falls ein Parser einen Satz nicht wie erwartet abarbeitet, so ist es bei der Fehlersuche (im *trace*-Modus) hilfreich zu wissen, wie der aus einer Grammatik erzeugte Parser definiert ist. Die Erzeugung von Parsern aus Grammatiken ist in Prolog relativ einfach. Die Techniken hierzu werden im nächsten Kapitel dargestellt.

9.2. Realisierung von Grammatikregeln

Wir zeigen jetzt, wie Grammatikregeln so in Klauseln übersetzt werden können, daß die übersetzten Klauseln einen Parser für die durch die Grammatik definierte Sprache ergeben.

Ein Parser soll feststellen, ob eine Terminalsymbolfolge ein Satz einer Sprache ist oder nicht. Die direkte Realisierung eines Parsers in Prolog wäre ein 1-stelliges Prädikat, das erfüllt ist, wenn das Argument (eine Terminalsymbolfolge) ein Satz der Sprache ist. Ist `satz` das Startsymbol der Grammatik, dann ist der Parser das Prädikat `satz(L)`, wobei gilt:

Das Literal `satz(L)` ist beweisbar, wenn die Folge `L` aus dem Nichtterminalzeichen `satz` ableitbar ist.

Wir müssen nun die Klauseln für `satz` angeben. Dazu verwenden wir die Grammatikregeln. Die Grammatikregel

```
satz --> subjekt, verb, objekt.
```

kann auch so interpretiert werden: "Ist die Terminalsymbolfolge `L1` aus `subjekt` ableitbar, die Folge `L2` aus `verb` und die Folge `L3` aus `objekt`, dann ist die Folge `L1`, `L2` und `L3` zusammen aus `satz` ableitbar."

Wenn wir zu jedem Nichtterminalsymbol `k` ein 1-stelliges Prädikat `k(L)` zur Verfügung haben, das erfüllt ist, wenn die Folge `L` aus dem Symbol `k` ableitbar ist, können wir die obige Grammatikregel in folgende Klausel übersetzen:

```
satz(L) :-
        subjekt(L1), verb(L2), objekt(L3),
        konk(L1,L2,L12), konk(L12,L3,L).
```

(Das Prädikat `konk` definiert wie üblich das Aneinanderhängen von Listen.)

Jede Grammatikregel wird in eine Regel übersetzt, auf deren rechter Seite die zu den Nichtterminalsymbolen entsprechenden Prädikate und die konk-Literale zum Aneinanderhängen der
einzelnen Listen stehen. Bei Terminalzeichen [k] auf der rechten Seite wird statt eines
Prädikataufrufs k(Li) die Bedingung Li=[k] angegeben.

Beispiel:

Mit diesem Schema können wir die Grammatik aus dem vorigen Kapitel in folgende Prolog-
Klauseln übersetzen:

```
satz(L)  :-
        subjekt(L1), verb(L2), objekt(L3),
        konk(L1,L2,L12), konk(L12,L3,L).
subjekt(L)  :-
        artikel(L1), substantiv(L2),
        konk(L1,L2,L).
objekt(L)  :-
        artikel(L1), substantiv(L2),
        konk(L1,L2,L).

artikel(L)   :- L=[die].
substantiv(L)  :- L=[maus].
substantiv(L)  :- L=[katze].
verb(L)  :- L=[jagt].
verb(L)  :- L=[beisst].
```

Damit können wir feststellen, ob ein Satz zu der Sprache gehört:

```
?- satz([die,katze,jagt,die,maus]).
yes
```

Diese Realisierung des Parsers hat einige Nachteile:

1. Beim Beweis des Literals

```
satz([die,katze,jagt,die,maus])
```

müssen nach Anwendung der ersten Klausel folgende Literale bewiesen werden:

```
subjekt(L1), verb(L2), objekt(L3),
konk(L1,L2,L12), konk(L12,L3,[die,katze,jagt,die,maus])
```

Anschließend werden die ersten drei Literale nacheinander bewiesen, wodurch die Variablen L1, L2 und L3 mit Werten instantiiert werden. Erst beim Beweis des letzten
Literals

```
konk(L12,L3,[die,katze,jagt,die,maus])
```

stellt das Prolog-System fest, daß dies eventuell nicht beweisbar ist und sucht neue Alter-
nativbeweise für die vorhergehenden Literale.
Zum Beweis eines Literals k(L) (k ist ein Nichtterminalsymbol) sind viele erfolglose
Beweisversuche notwendig.

2. Wir können versuchen, die konk-Literale, die das Scheitern der Beweise verursachen, an den Anfang der rechten Klauselseite zu stellen:

```
satz(L)  :-
         konk(L1,L2,L12), konk(L12,L3,L),
         subjekt(L1), verb(L2), objekt(L3).
```

Durch den Beweis der beiden konk-Literale wird die zu analysierende Liste in drei Teillisten aufgespalten. Durch den anschließenden Beweis der Literale subjekt(L1), verb(L2) und objekt(L3) wird festgestellt, ob diese Teillisten aus den entsprechenden Nichtterminalsymbolen herleitbar sind. Weil dies häufig nicht der Fall ist, muß eine neue Zerlegung der Liste gesucht werden. Also sind auch bei dieser Lösung viele erfolglose Beweise (Zerlegungen der Liste) notwendig, um das satz-Literal zu beweisen.

Die Ineffizienz der bisherigen Lösung liegt daran, daß die Prädikate subjekt(L1), verb(L2) usw. nicht gleich die korrekten Teilfolgen von Terminalsymbolen beim Beweis als Argumente mitbekommen. Dieses Problem kann gelöst werden, wenn die den Nichtterminalzeichen entsprechenden Prädikate *zwei Argumente* erhalten.

Zu jedem Nichtterminalsymbol k definieren wir folgendes Prädikat:

Das Prädikat k(L,R) ist erfüllt, wenn gilt:

1. L und R sind Listen von Terminalsymbolen.

2. KL ist eine Liste von Terminalsymbolen, die aus dem Nichtterminalsymbol k ableitbar ist.

3. konk(KL,R,L) ist erfüllt.

Mit anderen Worten: Das Prädikat k(L,R) ist erfüllt, wenn die ersten Symbole der Liste L aus k ableitbar sind und R der Rest der Liste L ohne die ableitbaren Symbole ist.

Beispiel:

Bei unserer Beispielgrammatik sollen die folgenden Literale beweisbar sein:

```
subjekt([die,maus,jagt,die,katze],[jagt,die,katze])
artikel([die,katze],[katze])
verb([jagt,die,maus],[die,maus])
```

Unter diesen Voraussetzungen können wir die Grammatikregel

```
satz --> subjekt, verb, objekt.
```

in folgende Klausel übersetzen:

```
satz(L,R)  :-
         subjekt(L,L1),
         verb(L1,L2),
         objekt(L2,R).
```

Beim Beweis eines satz-Literals mit dieser Regel werden durch den Beweis von subjekt(L,L1) die Symbole am Anfang von L herausgenommen, die aus subjekt ableitbar sind. Der übriggebliebene Rest ist L1. Beim Beweis von verb(L1,L2) wird am Anfang von L1 der aus verb ableitbare Teil herausgenommen und der verbleibende Rest ist L2. Entsprechendes gilt für objekt(L2,R). Insgesamt ist nach dem Beweis der drei Literale der Teil am Anfang von L herausgenommen, der aus subjekt, verb und objekt zusammen ableitbar ist und der verbleibende Rest ist R.

Für den Satz `L=[die,katze,jagt,die,maus]` erhalten wir die folgenden Variableninstantiierungen:

```
L  = [die,katze,jagt,die,maus]
L1 = [jagt,die,maus]
L2 = [die,maus]
R  = []
```

Terminalsymbole `[k]` in Grammatikregeln werden in Literale der Form `L=[k|R]` übersetzt.
Z.B. wird die Grammatikregel

```
verb --> [jagt].
```

in die Klausel

```
verb(L,R)  :- L=[jagt|R].
```

übersetzt. Insgesamt erhalten wir folgende Übersetzung unserer Beispielgrammatik:

```
satz(L,R)  :-
        subjekt(L,L1), verb(L1,L2), objekt(L2,R).
subjekt(L,R)  :-
        artikel(L,L1), substantiv(L1,R).
objekt(L,R)  :-
        artikel(L,L1), substantiv(L1,R).
artikel(L,R)  :- L=[die|R].
substantiv(L,R)  :- L=[maus|R].
substantiv(L,R)  :- L=[katze|R].
verb(L,R)  :- L=[jagt|R].
verb(L,R)  :- L=[beisst|R].
```

In dieser Version werden bei der Analyse von Sätzen erheblich weniger erfolglose Beweisversuche durchgeführt als bei der ersten Übersetzung (der Leser sollte dies ausprobieren), weil
beim Beweis jedes Sprachkonstrukts nur so viele Elemente aus der Terminalsymbolfolge
herausgenommen werden, wie aus ihm ableitbar sind.

Ist die Grammatik in der angegebenen Form in Klauseln übersetzt, dann entspricht die Frage,
ob eine Folge von Terminalsymbolen `T` aus dem Startsymbol `satz` ableitbar ist, dem
Beweis des Literals

```
satz(T,[])
```

Wenn `T` aus `satz` ableitbar ist, darf nach unserer Definition des Prädikats `satz(L,R)` in
der Liste `R` kein Symbol mehr übrigbleiben, d.h. das zweite Argument muß die leere Liste
sein.

Ein Problem sind Grammatikregeln der Form

```
p --> p, ...
```

Nach unserer Realisierung werden solche Grammatikregeln in *linksrekursive Regeln* übersetzt. Daher führen solche Regeln zu endlosen Beweisen des Parsers, wenn nicht davor andere
Grammatikregeln für `p` angegeben werden, wie z.B.

```
p --> [k].
```

Grundsätzlich sollten solche linksrekursiven Grammatikregeln vermieden werden.

In den meisten Prolog-Systemen ist `-->` als Infixoperator vordefiniert. Jede Grammatikregel ist somit ein Prolog-Term. Bei `consult` bzw. `reconsult` wird jeder eingelesene Term daraufhin untersucht, ob er die Form einer Grammatikregel hat. Ist dies der Fall, dann wird die Grammatikregel nach unserem letzten Schema in eine Klausel übersetzt und diese Klausel wird in die Datenbank eingetragen. Falls ein Prolog-System diese Vorübersetzung von Grammatikregeln nicht vordefiniert hat, kann in Prolog selbst ein Übersetzer hierfür angegeben werden (vgl. Übungsaufgabe am Ende von Kapitel 9).

9.3. Erweiterung der Grammatikregeln

Mit den bisher eingeführten Grammatikregeln wird ein Parser erzeugt, der nur feststellt, ob ein Satz zu der definierten Sprache gehört oder nicht. Wenn wir aber Sätze verarbeiten wollen, so sind wir daran interessiert, aus den Sätzen oder Sprachkonstrukten bestimmte Informationen abzuleiten, z.B. einen Ableitungsbaum, der weiter analysiert werden soll. Um dies etwas zu konkretisieren, betrachten wir die "Maus-und-Katze"-Grammatik und dazu folgendes Problem: Ein Satz soll eingelesen und analysiert werden. Falls der Satz zu der "Maus-und-Katze"-Sprache gehört, soll er mit vertauschtem Subjekt und Objekt ausgegeben werden. Bei Eingabe des Satzes

```
[die,katze,beisst,die,maus]
```

soll also der Satz

```
[die,maus,beisst,die,katze]
```

ausgegeben werden. Um Subjekt und Objekt zu vertauschen, müssen wir wissen, welche Worte (Terminalsymbole) Subjekt und Objekt sind, d.h. wir müssen die Struktur des Satzes kennen (in diesem einfachen Beispiel ist sofort ersichtlich, daß die beiden ersten Worte das Subjekt und die beiden letzten Worte das Objekt bilden; bei komplizierteren Grammatiken mit Adjektiven, Nebensätzen usw. ist dies nicht mehr so trivial).

Die Struktur des letzten Satzes können wir durch den Term

```
satz(art_sub(die,maus),verb(beisst),art_sub(die,katze))
```

repräsentieren (dies ist nichts anderes als die Darstellung des Ableitungsbaums als Prolog-Term). Dieser Term kann durch den Parser, der aus der eingegebenen Grammatik generiert wird, erzeugt werden. Dazu erhält jedes Nichtterminalsymbol ein **zusätzliches Argument**, das den zugehörigen Teil des Satzes in Form eines Terms enthält. Die erste Grammatikregel hat dann die neue Form

```
satz(satz(S,V,O))  -->  subjekt(S), verb(V), objekt(O).
```

Jedes Nichtterminalsymbol hat ein Argument, das den zugehörigen Ableitungsbaum repräsentiert: `S` ist der Ableitungsbaum von `subjekt`, `V` von `verb` und `O` von `objekt`. Der Ableitungsbaum von `satz` ist nach der obigen Regel die Struktur mit dem Funktor `satz` und den drei Komponenten `S`, `V` und `O`.

Die neue Grammatikregel

```
verb(verb(jagt))  -->  [jagt].
```

definiert, daß der Ableitungsbaum des Nichtterminalsymbols `verb` die Struktur `verb(jagt)` ist, wenn das Terminalsymbol `jagt` aus dem Sprachkonstrukt `verb` ableitbar ist. Insgesamt ist die neue erweiterte Grammatik wie folgt definiert:

```
satz(satz(S,V,O))         -->    subjekt(S), verb(V), objekt(O).
subjekt(art_sub(A,S))     -->    artikel(A), substantiv(S).
objekt(art_sub(A,S))      -->    artikel(A), substantiv(S).
artikel(die)              -->    [die].
substantiv(maus)          -->    [maus].
substantiv(katze)         -->    [katze].
verb(verb(jagt))          -->    [jagt].
verb(verb(beisst))        -->    [beisst].
```

Um zu klären, wie das anfangs gestellte Problem insgesamt gelöst wird, müssen wir wissen,
wie die erweiterten Grammatikregeln in Klauseln übersetzt werden. Im letzten Kapitel haben
wir gesehen, daß die Nichtterminalsymbole in 2-stellige Prädikate übersetzt werden, damit
man einen Parser für die Sprache erhält. Haben die Nichtterminalsymbole schon Argumente
(wie in der letzten Grammatik), dann werden die beiden zusätzlichen Argumente für den
Parser als letzte Argumente hinzugefügt (dies kann bei einigen Prolog-Systemen anders sein).
Die erste Regel der erweiterten Grammatik

```
satz(satz(S,V,O))    -->   subjekt(S), verb(V), objekt(O).
```

wird in die Klausel

```
satz(satz(S,V,O),L,R) :-
        subjekt(S,L,L1),
        verb(V,L1,L2),
        objekt(O,L2,R).
```

übersetzt. Somit erhalten wir durch die Anfrage

```
?- satz(B,[die,maus,beisst,die,katze],[]).
B = satz(art_sub(die,maus),verb(beisst),art_sub(die,katze))
```

als Antwort den Ableitungsbaum des Satzes. Umgekehrt erhalten wir bei der Anfrage

```
?- satz(satz(art_sub(die,maus),verb(beisst),art_sub(die,katze)),
        L,[]).
L = [die,maus,beisst,die,katze]
```

den zu einem Ableitungsbaum zugehörigen Satz. Diese Umkehrmöglichkeit nutzen wir zur
Lösung des gestellten Problems (Vertauschen von Subjekt und Objekt) aus. Die
Gesamtlösung besteht somit aus der obigen erweiterten Grammatik und den folgenden
Klauseln:

```
vertausche(Satz) :-
        satz(Baum,Satz,[]),       % Analyse des gegebenen Satzes
        Baum = satz(S,V,O),
        Neu_Baum = satz(O,V,S),
                         % Konstruktion des vertauschten Satzes:
        satz(Neu_Baum,Neu_Satz,[]),
        write(Neu_Satz), nl.

vertausche(Satz) :-
        % Erste Regel konnte nicht angewendet werden:
    write('Der eingegebene Satz ist syntaktisch nicht korrekt.'),
    nl.
```

Die folgende Anfrage demonstriert die Richtigkeit der Lösung:

```
?- vertausche([die,katze,beisst,die,maus]).
[die,maus,beisst,die,katze]
yes
?- vertausche([die,katze,beisst]).
Der eingegebene Satz ist syntaktisch nicht korrekt.
yes
```

Wir haben bisher nur kontextfreie Grammatiken betrachtet. Damit sind aber nicht alle Sprachen beschreibbar. Als Beispiel betrachten wir die Sprache "abc", die nur Sätze der Form

```
[a,a,...,a,b,b,...,b,c,c,...,c]
```

enthält, wobei die Anzahl der darin vorkommenden Terminalsymbole a, b und c jeweils gleich ist. Es ist nicht möglich, diese Sprache durch eine kontextfreie Grammatik zu definieren (um ein Gefühl dafür zu bekommen, was kontextfreie Grammatiken leisten bzw. nicht leisten, sollte man versuchen, eine kontextfreie Grammatik dafür anzugeben). Damit für diese Sprache trotzdem ein Parser erzeugt werden kann, ist es im Grammatikkonzept von Prolog möglich, auf der rechten Seite einer Grammatikregel **zusätzliche Bedingungen** anzugeben. Wird eine Grammatikregel zur Ableitung einer Terminalsymbolfolge verwendet, dann müssen alle angegebenen Zusatzbedingungen erfüllt sein.

Würde in der Sprache "abc" die Bedingung über die gleiche Anzahl der Symbole a, b und c weggelassen, so könnte diese Sprache durch folgende kontextfreie Grammatik definiert werden:

```
abc        -->   a_liste, b_liste, c_liste.
a_liste    -->   [a].
a_liste    -->   [a], a_liste.
b_liste    -->   [b].
b_liste    -->   [b], b_liste.
c_liste    -->   [c].
c_liste    -->   [c], c_liste.
```
Startsymbol: abc

Um die Sprache "abc" zu beschreiben, muß die Anzahl der in einem Satz vorkommenden Symbole a, b und c gezählt und verglichen werden. Daher fügen wir zu den Nichtterminalsymbolen a_liste, b_liste und c_liste jeweils ein Argument dazu, das angibt, wieviele Terminalsymbole aus diesem Konstrukt abgeleitet werden. Dazu müssen die Grammatikregeln wie folgt modifiziert werden:

```
a_liste(1)          -->   [a].
a_liste(Anzahl+1)   -->   [a], a_liste(Anzahl).
b_liste(1)          -->   [b].
b_liste(Anzahl+1)   -->   [b], b_liste(Anzahl).
c_liste(1)          -->   [c].
c_liste(Anzahl+1)   -->   [c], c_liste(Anzahl).
```

In der ersten Regel der Grammatik (Ableitung von `abc`) muß als zusätzliche Bedingung angegeben werden, daß die Anzahl der Symbole `a`, `b` und `c` in dem Satz gleich sein muß. Eine Zusatzbedingung ist eine Folge von beliebigen Literalen (die bewiesen werden müssen, damit die Bedingung erfüllt ist). Sie wird in geschweifte Klammern eingeschlossen:

```
abc  --> a_liste(A), b_liste(B), c_liste(C), {A=:=B, B=:=C}.
```

Die Übersetzung von Grammatikregeln mit Zusatzbedingungen ist kein Problem, weil die zusätzlichen Bedingungen normale Prolog-Literale sind, die direkt in die übersetzten Klauseln eingefügt werden. Die letzte Grammatikregel wird in folgende Prolog-Klausel übersetzt:

```
abc(L,R)  :-
          a_liste(A,L,L1), b_liste(B,L1,L2), c_liste(C,L2,R),
          A=:=B, B=:=C.
```

Nach Eingabe aller Grammatikregeln können wir die folgenden Anfragen stellen:

```
?- abc([a,a,b,b,c,c],[]).
yes
?- abc([b,a,c],[]).
no
?- abc([a,a,b,c,c],[]).
no
```

Eine andere Erweiterung der Grammatikregeln ist die Möglichkeit, neue Terminalsymbole bei einer Ableitung zu generieren. Es ist bei Grammatikregeln erlaubt, hinter dem Nichtterminalsymbol **auf der linken Seite eine Liste mit Terminalsymbolen** anzugeben:

$$p, [t_1,\ldots,t_n] \text{-->} q.$$

Dies bedeutet: Wenn bei der Analyse eines Satzes Terminalsymbole mit dieser Regel aus dem Sprachkonstrukt `p` ableitbar sind, dann werden die Terminalsymbole $[t_1,\ldots,t_n]$ vor den restlichen noch abzuleitenden Terminalsymbolen des Satzes eingefügt.

Die obigen Grammatikregel wird nach unserem Schema in die Klausel

$$p(L, [t_1,\ldots,t_n|R]) :- q(L,R).$$

übersetzt. Bei Anwendung dieser Regel wird der Anfang des eingegebenen Satzes `L` aus dem Sprachkonstrukt `q` abgeleitet. Der verbleibende Rest des Satzes ist `R`. Zu diesem Rest werden die Terminalsymbole t_1, ..., t_n hinzugefügt, und dies ist der Satz, der nach der Ableitung aus dem Konstrukt `p` übrigbleibt. Somit sind während der Ableitung Terminalsymbole in den Satz eingefügt worden.

Dieses Konzept wird häufig verwendet, um zu beschreiben, daß bestimmte Regeln nur dann angewendet werden dürfen, wenn die ersten Symbole des zu analysierenden (Teil-) Satzes spezielle Terminalsymbole sind. Als Beispiel nehmen wir wieder die "Maus-und-Katze"-Sprache. Wir wollen bei den abzuleitenden Sätzen die Einschränkung formulieren, daß eine Maus selbst nur beißen, aber nicht jagen kann. Für die Grammatik bedeutet dies: Eine Maus darf nur dann als Subjekt auftreten, wenn das nächste Symbol (das Verb) `beisst` ist. Also lautet die neue Grammatik für die eingeschränkte Sprache:

```
satz       -->   subjekt, verb, objekt.
subjekt    -->   [die,katze].
subjekt    -->   [die,maus], pruefe_verb.
verb       -->   [jagt].
verb       -->   [beisst].
objekt     -->   [die,katze].
objekt     -->   [die,maus].
```

pruefe_verb ist ein Nichtterminalsymbol, aus dem der leere Satz ableitbar ist, d.h. wir könnten dafür die Grammatikregel

```
pruefe_verb   -->   [].
```

angeben. Allerdings soll die Einschränkung gelten, daß diese Ableitung nur dann möglich ist, wenn das nächste Symbol im Satz beisst ist. Daher geben wir anstelle der letzten Regel die Grammatikregel

```
pruefe_verb, [beisst]   -->   [beisst].
```

an. Diese Regel ist anwendbar, wenn das nächste Terminalsymbol beisst ist. Gleichzeitig wird das abgeleitete Terminalsymbol beisst wieder zu dem Satz hinzugefügt, womit insgesamt bei Anwendung dieser Regel kein Wort abgeleitet wird.

Geben wir die neue Grammatik in das Prolog-System ein, so erhalten wir folgende Antworten:

```
?- satz([die,maus,beisst,die,katze],[]).
yes
?- satz([die,maus,jagt,die,katze],[]).
no
```

9.4. Zusammenfassung

Nachfolgend ist eine Grammatik angegeben, welche die genaue Syntax von Grammatikregeln
beschreibt:

```
grammatikregel        --> linke_seite, ['-->'], rechte_seite.
linke_seite           --> nichtterminalsymbol.
linke_seite           --> nichtterminalsymbol, [','], terminalsymbole.
rechte_seite          --> alternativen.
alternativen          --> regel_rumpf.
alternativen          --> regel_rumpf, [';'], alternativen.
regel_rumpf           --> regel_element.
regel_rumpf           --> regel_element, [','], regel_rumpf.
regel_element         --> nichtterminalsymbol.
regel_element         --> terminalsymbole.
regel_element         --> bedingung.
regel_element         --> ['!'].
regel_element         --> ['('], alternativen, [')'].


nichtterminalsymbol --> atom.
nichtterminalsymbol --> atom, ['('], argumente, [')'].
argumente             --> term.
argumente             --> term, [','], argumente.
terminalsymbole       --> ['[]'].
terminalsymbole       --> ['['], terme, [']'].
bedingung             --> ['{'], literale, ['}'].
terme                 --> term.
terme                 --> term, [','], terme.
literale              --> literal.
literale              --> literal, [','], literale.
```

Startsymbol: `grammatikregel`

Die syntaktische Struktur von `atom`, `term` und `literal` ist in diesem Buch schon
eingeführt worden. Eine genaue Definition befindet sich im Anhang ("Syntax von Prolog").

Nach dieser Grammatik darf auf der rechten Seite von Grammatikregeln auch ein Semikolon
vorkommen. Dies hat die gleiche Bedeutung wie ein Semikolon in einer Prolog-Regel: Es ist
eine abkürzende Schreibweise für mehrere Alternativen. So steht die Grammatikregel

```
verb  -->  [jagt] ; [beisst] ; [faengt].
```

für die drei Regeln

```
verb  -->  [jagt].
verb  -->  [beisst].
verb  -->  [faengt].
```

Durch Verwendung des Semikolons können Grammatikregeln mit gleicher linker Seite zusammengefaßt werden.

Übungen:

9.1: Definieren Sie eine kontextfreie Grammatik, bei der die zugehörige Sprache nur Sätze der Form

```
[a,a, ...,a,b,b, ...,b]
```

erzeugt, wobei die Anzahl der Symbole a und b gleich sind. Verwenden Sie dabei *keine* Zusatzbedingungen.

9.2: Definieren Sie durch eine Grammatik einen Parser, der Binärzahlen einliest und den Dezimalwert ausgibt. Beispiel:

```
?- binaer(Wert, [1,0,1], []).
Wert = 5
yes
?- binaer(Wert, [2,1,0], []).
no
```

9.3: Definieren Sie durch Klauseln ein 2-stelliges Prädikat, das erfüllt ist, wenn das erste Argument eine Grammatikregel und das zweite Argument eine Klausel ist, die sich ergibt, wenn die Grammatikregel nach dem in diesem Kapitel angegebenen Schema übersetzt wird. Es soll also ein Übersetzer für Grammatikregeln in Prolog definiert werden.

10. Anwendungen

Es wurde schon im Vorwort darauf hingewiesen, daß Prolog eine *universelle Programmier-sprache* ist. Dies bedeutet: Jedes Problem, das mit Hilfe eines Computers gelöst werden kann, ist prinzipiell auch in Prolog lösbar. Jedoch ist nicht für alle mit einem Computer lösbaren Probleme Prolog die am besten geeignete Sprache. Seit der Benutzung von Computern sind viele verschiedene Programmiersprachen entwickelt worden, aber es gibt keine Sprache, die zur Lösung aller denkbaren Probleme prädestiniert ist. Vielmehr ist jede Sprache für bestimmte Probleme mehr geeignet, für andere Probleme jedoch weniger.

In diesem Kapitel werden einige Probleme angegeben, die sich besonders gut in Prolog lösen lassen. Zusätzlich wird skizziert, mit welchen Techniken diese Probleme gelöst werden können. Die Aufzählung ist natürlich sehr unvollständig. Dieses Kapitel soll nur Ideen und Anregungen für größere Projekte geben, die in Prolog gut realisierbar sind.

Datenbanken

Im allgemeinen (nicht im Prolog-Sinn) versteht man unter einer **Datenbank** eine integrierte Ansammlung von Daten zu einem bestimmten Anwendungsbereich. Große Datenmengen werden immer auf externen Speichermedien gehalten (Magnetplatten), während kleinere Datenmengen bei der Verarbeitung auch im Programm selbst gespeichert werden können. Weil jedes Prolog-System selbst eine Datenbank hat, in der die Klauseln des Programms gespeichert sind, kann Prolog zur Realisierung kleinerer Datenbanken (Adreßverzeichnis, Bibliotheksverzeichnis u.ä.) gut benutzt werden. Bei der Strukturierung der Daten bietet sich das *relationale Datenmodell* (vgl. z.B. Schlageter/Stucky: Datenbanksysteme, Teubner 1977) an, bei der alle Daten und Beziehungen Relationen sind. Die Informationen der Datenbank (Daten und Beziehungen zwischen Daten) können in Prolog als Fakten repräsentiert werden. Jedoch müssen nicht alle Informationen explizit als Fakten notiert werden, sondern bei abgeleiteten Informationen genügt die Darstellung durch Regeln.

Die Realisierung einer Datenbank mit Personen und ihren verwandtschaftlichen Beziehungen haben wir in Kapitel 1 kennengelernt. Dort sind bestimmte grundlegende Informationen (weiblich, verheiratet usw.) durch Fakten repräsentiert, andere Beziehungen (Vater, Tante usw.) werden durch Regeln definiert. Ein wichtiger Aspekt von Datenbanken wurde bei diesem Beispiel allerdings nicht berücksichtigt: Der Benutzer soll relativ wenig lernen müssen, um Informationen aus der Datenbank abzufragen und zu manipulieren. Insbesondere sollte er nichts von der Realisierung der Datenbank wissen. Aus diesem Grund benutzt er zur Manipulation der Datenbank keine vordefinierten Prädikate wie `assert` und `retract`, sondern es sollten Prädikate in Prolog definiert sein, die ihm den Umgang mit der Datenbank erleichtern. Ideen hierzu sind in Kapitel 6.3 und Übungsaufgabe 6.4 angegeben.

Biologie (hierarchische Datenbanken)

In der Biologie wird zur Bestimmung von Pflanzen und Tieren eine Methode verwendet, die ein Beispiel für eine hierarchische Datenbank ist. In einer *hierarchischen Datenbank* sind die Informationen in Form eines Baums strukturiert. Zum Auffinden der Daten durchläuft der Benutzer den Baum von der Wurzel über verschiedene Knoten zu den Blättern, die die Daten enthalten. In jedem Knoten (außer den Blättern) muß die Entscheidung getroffen werden, in welchem Teilbaum weiter gesucht wird. So müssen bei der Pflanzenbestimmung Fragen über Farbe und Form der Pflanzenblätter beantwortet werden, und dadurch wird die weitere Suche in den vorhandenen Daten bestimmt. Im folgenden wird anhand einer einfachen Tierbestimmung eine Möglichkeit angegeben, solche hierarchischen Datenbanken in Prolog zu realisieren.

Die eigentlichen Daten werden durch Fakten repräsentiert. Gibt es in jedem Entscheidungs-
knoten nur zwei Alternativen, d.h. sind die möglichen Antworten nur "ja" und "nein", so
können alle Knoten der hierarchischen Datenbank durch Fakten für 3-stellige Prädikate in der
Form

```
kategorie(Frage,Ja_Kategorie,Nein_Kategorie).
```

repräsentiert werden. `kategorie` ist der (eindeutige) Name der Klasse, zu der alle Daten
(Tiere) gehören, die von diesem Knoten aus erreicht werden können. Beispiel:

```
tiere('Lebt das Tier im Wasser?',wassertiere,landtiere).
```

Die eigentlichen Tiere werden durch 3-stellige Fakten repräsentiert, wobei das erste Argument der Name des Tieres und die beiden restlichen Argumente spezielle Atome (`nichts`)
sind:

```
elephant('Elephant',nichts,nichts).
schaeferhund('Schäferhund',nichts,nichts).
```

Die Bestimmung eines Tieres (Durchsuchen der Datenbank) wird als Prädikat `bestimme`
realisiert, das als Argument den Namen der Kategorie, in der gesucht wird, enthält. Die folgenden Klauseln definieren das Prädikat:

```
bestimme(Kategorie) :-
      Faktum =.. [Kategorie,Frage,Ja_Kat,Nein_Kat],
      call(Faktum),   % Instantiierung von Frage, Ja_Kat, Nein_Kat
      suche_weiter(Frage,Ja_Kat,Nein_Kat).

suche_weiter(Tier,nichts,nichts) :-
      write('Das gesuchte Tier ist'), write(Tier), nl, !.
suche_weiter(Frage,Ja_Kat,Nein_Kat) :-
      write(Frage), nl, read(Antwort),
      suche_ja_nein(Antwort,Ja_Kat,Nein_Kat).

suche_ja_nein(ja,Ja_Kat,Nein_Kat) :- bestimme(Ja_Kat).
suche_ja_nein(nein,Ja_Kat,Nein_Kat) :- bestimme(Nein_Kat).
```

Dies ist nur ein prinzipieller Lösungsvorschlag, der noch erweiterbar ist (z.B. Fragen mit
mehr als zwei Antworten, Fehlermeldung bei nicht vorhandenen Fakten).

Beispiel: Rezept-Datenbank zur Zusammenstellung von Menüs

In diesem Abschnitt soll die Entwicklung eines größeren Anwendungsprogramms in Prolog
an einem Beispiel demonstriert werden. Dadurch wird einerseits die schrittweise Entwicklung eines größeren Programms gezeigt, andererseits soll dieses Beispiel noch einmal die
Ausdrucksmächtigkeit von Prolog verdeutlichen, die darin liegt, daß mit wenig Aufwand ein
von der Funktionaliät umfangreiches Programm schnell erstellt werden kann.

Als Beispiel ist folgende Aufgabenstellung gegeben: Es soll ein Prolog-Programm entwickelt
werden, in dem Rezepte zum Kochen und Backen gespeichert werden können und mit dem
der Benutzer folgende Möglichkeiten hat:

- Auswahl von Rezepten aus bestimmten Kategorien, wie z.B. Vorspeisen, Hauptspeisen, Backwaren etc.
- Auswahl von Rezepten nach bestimmten Merkmalen, wie z.B. verwendete Zutaten, Zubereitungszeit, Kalorienangaben
- Ausgabe der ausgewählten Rezepte
- Zusammenstellung von Menüs für eine bestimmte Anzahl von Personen
- Ausgabe von Einkaufslisten für die Zutaten und Kalorienangaben eines Menüs

Mögliche Erweiterungen des Programms, deren Lösungen hier aber nicht gezeigt werden, sind:

- Änderung vorhandener und Eingabe neuer Rezepte
- Nährwerttabellen und Vitaminangaben für die Rezepte
- Weinempfehlungen zu den einzelnen Rezepten

Zur Verdeutlichung der Aufgabenstellung geben wir einen Dialog in der Form an, wie er mit der Rezept-Datenbank später ablaufen soll:

```
?- menue.
Dies ist ein System zur Vorbereitung von Menues:
Anzahl der Personen (mit "." abschliessen) ? 8.
Wollen Sie ein 3-gaengiges Standardmenue oder
ein individuelles Menue? (s./i.) i.


Bisher ausgewaehlte Rezepte:
Noch ein Rezept auswaehlen? (j./n.) j.
Kategorie: Rezepte
1: Kategorie Vorspeisen
2: Kategorie Hauptspeisen
3: Kategorie Nachspeisen
4: Kategorie Backwaren
Nummer oder Auswahl nach Produkten, Zeitaufwand,
oder Kalorien (NR./p./z./k.): 2.
Kategorie: Hauptspeisen
1: Kategorie Schweinefleischgerichte
2: Kategorie Rindfleischgerichte
3: Kategorie Fischgerichte
Nummer oder Auswahl nach Produkten, Zeitaufwand,
oder Kalorien (NR./p./z./k.): 2.
Kategorie: Rindfleischgerichte
1: Majoranfleisch
2: Chili con carne
Nummer oder Auswahl nach Produkten, Zeitaufwand,
oder Kalorien (NR./p./z./k.): 1.
Bisher ausgewaehlte Rezepte:
Majoranfleisch
Noch ein Rezept auswaehlen? (j./n.) n.


Wollen Sie: 1. Alle Rezepttitel ausgeben,
            2. Gesamtkalorien ausgeben,
            3. Alle Rezepte ausgeben,
            4. Einkaufsliste ausgeben,
            0. Menuebearbeitung verlassen ?
```

2.
Joule/Kalorien des Menues pro Portion: 2517.195300/601.624510

Wollen Sie: 1. Alle Rezepttitel ausgeben,
            2. Gesamtkalorien ausgeben,
            3. Alle Rezepte ausgeben,
            4. Einkaufsliste ausgeben,
            0. Menuebearbeitung verlassen ?
4.
Menue-Einkaufsliste fuer 8 Personen:

1000 g Rindergulasch
60 g Margarine
700 g Zwiebeln
4 El. Majoran
2 Prise Salz
2 Prise Pfeffer
0.8 l Bruehe
500 g Creme fraiche

Wollen Sie: 1. Alle Rezepttitel ausgeben,
            2. Gesamtkalorien ausgeben,
            3. Alle Rezepte ausgeben,
            4. Einkaufsliste ausgeben,
            0. Menuebearbeitung verlassen ?
3.
Majoranfleisch   (Rezeptnr. 2)
(fuer 4 Portionen)

Zutaten:
500 g Rindergulasch
30 g Margarine
350 g Zwiebeln
2 El. Majoran
1 Prise Salz
1 Prise Pfeffer
0.4 l Bruehe
250 g Creme fraiche

Rezept:
Zwiebeln in Ringe schneiden. Das Fleisch im heissen Fett
kraeftig anbraten und die Zwiebeln zugeben und ebenfalls
anbraten. Mit Pfeffer und Salz wuerzen. Die Haelfte der
Bruehe portionsweise zugiessen und immer wieder verkochen
lassen bis eine kraeftige Sauce entsteht. Dann die restliche
Bruehe zugeben und zugedeckt ca. 60 Minuten leise schmoren.
Majoran ca. 15 Minuten vor Ende der Garzeit zugeben. Am Ende
Creme fraiche zugeben und abschmecken.
Mit Baguette oder Reis servieren.

Vorbereitungszeit: 10 Minuten, Garzeit: 60 Minuten

Joule/Kalorien pro Portion: 2517.195300/601.624510

```
Wollen Sie: 1. Alle Rezepttitel ausgeben,
            2. Gesamtkalorien ausgeben,
            3. Alle Rezepte ausgeben,
            4. Einkaufsliste ausgeben,
            0. Menuebearbeitung verlassen ?
0.
Wollen Sie ein weiteres Menue auswaehlen? (j./n.) n.
yes
```

Hiermit ist das zu lösende Problem ganz grob umrissen. Der nächste Schritt zur Lösung des Problems ist die **Grobplanung des Konzepts.** In dieser Phase soll festgelegt werden, welche Informationen überhaupt zur Problemlösung benötigt werden und wie die Informationen strukturiert werden können. Bei unserem Problem müssen wir uns zunächst überlegen, durch welche Informationen ein Rezept charakterisiert wird. Ein möglicher Vorschlag ist:

Ein **Rezept** besteht aus folgenden Komponenten:

- Titel des Rezepts

- Angabe der Personenanzahl, für die das Rezept gedacht ist

- Liste der Zutaten

- Zubereitungsvorschrift (Liste von Textzeilen)

- Vorbereitungszeit

- Garzeit (die Summe aus Vorbereitungszeit und Garzeit ist die Gesamtzeit, die für die Zubereitung des Rezepts benötigt wird)

- Kalorienangaben

Bei weiterer Überlegung können wir erkennen, daß die Kalorienangaben nicht unbedingter Bestandteil eines Rezepts sind, sondern sie können aus der Liste der Zutaten berechnet werden, wenn eine Kalorientabelle vorhanden ist. Dies hat auch den Vorteil, daß man bei Eingabe eines Rezepts nicht immer die Kalorien ausrechnen muß, falls diese Angabe nicht direkt verfügbar ist. Eine **Kalorientabelle** besteht aus einer Menge von Einträgen, die folgende Komponenten enthalten:

- Name des Produkts (z.B. Zucker, Mehl)

- Menge und Einheit, auf die sich die Kalorienangaben beziehen (z.B. 100 Gramm, 1 Liter)

- Kalorienangaben, woraus man durch eine einfache Umrechnungsformel die Angaben in Joule berechnen kann

Ein Problem ergibt sich, wenn die Angaben einer Zutat in einem Rezept eine andere Einheit als die Kalorientabelle verwendet. Z.B. könnten im Rezept 0.25 Liter Sahne benötigt werden, in der Kalorientabelle ist aber nur eine Angabe für 100 Gramm Sahne vorhanden. Um trotzdem die Kalorien für das Rezept berechnen zu können, benötigen wir eine **Umrechnungstabelle**, um eine Einheit (z.B. Liter) in eine andere Einheit (z.B. Gramm) umzurechnen. Im Prinzip kann diese Umrechnung je nach Produkt variieren. Wir wollen aber, damit das Beispiel nicht zu groß wird, davon ausgehen, daß die verschiedenen Einheiten unabhängig von dem jeweiligen Produkt direkt ineinander umgerechnet werden können.

In der Aufgabenstellung war verlangt, daß man Rezepte aus bestimmten Kategorien (z.B. Vorspeisen, Hauptspeisen) auswählen kann. Aus diesem Grund benötigen wir eine Kategorientabelle, in der alle Kategorien und deren zugehörigen Rezepte abgelegt sind. Eine **Kategorientabelle** besteht aus Einträgen, die folgende Komponenten haben:

- Name der Kategorie (z.B. Hauptspeisen, Rindfleischgerichte)

- Liste der zu dieser Kategorie gehörenden Kategorien und Rezepte (z.B. gehören zu der Kategorie Hauptspeise die Unterkategorien Rindfleischgerichte, Fischgerichte etc. und zur Kategorie Rindfleischgerichte gehört unter anderem das Gericht "Majoranfleisch")

Damit ist die Grobplanung beendet und die zur Realisierung benötigten Informationen sind festgelegt. Die Grobplanung muß natürlich abgeändert werden, wenn sich bei der Realisierung zeigt, daß wichtige Informationen vergessen worden sind. Die Änderung der Grobplanung kann jedoch große Auswirkungen in der Feinplanung und Realisierung nach sich ziehen. Daher sollte die Grobplanung in jedem Fall sorgfältig durchdacht und die Realisierung nicht zu schnell vorgenommen werden.

Der nächste Schritt auf dem Weg zur fertigen Lösung des gegebenen Problems ist die **Feinplanung der Daten.** Hierbei geht es darum, für die in der Grobplanung festgelegten Informationen genau anzugeben, in welcher Form diese als Prolog-Klauseln definiert werden. Dabei müssen nicht alle Informationen als Fakten im Prolog-System abgelegt werden, sondern sie können eventuell auch unter Benutzung bestimmter Regeln aus anderen Informationen abgeleitet werden. Solche Regeln werden in diesem Planungsschritt auch angegeben. Insgesamt geht es also in der Feinplanung der Daten darum, alle Prädikate anzugeben, die den Zugriff auf Informationen erlauben, die in der späteren Realisierung benötigt werden. Wir geben nun nacheinander diese Prädikate an.

Zunächst müssen wir definieren, wie wir auf die vorhandenen Rezepte zugreifen können. Dazu überlegen wir uns, daß Rezepte in der Kategorientabelle an verschiedenen Stellen mehrfach auftreten können. Z.B. könnte das Rezept für eine Fischsuppe sowohl unter der Kategorie "Vorspeisen" als auch unter der Kategorie "Fischgerichte" auftreten. Da wir dann dieses Rezept nicht zweimal eingeben wollen, definieren wir ein Prädikat `rezept`, daß durch Fakten definiert ist und alle Rezepte enthält. Außerdem legen wir fest, daß jedes Rezept mit einer eindeutigen Nummer versehen ist und geben in der Kategorientabelle nur noch die Nummern der Rezepte an. Damit erhalten wir folgende Festlegung, wie das Prädikat `rezept` definiert wird:

Prädikat `rezept(Nr,Titel,Port,Zutaten,Text,VZeit,GZeit):`
Die einzelnen Komponenten haben folgende Bedeutung:

- `Nr` ist eine positive ganze Zahl. Dies ist die Nummer des Rezepts, die für jedes Rezept anders sein soll.

- `Titel` ist ein Atom. Dies ist der Name des Rezepts.

- `Port` ist eine positive ganze Zahl. Sie gibt die Anzahl der Portionen an, für die das Rezept ausgelegt ist. Diese Information werden wir später verwenden, um bei einer beliebigen Anzahl von Personen die notwendigen Zutaten zu berechnen.

- `Zutaten` ist eine Liste mit Elementen der Form `produkt(Menge,Einheit,Name)`, wobei `Menge` eine Zahl (auch Gleitkommazahlen wie `1.5` sollen erlaubt sein, wenn unser Prolog-System damit rechnen kann), `Einheit` ein Atom aus einer noch zu definierenden Menge von möglichen Einheiten und `Name` ein Atom ist.

- `Text` ist eine Liste von Atomen und repräsentiert die eigentliche Zubereitungsvorschrift. Jedes Atom soll also eine Zeile des Rezepts sein.

- VZeit ist eine positive ganze Zahl und gibt die Vorbereitungszeit in Minuten an.

- GZeit ist eine positive ganze Zahl und gibt die Garzeit in Minuten an.

Die einzelnen Rezepte sind Fakten für das Prädikat rezept. Das Rezept für das Rindfleischgericht "Majoranfleisch" wird durch folgendes Faktum definiert:

```
rezept(2,'Majoranfleisch',4,
   [produkt(500,g,'Rindergulasch'),produkt(30,g,'Margarine'),
    produkt(350,g,'Zwiebeln'),produkt(2,'El.','Majoran'),
    produkt(1,'Prise','Salz'),produkt(1,'Prise','Pfeffer'),
    produkt(0.4,l,'Bruehe'),produkt(250,g,'Creme fraiche')],
   ['Zwiebeln in Ringe schneiden. Das Fleisch im heissen Fett',
    'kraeftig anbraten und die Zwiebeln zugeben und ebenfalls',
    'anbraten. Mit Pfeffer und Salz wuerzen. Die Haelfte der',
    'Bruehe portionsweise zugiessen und immer wieder verkochen',
    'lassen bis eine kraeftige Sauce entsteht. Dann die restliche',
    'Bruehe zugeben und zugedeckt ca. 60 Minuten leise schmoren.',
    'Majoran ca. 15 Minuten vor Ende der Garzeit zugeben. Am Ende',
    'Creme fraiche zugeben und abschmecken.',
    'Mit Baguette oder Reis servieren.'],
   10,60).
```

Die in den Zutaten verwendeten Bezeichnungen für die Einheiten sollten nicht beliebig gewählt werden, sondern bestimmten Konventionen entsprechen. Um dies bei einem Programm zur Eingabe von Rezepten überprüfen zu können, definieren wir ein Prädikat einheit, das die zulässigen Einheiten und ihre umgangssprachliche Bedeutung festlegt:

Prädikat einheit(E,Kommentar):

- E ist ein Atom. Dies ist die Einheit, die in der Liste der Zutaten in den Rezepten und in der Kalorientabelle verwendet wird.

- Kommentar ist ein Atom. Dies gibt die umgangssprachliche Bedeutung der Einheit an.

Die Menge der zulässigen Einheiten wird durch eine Folge von Fakten für das Prädikat einheit definiert:

```
einheit(g,'Gramm').
einheit(kg,'Kilogramm').
einheit(l,'Liter').
einheit('El.','Essloeffel').
einheit('Tl.','Teeloeffel').
einheit('Prise','Prise (Salz, Zucker, ...)').
einheit('Kl.1','Klasse 1 (Eier)').
einheit('Kl.2','Klasse 2 (Eier)').
...
```

Zur Berechnung der Kalorienangaben für jedes Rezept benötigen wir wie oben erwähnt eine Möglichkeit, verschiedene Einheiten ineinander umzurechnen. Dazu müssen wir zunächst wissen, in welcher Relation verschiedene Einheiten zueinander stehen, z.B. daß 1 Kilogramm 1000 Gramm entspricht. Diese Relation definieren wird durch folgendes Prädikat:

Prädikat umrechnungstabelle(Menge1,Einheit1,Menge2,Einheit2):

- Einheit1 und Einheit2 sind Atome und müssen zulässige Einheiten sein (vgl. Prädikat einheit).

– `Menge1` und `Menge2` sind Zahlen, die die zu den Einheiten gehörigen Mengenangaben repräsentieren.

Zu je zwei verschiedenen Einheiten sollte genau ein Faktum für das Prädikat `umrechnungstabelle` existieren, damit eine Umrechnung der Einheiten immer möglich ist. Beispiele für solche Fakten sind:

```
umrechnungstabelle(1,kg,1000,g).
umrechnungstabelle(1,l,1000,g).
umrechnungstabelle(1,'Kl.2',65,g).
```

Mit dieser Umrechnungstabelle können wir aber noch nicht direkt beliebige Mengenangaben einer Einheit in eine andere umrechnen, z.B. können wir noch nicht 0.25 Liter in Gramm umrechnen. Dazu definieren wir das Prädikat `umrechnung`.

Prädikat `umrechnung(M1,E1,M2,E2)`:

– `E1` und `E2` müssen beim Beweis dieses Prädikats Atome (zulässige Einheiten) sein.

– `M1` muß beim Beweis dieses Prädikats mit einer Zahl instantiiert sein.

– `M2` wird mit der Zahl unifiziert, die sich ergibt, wenn die Mengenangabe `M1` von der Einheit `E1` gemäß der `umrechnungstabelle` in die Einheit `E2` umgerechnet worden ist. Ist eine Umrechnung nicht möglich, weil entsprechende Angaben in der `umrechnungstabelle` fehlen, wird eine Fehlermeldung ausgegeben und `M2` wird mit 0 unifiziert.

Ist ein Faktum der Form `umrechnungstabelle(GM1,E1,GM2,E2)` vorhanden, so kann die Umrechnung von `M1` in `M2` nach der Formel `M2 = M1*GM2/GM1` erfolgen. Bei den Klauseln für das Prädikat `umrechnung(M1,E1,M2,E2)` müssen wir folgende Fälle unterscheiden:

1. `E1` und `E2` sind identisch.

2. Es existiert ein Faktum mit `E1` und `E2` in der Umrechnungstabelle.

3. Es existiert kein entsprechendes Faktum in der Umrechnungstabelle

Damit erhalten wir folgende Klauseln für `umrechnung`:

```
umrechnung(M,E,M,E)  :- !.
umrechnung(M1,E1,M2,E2)  :-
        umrechnungstabelle(GM1,E1,GM2,E2), !,
        M2 is M1*GM2/GM1.
umrechnung(M1,E1,M2,E2)  :-
        umrechnungstabelle(GM2,E2,GM1,E1), !,
        M2 is M1*GM2/GM1.
umrechnung(M1,E1,0,E2)  :-
        write('Umrechnung von Einheit "'), write(E1),
        write('" in Einheit "'), write(E2),
        write('" nicht moeglich!'), nl.
```

Mit diesen Definitionen können wir folgende Anfragen stellen:

```
?- umrechnung(0.25,l,X,g).
X = 250
yes
```

```
?- umrechnung(3000,g,X,kg).
X = 3
yes
?- umrechnung(1,'Prise',X,l).
Umrechnung von Einheit "Prise" in Einheit "l" nicht moeglich!
X = 0
yes
```

Aufbauend auf der Umrechnung von Einheiten können wir jetzt die Berechnung von Kalorienangaben für beliebige Mengen bestimmter Produkte definieren. Grundlage hierfür ist eine Kalorientabelle, die durch Fakten für das Prädikat `kalorien` dargestellt wird.

Prädikat `kalorien(Menge,Einheit,Name,Kalorien)`:

- `Menge` ist eine Zahl und gibt die Mengen an, auf die sich die Kalorienangabe bezieht.

- `Einheit` ist ein Atom und gibt die Einheit an, auf die sich die Kalorienangabe bezieht.

- `Name` ist ein Atom und bezeichnet das Produkt. Um die Kalorien für ein Rezept berechnen zu können, dürfen in der Zutatenliste des Rezepts nur solche Produktnamen vorkommen, zu denen entsprechende `kalorien`-Fakten vorhanden sind.

- `Kalorien` ist eine (ganze) Zahl und gibt die Kalorien an, die dieses Produkt in der angegebenen `Menge` und `Einheit` hat.

Beispiele für Fakten aus der Kalorientabelle:

```
kalorien(1,'Kl.2','Ei',95).
kalorien(1,'Kl.2','Eier',95).
kalorien(100,g,'Zucker',394).
```

Um für ein Produkt die Kalorien bezüglich einer beliebigen Mengenangabe auszurechnen, definieren wir das Prädikat `berechne_kalorien`, das mit Hilfe der Kalorientabelle und der Umrechnungstabelle definiert wird.

Prädikat `berechne_kalorien(Menge,Einheit,Name,Kalorien)`:

- `Menge`, `Einheit`, `Name` und `Kalorien` haben die gleiche Bedeutung wie beim Prädikat `kalorien`, jedoch müssen beim Beweis eines `berechne_kalorien`-Literals die ersten drei Argumente instantiiert sein, woraus die Kalorienangaben berechnet werden können.

- Können die Kalorienangaben aufgrund fehlender Angaben in der Umrechnungs- oder Kalorientabelle nicht bestimmt werden, so wird eine Fehlermeldung ausgegeben und `Kalorien` wird mit `0` unifiziert.

Die Kalorienangaben für ein Produkt in der angegebenen Menge und Einheit können wir bestimmen, indem wir in der Kalorientabelle die Angaben für das Produkt heraussuchen, die Mengen in der Kalorientabelle in die angegebene Menge umrechnen und dann die Kalorienangabe entsprechend umrechnen. Zur Definition dieses Prädikats werden drei Klauseln benötigt, wobei die erste Klausel den Fall behandelt, daß eine Umrechnung der in der Kalorientabelle angegebenen Einheit in die gewünschte Einheit nicht möglich ist:

```
berechne_kalorien(Menge,Einheit,Name,0) :-
        kalorien(GM,GE,Name,GKal),
        umrechnung(GM,GE,KalMenge,Einheit),
        KalMenge=0, !.
```

```
berechne_kalorien(Menge,Einheit,Name,Kal) :-
        kalorien(GM,GE,Name,GKal),
        umrechnung(GM,GE,KalMenge,Einheit),
        Kal is Menge*GKal/KalMenge, !.
berechne_kalorien(Menge,Einheit,Name,0) :-
        write('Kalorienangaben fuer "'), write(Name),
        write('" sind nicht bekannt.'), nl.
```

Um Kalorienangaben auch in der Einheit "Joule" angeben zu können, definieren wir noch das Prädikat `kalorienInJoule`:

```
kalorienInJoule(Kal,Joule) :-
        Joule is Kal*4.184.
```

Die letzte Information, die wir zur Realisierung unserer Rezept-Datenbank benötigen, ist die Kategorientabelle, in der alle Rezepte nach Kategorien sortiert vorkommen. Wie die bisherigen Tabellen definieren wir auch die Kategorientabelle durch Fakten für ein bestimmtes Prädikat.

Prädikat `kategorie(Name,Inhalt)`:

— `Name` ist ein Atom und gibt die Bezeichnung einer Kategorie an. Die Hauptkategorie für unsere Rezeptdatenbank soll die Bezeichnung `'Rezepte'` haben.

— `Inhalt` ist eine Liste, die alle Elemente dieser Kategorie enthält. Jedes Element hat entweder die Form `kat(KatName)`, wobei `KatName` die Bezeichnung einer Kategorie ist, die in dieser Kategorie enthalten sein soll, oder die Form `rez(Nr)`, wobei `Nr` die eindeutige Nummer des Rezepts ist, das zu dieser Kategorie gehört.

Beispiele von Fakten für das Prädikat `kategorie`:

```
kategorie('Rezepte',[kat('Vorspeisen'),kat('Hauptspeisen'),
                  kat('Nachspeisen'),kat('Backwaren')]).
kategorie('Vorspeisen',[rez(1)]).
kategorie('Hauptspeisen',[kat('Schweinefleischgerichte'),
                     kat('Rindfleischgerichte'),
                     kat('Fischgerichte')]).
kategorie('Rindfleischgerichte',[rez(2),rez(4)])
```

In der Aufgabenstellung der Rezept-Datenbank ist gefordert, daß der Benutzer die Möglichkeit haben soll, aus einer Kategorie ein Rezept direkt oder nach bestimmten Kriterien (Zubereitungszeit, Kalorienangaben) auszuwählen. Um die Auswahl nach bestimmten Kriterien zu realisieren, benötigen wir die Information, welche Rezepte in einer Kategorie vorkommen. Dies definieren wir durch folgendes Prädikat:

Prädikat `rezepteInKategorie(Kategorie,Rezepte)`:

— `Kategorie` ist die Bezeichnung einer Kategorie.

— `Rezepte` ist die Liste der in der `Kategorie` vorkommenden Rezepte. Jedes Element dieser Liste hat die Form `rez(Nr)`, wobei `Nr` die Nummer eines Rezepts ist.

Zur Realisierung des Prädikats müssen wir alle Elemente der `Kategorie` betrachten. Wenn das Element ein Rezept ist, fügen wir dieses Rezept in die Liste `Rezepte` ein. Ist es eine Kategorie, dann müssen wir alle Rezepte dieser Kategorie aufsammeln und zu der Liste `Rezepte` hinzufügen. Zur konkreten Definition des Prädikats benötigen wir noch ein Hilfsprädikat, daß die einzelnen Elemente einer Kategorie in der beschriebenen Weise verarbeitet (`konk` ist das in Kapitel 4.3 definierte Prädikat zum Aneinanderhängen von Listen):

```
rezepteInKategorie(Kategorie,Rezepte) :-
      kategorie(Kategorie,Elemente), !,
      rezepteInKategorieListe(Elemente,[],Rezepte).
rezepteInKategorie(Kategorie,[]).


rezepteInKategorieListe([],Rezepte,Rezepte).
rezepteInKategorieListe([rez(Nr)|L],Rezepte,[rez(Nr)|LRezepte]) :-
      rezepteInKategorieListe(L,Rezepte,LRezepte).
rezepteInKategorieListe([kat(Kat)|L],Rezepte,AlleRezepte) :-
      rezepteInKategorie(Kat,KatRezepte),
      konk(Rezepte,KatRezepte,KRezepte),
      rezepteInKategorieListe(L,KRezepte,AlleRezepte).
```

Nun haben wir alle zur Lösung des Problems notwendigen Daten und die Zugriffsmöglich-
keiten darauf definiert und damit ist die Feinplanung des Konzepts abgeschlossen. In dem
jetzt folgenden letzten Schritt geben wir die konkrete Lösung des anfangs gestellten Problems
an.

Realisierung der geforderten Funktionen

Aus der Aufgabenstellung ist ersichtlich, daß aufbauend auf der Feinplanung des Konzepts
noch folgende Funktionen zu realisieren sind:

1. Berechnung der Kalorienangaben eines Rezepts bzw. einer Liste von Rezepten.

2. Ausgabe eines Rezepts bzw. einer Liste von Rezepten.

3. Ausgabe einer Einkaufsliste (Zutatenliste) für eine Liste von Rezepten.

4. Auswahl eines Rezepts direkt in einer Kategorie oder nach bestimmten Kriterien.

5. Zusammenstellung eines Menüs, d.h. Auswahl mehrerer Rezepte für eine bestimmte
    Anzahl von Personen.

Wir werden jetzt nacheinander eine Lösung für jede einzelne Funktion angeben.

Berechnung der Kalorienangaben für eine Liste von Rezepten

Prädikat `rezept_kalorien(Rezepte,Kalorien)`:

- `Rezepte` muß beim Beweis dieses Prädikats mit einer Rezeptnummer (ganze Zahl) oder
  einer Liste von Rezeptnummern instantiiert sein.

- `Kalorien` wird mit einer Zahl unifiziert, die die Summe der Kalorien pro Portion aller
  angegebenen Rezepte darstellt.

Zur Realisierung des Prädikats benötigen wir das Hilfsprädikat `zutaten_kalorien`, das
aus einer Liste von Zutaten die zugehörigen Kalorienangaben berechnet. Die Umrechnung der
Kalorienangaben pro Portion wird in der dritten Klausel des Prädikats `rezept_kalorien`
durchgeführt:

```
rezept_kalorien([],0).
rezept_kalorien([Rezept|Rezepte],Kal) :-
      rezept_kalorien(Rezept,KalR),
      rezept_kalorien(Rezepte,KalRe),
      Kal is KalR+KalRe.
```

```
rezept_kalorien(Nr,Kal) :-
        rezept(Nr,_,Portionen,Zutaten,_,_,_),
        zutaten_kalorien(Zutaten,ZKal),
        Kal is ZKal/Portionen.

zutaten_kalorien([],0).
zutaten_kalorien([produkt(M,E,Name)|Zutaten],Kal) :-
        berechne_kalorien(M,E,Name,PKal),
        zutaten_kalorien(Zutaten,ZKal),
        Kal is PKal+ZKal.
```

Ausgabe einer Liste von Rezepten

Prädikat `rezept_ausgabe(Rezepte)`:

- `Rezepte` muß beim Beweis dieses Prädikats mit einer Rezeptnummer (ganze Zahl) oder
  einer Liste von Rezeptnummern instantiiert sein. Beim Beweis dieses Prädikats werden
  als Nebeneffekt alle `Rezepte` formatiert ausgegeben.

Die Ausgabe eines Rezepts ist im wesentlichen eine Folge von `write`-Literalen, mit denen
die einzelnen Komponenten des Rezepts angezeigt werden. Zur Realisierung werden die
Hilfsprädikate `zutaten_ausgabe` zur Ausgabe einer Liste von Rezeptzutaten,
`text_ausgabe` zur Ausgabe der einzelnen Zeilen der Zubereitungsvorschrift, und
`garzeit_ausgabe` zur Ausgabe der Garzeit, falls diese ungleich 0 ist, benötigt:

```
rezept_ausgabe([]).
rezept_ausgabe([Rezept|Rezepte]) :-
        rezept_ausgabe(Rezept),
        rezept_ausgabe(Rezepte).
rezept_ausgabe(Nr) :-
        rezept(Nr,Titel,Port,Zutaten,Text,VZeit,GZeit),
        write(Titel), write('   (Rezeptnr. '), write(Nr),
        write(')'), nl,
        write(' (fuer '), write(Port),
        write(' Portionen)'), nl, nl,
        write('Zutaten:'), nl,
        zutaten_ausgabe(Zutaten), nl,
        write('Rezept:'), nl,
        text_ausgabe(Text), nl,
        write('Vorbereitungszeit: '),
        write(VZeit), write(' Minuten'),
        garzeit_ausgabe(GZeit), nl,
        write('Joule/Kalorien pro Portion: '),
        rezept_kalorien(Nr,Kal),
        kalorienInJoule(Kal,Joule),
        write(Joule), write(/), write(Kal), nl, nl.

zutaten_ausgabe([]).
zutaten_ausgabe([produkt(Menge,Einheit,Name)|Zutaten]) :-
        write(Menge), put(32), write(Einheit),
        put(32), write(Name), nl,
        zutaten_ausgabe(Zutaten).
```

```
text_ausgabe([]).
text_ausgabe([Zeile|Text]) :-
        write(Zeile), nl,
        text_ausgabe(Text).

garzeit_ausgabe(0) :- !.
garzeit_ausgabe(Min) :-
        write(', Garzeit: '), write(Min), write(' Minuten'), nl.
```

Ausgabe einer Einkaufsliste für mehrere Rezepte

Prädikat `rezept_zutaten(Rezepte,Portionen)`:

- `Rezepte` muß beim Beweis dieses Prädikats mit einer Liste von Rezeptnummern instantiiert sein.

- `Portionen` muß mit einer positiven ganzen Zahl instantiiert sein. Dies ist die Angabe, für wieviele Personen das Menü gedacht ist. Beim Beweis dieses Prädikats werden als Nebeneffekt die Zutaten aller `Rezepte` ausgegeben, wobei die Mengenangaben auf die entsprechende Personenanzahl umgerechnet werden.

Zur Realisierung dieses Prädikats wird das Hilfsprädikat `rezept_zutaten_ausgabe` benötigt, das eine Zutatenliste ausgibt und dabei die Mengenangaben entsprechend der vorgegebenen Personenanzahl umrechnet:

```
rezept_zutaten([],_).
rezept_zutaten([Nr|Rezepte],Portionen) :-
        rezept(Nr,_,RezPort,Zutaten,_,_,_),
        rezept_zutaten_ausgabe(Zutaten,RezPort,Portionen),
        rezept_zutaten(Rezepte,Portionen).

rezept_zutaten_ausgabe([],_,_).
rezept_zutaten_ausgabe([produkt(M,E,Name)|Zutaten],
                       RezPort,Portionen) :-
        RealeMenge is M*Portionen/RezPort,
        write(RealeMenge), put(32), write(E),
        put(32), write(Name), nl,
        rezept_zutaten_ausgabe(Zutaten,RezPort,Portionen).
```

Bei dieser Realisierung wird eine Zutat, die eventuell in mehreren Rezepten auftritt, auch mehrfach ausgegeben. Es wäre natürlich für den Benutzer angenehmer, wenn die Zutaten vor der Ausgabe sortiert und bei gleichen Zutaten die Mengen addiert würden. Diese etwas aufwendigere Realisierung ist eine Erweiterungsmöglichkeit, die dem interessierten Leser überlassen bleibt.

Auswahl eines Rezepts

Prädikat `rezept_auswahl(Kategorie,Nr)`:

- `Kategorie` muß mit der Bezeichnung einer Kategorie instantiiert sein, aus der ein Rezept ausgewählt werden soll.

- `Nr` ist die Nummer des Rezepts, welches der Benutzer ausgewählt hat. Hat der Benutzer kein Rezept ausgewählt, so wird `Nr` mit 0 unifiziert.

Beim Beweis dieses Prädikats wird als Nebeneffekt der Inhalt der Kategorie angezeigt und der Benutzer wird aufgefordert, ein Rezept direkt oder nach bestimmten Kriterien auszuwählen.

Zur Anzeige des Inhalts einer Kategorie definieren wir das Hilfsprädikat
schreibeListeMitNummern(Inhalt,Nr), welches die Liste Inhalt von Kategorie-
bezeichnungen oder Rezeptnummern ausgibt, wobei die einzelnen Elemente von Nr an
beginnend durchnumeriert werden. Es folgt ein Beispiel für die Wirkungsweise eines
Beweises dieses Literals:

```
?- kategorie('Hauptspeisen',L), schreibeListeMitNummern(L,1).
1: Kategorie Schweinefleischgerichte
2: Kategorie Rindfleischgerichte
3: Kategorie Fischgerichte
```

Dieses Prädikat ist dabei wie folgt definiert:

```
schreibeListeMitNummern([],_).
schreibeListeMitNummern([kat(K)|L],Nr) :-
        write(Nr), write(': Kategorie '), write(K), nl,
        Nr1 is Nr+1,
        schreibeListeMitNummern(L,Nr1).
schreibeListeMitNummern([rez(RezNr)|L],Nr) :-
        rezept(RezNr,Titel,_,_,_,_,_),
        write(Nr), write(': '), write(Titel), nl,
        Nr1 is Nr+1,
        schreibeListeMitNummern(L,Nr1).
```

Zur Auswahl eines Elements aus einer Liste von Kategorien oder Rezepten benutzen wir das
Prädikat waehle_element(Kat,Liste,Element), wobei Kat eine Kategorienbezeich-
nung ist, die vor der Auswahl ausgegeben wird, und Liste eine Liste von Kategorien oder
Rezepten ist, aus der der Benutzer ein Element auswählt. Das ausgewählte Element wird mit
Element unifiziert. Bei der Realisierung wird mit Hilfe des vordefinierten Prädikats repeat
der Benutzer so lange aufgefordert eine Nummer einzugeben, bis dies eine korrekte Nummer
eines Elements der Liste ist. Das Hilfsprädikat sucheElementMitNummer sucht aus
einer Liste ein Element mit einer vorgegebenen Nummer heraus:

```
waehle_element(Kat,[],Element) :- !, fail.
waehle_element(Kat,Liste,Element) :-
        write('Kategorie: '), write(Kat), nl,
        schreibeListeMitNummern(Liste,1),
        repeat,
        write('Gewaehlte Nummer eingeben (mit "." abschliessen): '),
        read(Nr),
        sucheElementMitNummer(Liste,1,Nr,Element), !.

sucheElementMitNummer([E|_],Nr,Nr,E).
sucheElementMitNummer([_|L],Nr,ENr,E) :-
        Nr1 is Nr+1,
        sucheElementMitNummer(L,Nr1,ENr,E).
```

Mit diesen Hilfsprädikaten können wir einen ersten Schritt zur Realisierung der Auswahl
eines Rezeptes tun: Wir geben die Klauseln für das 2-stellige Prädikat rezept_auswahl an.
In der zweiten Klausel wird der Benutzer aufgefordert, entweder direkt eine Kategorie oder
ein Rezept aus der vorgegebenen Kategorie auszuwählen, oder anzugeben, daß er seine
Auswahl aufgrund von verwendeten Produkten, Zeitaufwand bei der Zubereitung oder
Kalorienangaben treffen möchte:

```
rezept_auswahl(Kategorie,0)  :-
        kategorie(Kategorie,[]).
rezept_auswahl(Kategorie,RezeptNr)  :-
        write('Kategorie: '), write(Kategorie), nl,
        kategorie(Kategorie,Liste),
        schreibeListeMitNummern(Liste,1),
        write('Nummer oder Auswahl nach Produkten, Zeitaufwand,'),
        nl,
        write('oder Kalorien (NR./p./z./k.): '),
        read(Auswahl),
        rezept_auswahl(Kategorie,Liste,Auswahl,RezeptNr).
rezept_auswahl(Kategorie,0)  :-
        !.
```

Als nächstes müssen wir das 4-stellige Prädikat `rezept_auswahl` definieren, in dem der Benutzer aufgefordert wird, seine Auswahlkriterien einzugeben:

```
rezept_auswahl(Kategorie,_,p,RezeptNr)  :-
    write('Produkt eingeben, das in den Zutaten vorkommen soll: '),
    read(Produkt),
    auswahl_mit_praedikat(Kategorie,hatZutat,Produkt,RezeptNr).
rezept_auswahl(Kategorie,_,z,RezeptNr)  :-
    write('Maximale Zubereitungszeit in Minuten eingeben: '),
    read(Zeit),
    auswahl_mit_praedikat(Kategorie,hoechstZeit,Zeit,RezeptNr).
rezept_auswahl(Kategorie,_,k,RezeptNr)  :-
    write('Hoechste Kaloriengrenze eingeben: '),
    read(Kal),
    auswahl_mit_praedikat(Kategorie,maxKalorien,Kal,RezeptNr).
rezept_auswahl(_,Liste,Auswahl,RezeptNr)  :-
    sucheElementMitNummer(Liste,1,Auswahl,rez(RezeptNr)).
rezept_auswahl(_,Liste,Auswahl,RezeptNr)  :-
    sucheElementMitNummer(Liste,1,Auswahl,kat(Kategorie)),
    rezept_auswahl(Kategorie,RezeptNr).
```

Das bei dieser Definition verwendete Prädikat `auswahl_mit_praedikat` muß noch realisiert werden. Das erste Argument dieses Prädikats ist der Bezeichner für die Kategorie, in der das Rezept ausgesucht werden soll. Das zweite Argument ist der Name eines 2-stelligen Prädikats, das die Realisierung des Auswahlkriteriums ist. So ist z.B. `hoechstZeit(Zeit,Nr)` genau dann erfüllt, wenn die Zubereitung des Rezepts mit der Nummer `Nr` hoechstens `Zeit` Minuten in Anspruch nimmt. Das Prädikat `auswahl_mit_praedikat(K,P,A,Nr)` wird nun dadurch realisiert, daß alle Rezepte in der angegebenen Kategorie danach untersucht werden, ob sie das Prädikat `P(A,RNr)` erfüllen, wobei `RNr` die Nummer des entsprechenden Rezepts ist. Dazu wird das vordefinierte Prädikat `call` benutzt (vgl. Kapitel 6.8). Aus allen Rezepten, die diese Kriterien erfüllen, muß dann der Benutzer ein Rezept auswählen:

```
auswahl_mit_praedikat(Kategorie,Praed,Argument,RezeptNr)  :-
        rezepteInKategorie(Kategorie,Rezepte),
        waehle_rezepte_mit_praedikat(Rezepte,Praed,Argument,
                                     WahlRezepte),
        waehle_element(Kategorie,WahlRezepte,rez(RezeptNr)).
```

```
waehle_rezepte_mit_praedikat([],_,_,[]).
waehle_rezepte_mit_praedikat([rez(Nr)|Rezepte],Praed,Arg,
                             [rez(Nr)|WahlRezepte]) :-
      Aufruf =.. [Praed,Arg,Nr],
      call(Aufruf),
      !,
      waehle_rezepte_mit_praedikat(Rezepte,Praed,Arg,WahlRezepte).
waehle_rezepte_mit_praedikat([rez(Nr)|Rezepte],
                             Praed,Arg,WahlRezepte) :-
      waehle_rezepte_mit_praedikat(Rezepte,Praed,Arg,WahlRezepte).


hatZutat(Produkt,RezeptNr) :-
      rezept(RezeptNr,_,_,Zutaten,_,_,_),
      produktInZutaten(Zutaten,Produkt).

produktInZutaten([produkt(M,E,Produkt)|_],Produkt).
produktInZutaten([_|Zutaten],Produkt) :-
      produktInZutaten(Zutaten,Produkt).


hoechstZeit(Zeit,RezeptNr) :-
      rezept(RezeptNr,_,_,_,_,VZeit,GZeit),
      Zeit >= VZeit+GZeit.


maxKalorien(Kal,RezeptNr) :-
      rezept_kalorien(RezeptNr,RezKal),
      RezKal =< Kal.
```

Zusammenstellung eines Menüs

Prädikat `menue`:

Dieses Prädikat ermöglicht es dem Benutzer, ein Menü durch Auswahl mehrerer Rezepte zusammenzustellen und weitere Operationen auf dem Menü auszuführen. Folglich stützt sich die Definition dieses Prädikats auf die Prädikate `waehle_menue` zum Auswählen von Rezepten und `bearbeite_menue` zum Bearbeiten des Menüs ab. Beim Arbeiten mit der Rezept-Datenbank muß der Benutzer nur das Prädikat `menue` in einer Anfrage angeben. Danach wird er vom System "geführt", d.h. er muß nur Fragen beantworten, die ihm das Prolog-System stellt, und aufgrund der Antworten werden die jeweils relevanten Hilfsprädikate automatisch bewiesen. Vor der Auswahl der Rezepte muß der Benutzer die Anzahl der Personen eingeben, für die das Menü zusammengestellt werden soll. Die Verwendung des vordefinierten Prädikats `repeat` ermöglicht es, daß die Auswahl eines Menüs solange wiederholt wird, bis der Benutzer kein neues Menü mehr auswählen will:

```
menue :-
   repeat,
   write('Dies ist ein System zur Vorbereitung von Menues:'), nl,
   nl,
   write('Anzahl der Personen (mit "." abschliessen) ? '),
   read(Port),
   waehle_menue(Rezepte),
   bearbeite_menue(Rezepte,Port),
   write('Wollen Sie ein weiteres Menue auswaehlen? (j./n.) '),
   read(n).
```

Beim Beweis des Prädikats `waehle_menue(Rezepte)` wird der Benutzer als Nebeneffekt aufgefordert, Rezepte für das Menü auszuwählen. Die Liste der Nummern der ausgewählten Rezepte wird mit dem Argument `Rezepte` unifiziert. Bei der Auswahl der Rezepte kann der Benutzer zwischen einem Standardmenü, das aus Vorspeise, Hauptspeise und Nachspeise besteht, und einem individuell zusammengestellten Menü wählen. Das individuelle Zusammenstellen eines Menüs geschieht mit Hilfe des Prädikats `waehle_menue_rezepte`. Das Hilfsprädikat `ergaenze_rezepte` fügt zu einer Liste von Rezeptnummern eine neue hinzu, wenn diese ungleich 0 ist, während das Hilfsprädikat `ausgabe_rezepttitel` alle Rezeptnamen einer Liste von Rezeptnummern ausgibt:

```
waehle_menue(Rezepte) :-
        write('Wollen Sie ein 3-gaengiges Standardmenue oder'),nl,
        write('ein individuelles Menue? (s./i.) '),
        read(s),
        rezept_auswahl('Vorspeisen',Vorspeise),
        ergaenze_rezepte([],Vorspeise,Rez1),
        rezept_auswahl('Hauptspeisen',Hauptspeise),
        ergaenze_rezepte(Rez1,Hauptspeise,Rez2),
        rezept_auswahl('Nachspeisen',Nachspeise),
        ergaenze_rezepte(Rez2,Nachspeise,Rezepte), !.
waehle_menue(Rezepte) :-
        waehle_menue_rezepte([],Rezepte).


waehle_menue_rezepte(Rezepte,AlleRezepte) :-
        nl, write('Bisher ausgewaehlte Rezepte:'), nl,
        ausgabe_rezepttitel(Rezepte), nl,
        write('Noch ein Rezept auswaehlen? (j./n.) '), read(j),
        rezept_auswahl('Rezepte',RezNr),
        ergaenze_rezepte(Rezepte,RezNr,ErgRezepte), !,
        waehle_menue_rezepte(ErgRezepte,AlleRezepte).
waehle_menue_rezepte(Rezepte,Rezepte).


ergaenze_rezepte(Rezepte,0,Rezepte).
ergaenze_rezepte(Rezepte,Nr,ErgRezepte) :-
        konk(Rezepte,[Nr],ErgRezepte).


ausgabe_rezepttitel([]).
ausgabe_rezepttitel([RezNr|Rezepte]) :-
        rezept(RezNr,Titel,_,_,_,_,_),
        write(Titel), nl,
        ausgabe_rezepttitel(Rezepte).
```

Mit dem Prädikat `bearbeite_menue` kann der Benutzer eine nicht-leere Liste von Rezepten, repräsentiert durch ihre Nummern, bearbeiten: Er kann sich die Titel der Rezepte anzeigen, die Gesamtkalorien des Menüs pro Person ausrechnen oder die Rezepte bzw. eine Einkaufsliste ausgeben lassen. Zur Ausführung dieser einzelnen Funktionen wird das Hilfsprädikat `bearbeite_menue_wahl` benutzt:

```
bearbeite_menue([],_).
bearbeite_menue(Rezepte,Portionen) :-
        repeat,
        write('Wollen Sie: 1. Alle Rezepttitel ausgeben,'), nl,
        write('            2. Gesamtkalorien ausgeben,'), nl,
        write('            3. Alle Rezepte ausgeben,'), nl,
        write('            4. Einkaufsliste ausgeben,'), nl,
        write('            0. Menuebearbeitung verlassen ? '), nl,
        read(Wahl),
        bearbeite_menue_wahl(Rezepte,Portionen,Wahl), !.


bearbeite_menue_wahl(Rezepte,Portionen,0).
bearbeite_menue_wahl(Rezepte,Portionen,1) :-
        ausgabe_rezepttitel(Rezepte), nl,
        !, fail.
bearbeite_menue_wahl(Rezepte,Portionen,2) :-
        write('Joule/Kalorien des Menues pro Portion: '),
        rezept_kalorien(Rezepte,Kal),
        kalorienInJoule(Kal,Joule),
        write(Joule), write(/), write(Kal), nl, nl,
        !, fail.
bearbeite_menue_wahl(Rezepte,Portionen,3) :-
        rezept_ausgabe(Rezepte),
        !, fail.
bearbeite_menue_wahl(Rezepte,Portionen,4) :-
        write('Menue-Einkaufsliste fuer '), write(Portionen),
        write(' Personen:'), nl, nl,
        rezept_zutaten(Rezepte,Portionen), nl,
        !, fail.
```

Hiermit sind sämtliche Prädikate der Rezept-Datenbank definiert und nach Eingabe dieser Klauseln kann das System durch Eingabe von

> *?- menue.*

gestartet werden. Dieses System beinhaltet alle in der Problemstellung angegebenen Funktionen, kann aber natürlich ohne große Probleme erweitert werden. Z.B. ist es mit der gleichen Technik wie bei der Kalorientabelle möglich, durch Hinzunahme einer Vitamin- und Nährwerttabelle zu jedem Rezept Vitamin- und Nährwertangaben hinzuzufügen bzw. bei der Auswahl von Rezepten nur solche auszuwählen, die besonders viele Vitamine und Nährwerte einer bestimmten Sorte enthalten. Eine andere Erweiterungsmöglichkeit besteht darin, für die Eingabe der Rezepte, Kalorientabelle und Kategorien ebenfalls Prädikate zu definieren. Dadurch wird einerseits die Eingabe dieser Tabellen erleichtert, andererseits können Eingabefehler (z.B. unzulässige Einheiten für Zutaten) sofort entdeckt werden.

Symbolische Mathematik

In diesem Buch sind schon einige Lösungen für Probleme aus dem Bereich der symbolischen Mathematik angegeben worden, wie das formale Differenzieren von Funktionen (Kapitel 4.2) und das Vereinfachen von Funktionen (Übungsaufgabe 4.1). Ein weiteres interessantes Problem ist das formale Integrieren von Funktionen. Hierzu müssen die Regeln über das Integrieren sowie bekannte Integrale in Form von Klauseln definiert werden. Da in der Mathematik keine systematische Methode zum Integrieren aller Funktionen bekannt ist, können auch mit Prolog nur Teillösungen gefunden werden. Es kann aber durch Angabe von viel Wissen versucht werden, die Klasse der formal integrierbaren Funktionen möglichst groß zu machen.

Ein allgemeines Problem im Bereich der symbolischen Mathematik sind assoziative und kommutative Operatoren. Ist z.B. `simplify(F,SF)` ein Prädikat, das erfüllt ist, wenn `F` und `SF` Funktionsausdrücke für gleiche mathematische Funktionen sind und `SF` einen möglichst einfachen Aufbau hat (vgl. Übungsaufgabe 4.1), dann können unter anderem folgende Fakten angegeben werden:

```
simplify(F+0,F).
simplify(F*1,F).
simplify(F*0,0).
```

Allein mit diesen Fakten kann zwar die Funktion `2*x+0`, aber nicht `0+2*x` vereinfacht werden, weil dem Prolog-System dazu die Kommutativität von `+` bekannt sein muß. Die Kommutativität kann prinzipiell durch folgende Regel formuliert werden:

```
simplify(F+G,E)  :- simplify(G+F,E).
```

Eine solche Regel wird beim Beweisen von Mathematikern häufig verwendet. Sie kann aber durch die Linksrekursivität leicht zu endlosen Beweisen führen:

```
?- simplify(2*x+0,SF).
   ⊢
?- simplify(0+2*x,SF).
   ⊢
?- simplify(2*x+0,SF).
   ⊢
?- simplify(0+2*x,SF).
   ⊢
...
```

Dasselbe gilt für die Formulierung der Assoziativität durch die Regel

```
simplify((F+G)+H,E)  :- simplify(F+(G+H),E).
```

Hier muß dafür gesorgt werden, daß solche Regeln nur unter bestimmten Bedingungen angewendet werden. Beispielsweise könnte die Regel zur Kommutativität so eingeschränkt werden, daß sie nur anwendbar ist, wenn links von `+` eine Zahl und rechts keine Zahl steht. Dann müssen die übrigen Klauseln diese einseitige Anwendung der Kommutativregel berücksichtigen. Weitere Details sind dem Leser überlassen.

Planungen

In den Kapiteln 4.1 (Färben einer Landkarte) und 4.4 (Suchen im Labyrinth) haben wir gesehen, daß bestimmte Planungsaufgaben in Prolog einfach gelöst werden können. Bei der Lösung einer Planungsaufgabe in Prolog wird typischerweise zunächst der Suchraum (die Menge der Konfigurationen, welche eventuell eine Lösung bilden) beschrieben und anschließend werden die Eigenschaften einer Lösung definiert. Zur Lösungsfindung muß das Prolog-System die Elemente des Suchraums daraufhin untersuchen, ob sie eventuell eine Lösung sind. Ist der Suchraum sehr groß, so dauert auch die Lösungsfindung mit Prolog entsprechend lange. Daher sollte bei komplizierten Planungsproblemen der Suchraum durch Mitteilung von möglichst viel Wissen eingeschränkt werden.

Spiel- und Knobelaufgaben

Das Färben einer Landkarte (Kapitel 4.1) ist ein typisches Beispiel für die Lösung einer Knobelaufgabe in Prolog. Prolog ist durch den Backtracking-Mechanismus (Durchprobieren verschiedener Möglichkeiten, bis eine Lösung gefunden ist) sehr gut geeignet zum Lösen solcher Knobelaufgaben. Eine andere interessante Knobelaufgabe ist das **N-Damen-Problem**:

> Wie können auf einem Schachbrett mit N*N Feldern (normalerweise ist N=8) N Damen so angeordnet werden, daß keine Dame eine andere schlagen kann? (Damen können nach den Schachregeln horizontal, vertikal und diagonal schlagen.)

Eine Lösung für N=4 ist folgende:

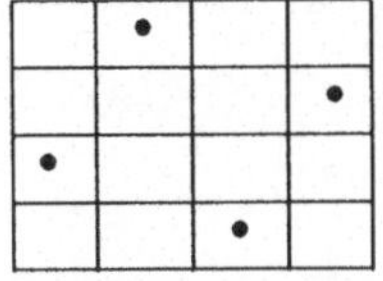

Zur Lösung dieses Problems in Prolog muß zunächst festgelegt werden, durch welchen Term ein N*N-Schachbrett mit Damen repräsentiert wird (z.B. durch eine N-elementige Liste, wobei jedes Element wieder eine N-elementige Liste ist, deren Elemente die Schachfelder sind). Anschließend wird die Menge der möglichen Lösungen (der Suchraum) definiert. In diesem Fall sind dies z.B. die Schachbretter, bei denen in jeder Zeile genau eine Dame steht. Die Lösungen erhalten wir durch Definition der erlaubten Stellungen (jede Dame ist nicht in der Lage, eine andere Dame zu schlagen).

Auch für *arithmetische Knobelaufgaben* ist Prolog verwendbar. Dabei muß einerseits darauf geachtet werden, daß bei Verwendung von `is` die Variablen im zweiten Argument immer instantiiert sind. Andererseits wird häufig ein Prädikat benötigt, das alle natürlichen Zahlen aufzählt, d.h. unendlich viele verschiedene Beweise besitzt und bei jedem neuen Beweis das Argument mit einer anderen natürlichen Zahl instantiiert (falls das Argument eine nicht instantiierte Variable ist). Ein solches Prädikat beschreibt also den Suchraum "Natürliche Zahlen" und kann wie folgt definiert werden:

```
zahl(0).
zahl(N) :- zahl(Nminus1), N is Nminus1 + 1.
```

Die folgende Anfrage demonstriert die Korrektheit dieses Prädikats:

```
?- zahl(N).
N = 0 ;
N = 1 ;
N = 2 ;
N = 3 ;
N = 4 ;
...
```

Als Beispiel betrachten wir das folgende Problem:

> Gesucht sind natürliche Zahlen N mit der Eigenschaft: $N^2+(N+1)^2$ ist eine Quadratzahl, d.h. es existiert eine natürliche Zahl Q mit der Eigenschaft $N^2+(N+1)^2 = Q^2$.

Zur Lösung definieren wir zunächst ein Prädikat `quadratzahl(N)`, das erfüllt ist, wenn `N` eine Quadratzahl ist. Als Hilfsprädikat wird `quadratzahl(P,N)` definiert, welches erfüllt ist, wenn eine natürliche Zahl `Q` existiert, die größer oder gleich `P` ist und für die gilt: $Q^2=N$.

```
quadratzahl(N)  :-
        quadratzahl(1,N).

quadratzahl(Z,N)  :-
        N is Z*Z.            % N ist eine Quadratzahl
quadratzahl(Z,N)  :-
        QZ is Z*Z,
        QZ>=N, !, fail.
quadratzahl(Z,N)  :-
        Z1 is Z+1,
        quadratzahl(Z1,N).
```

Die natürlichen Zahlen N, die Lösungen unseres Problems sind, werden durch folgende Klausel charakterisiert:

```
loesung(N)  :-
        E is N*N+(N+1)*(N+1),
        quadratzahl(E).
```

Die Lösungen des Problems erhalten wir durch Angabe des Suchraums und der korrekten Lösungen:

```
?- zahl(N), loesung(N).
N = 0 ;
N = 3 ;
N = 20 ;
N = 119 ;
...
```

Natürliche Sprache

Prolog kann zur Verarbeitung natürlichsprachlicher Sätze verwendet werden. Dadurch kann der Zugang von Benutzern zu einem Computer vereinfacht werden, weil häufig die Benutzung von Computerprogrammen durch eine stark formalisierte Sprache, bei der jedes Wort genau stimmen muß, erschwert wird.

Die vom Benutzer eingegebenen Sätze und Fragen werden vom Prolog-Programm, das sie verarbeiten soll, zeichenweise eingelesen. Die Liste der eingegebenen Zeichen wird zunächst in eine Liste von Worten umgewandelt (Übungsaufgabe 7.1). Die Wortliste wird danach von einem Parser, der durch Eingabe einer Grammatik erzeugt wird (vgl. Kapitel 9), analysiert. Dabei wird versucht, die wesentlichen Bestandteile des Satzes und die Bedeutung zu erkennen. Anschließend werden aus der erkannten Bedeutung die Prädikate des zugrundeliegenden Prolog-Programms (z.B. Operationen zur Abfrage und Manipulation einer Datenbank) aufgerufen.

Eine andere Möglichkeit der Verarbeitung von natürlicher Sprache ist die Übersetzung von Texten einer Sprache in eine andere (z.B. Englisch nach Deutsch). Grundlage hierfür ist ein Wörterbuch (realisiert durch Fakten), das die Übersetzung einzelner Worte enthält. Sinnvoll ist es, einen solchen automatischen Übersetzer als **lernendes System** zu gestalten. Falls Wörter in dem zu übersetzenden Text vorkommen, die nicht im Wörterbuch vorhanden sind, wird der Benutzer nach der Übersetzung des Wortes gefragt. Die vom Benutzer angegebene Übersetzung wird dann in das Wörterbuch eingetragen.

Als abschließendes Beispiel zur Verarbeitung natürlich-sprachlicher Texte sind **Textformatierer** zu erwähnen, die in Prolog schnell realisierbar sind. Ein Textformatierer ist ein

Programm, das einen Text in eine vorgeschriebene Form (linker und rechter Randausgleich, Seitenumbruch) bringen soll. In dem Text können spezielle Schlüsselworte stehen, die beispielsweise Absätze, Seitenwechsel und Texteinrückungen kennzeichnen. Zur Analyse des Textes und der Schlüsselworte können Grammatiken verwendet werden.

Implementierung von Programmiersprachen

Bei der Implementierung von Programmiersprachen können mit Prolog sehr schnell **Übersetzer** geschrieben werden. Hierzu ist jedoch die Kenntnis der grundlegenden Techniken im Übersetzerbau notwendig (vgl. z.B. Aho/Sethi/Ullman: Compilers: Principles, Techniques, and Tools, Addison-Wesley, 1986). Ein in Prolog realisierter Übersetzer kann in folgende Phasen eingeteilt werden (diese sind identisch mit der Einteilung im "klassischen" Übersetzerbau):

1. Lexikalische Analyse: Das zu übersetzende Programm (Folge von Zeichen) wird in eine Liste von Symbolen umgewandelt.

2. Syntaktische Analyse: Die Liste der Symbole wird durch einen Parser analysiert. Die Grammatik, mit der der Parser generiert wird, ist in der Regel identisch mit der Syntax der zu implementierenden Programmiersprache. Als Ergebnis liefert der Parser einen Ableitungsbaum (vgl. Kapitel 9.3).

3. Semantische Analyse: Der Ableitungsbaum (Prolog-Term) wird untersucht und in einen Term umgewandelt, der dem übersetzten Programm entspricht (hier bietet sich die in der Literatur bekannte syntaxgesteuerte Übersetzung an).

4. Codeerzeugung: Der übersetzte Term wird ausgegeben. Dabei können noch Optimierungen im Zielprogramm vorgenommen werden.

Eine andere Möglichkeit zur Implementierung von Programmiersprachen ist die Realisierung von **Interpretern** in Prolog. Das auszuführende Programm wird dabei als Term oder Folge von Fakten eingegeben. Der in Prolog geschriebene Interpreter führt dann das Programm durch schrittweise Interpretation der einzelnen Programmbausteine aus. Sehr einfach ist z.B. die Implementierung eines *Interpreters für Prolog-Programme* in Prolog. Wenn das zu interpretierende Prolog-Programm (Folge von Klauseln) mit `consult` (vgl. Kapitel 7.1) eingelesen worden ist, so können wir auf die Klauseln des Programms mit Hilfe des vordefinierten Prädikats

```
clause(L,R).
```

zugreifen (vgl. Kapitel 7.8), wobei `L` die linke Seite und `R` die rechte Seite der Klausel ist (bei Fakten gilt `R=true`). Der Interpreter, der solche Programme ausführt, ist ein Prädikat `interpretiere(A)`, wobei `A` die zu beweisende Anfrage ist. Er wird durch folgende Klauseln definiert:

```
interpretiere(true) :- !.


    % Und-Verknuepfung von Anfragen:
interpretiere( (A1,A2) ) :- !,
        interpretiere(A1), interpretiere(A2).


    % Beweise mit Hilfe einer passenden Klausel:
interpretiere(A) :- clause(A,R), interpretiere(R).
```

Das bekannte Prädikat `konk` zur Verknüpfung von Listen sei durch folgende Klauseln dem

Prolog-System eingegeben:

```
konk([],L,L).
konk([E|R],L,[E|RL]) :-  konk(R,L,RL).
```

Wollen wir wissen, was das Ergebnis der Anfrage konk([1,2],[3,4],L) ist, so starten
wir den Interpreter durch die Anfrage:

```
?- interpretiere(konk([1,2],[3,4],L)).
L = [1,2,3,4]
```

Der angegebene Interpreter kann allerdings keine Programme abarbeiten, die vordefinierte
Prädikate verwenden. Hierzu muß noch die Klausel

```
interpretiere(A) :-
        functor(A,P,N), istVordefiniert(P,N), !, call(A).
```

vor der letzten Klausel eingefügt werden, wobei die Namen und die Stelligkeit aller vordefinierten Prädikate als Fakten angegeben sind:

```
istVordefiniert(read,1).
istVordefiniert(write,1).
istVordefiniert(is,2).
...
```

Die Bedeutung des "Cut" kann allerdings in dieser Form nicht korrekt definiert werden.

Diese Definition eines Prolog-Interpreters kann sehr einfach um einen *trace*-Modus erweitert
werden. Zur Ausgabe aller Resolutionsschritte beim Beweis einer Anfrage nach dem im Kapitel 8.2 vorgestellten Box-Modell müssen nur die beiden letzten Klauseln für interpre-
tiere

```
interpretiere(A) :-
        functor(A,P,N), istVordefiniert(P,N), !, call(A).
interpretiere(A) :-
        clause(A,R), interpretiere(R).
```

durch folgende Klauseln ersetzt werden:

```
interpretiere(A) :-
        functor(A,P,N), istVordefiniert(P,N), !,
        entry(A), call(A), exit(A).
interpretiere(A) :-
        entry(A), clause(A,R), interpretiere(R), exit(A).
```

Beim Beweis eines entry-Literals werden als Nebeneffekt der call-Eingang und der
fail-Ausgang einer Box protokolliert, beim Beweis eines exit-Literals werden der exit-
Ausgang und der redo-Eingang protokolliert. Die Klauseln zur Definition von entry und
exit lauten wie folgt:

```
entry(A) :- write('Call: '), write(A), nl.
entry(A) :- write('Fail: '), write(A), nl, !, fail.
exit(A)  :- write('Exit: '), write(A), nl.
exit(A)  :- write('Redo: '), write(A), nl, !, fail.
```

Der so modifizierte Interpreter gibt alle Schritte beim Beweis einer Anfrage aus:

```
?- interpretiere(konk([1,2],[3,4],[1,2,3,4])).
Call: konk([1,2],[3,4],[1,2,3,4])
Call: konk([2],[3,4],[2,3,4])
Call: konk([],[3,4],[3,4])
Exit: konk([],[3,4],[3,4])
Exit: konk([2],[3,4],[2,3,4])
Exit: konk([1,2],[3,4],[1,2,3,4])
yes
```

"Künstliche Intelligenz": Expertensysteme

Abschließend soll noch ein Anwendungsbereich erwähnt werden, der bei der Entwicklung von Prolog eine wichtige Rolle spielte: "Künstliche Intelligenz", der Versuch, menschliche intellektuelle Fähigkeiten mit Hilfe von Computern nachzubilden. Ein Schwerpunkt der gegenwärtigen Forschung sind sogenannte "Expertensysteme". Dies sind Programme, denen das Fachwissen von Experten bekannt ist und damit in der Lage sein sollen, fachliche Probleme zu lösen. Z.B. gibt es schon Expertensysteme für medizinische Diagnosen, geologische Untersuchungen und zur Konfiguration von Computern. Wichtige Merkmale von Expertensystemen sind

* eine Wissenbasis, in der das bekannte Fachwissen gespeichert ist,

* Schlußregeln, mit denen aus vorhandenem Wissen neues Wissen abgeleitet werden kann,

* die Fähigkeit, gefundene Lösungen zu erklären und zu begründen,

* die Fähigkeit, das vorhandene Wissen zu bewerten.

Die ersten beiden Punkte erinnern sehr stark an das Problemlösen mit Prolog (Klauseln und Resolutionsprinzip). Zwar kann nicht jedes Prolog-Programm, das auf einem Prolog-System abläuft, als Expertensystem bezeichnet werden, aber Prolog ist eine gute Hilfe zur Realisierung von Expertensystemen. Die Entwicklung guter Expertensysteme ist ein schwieriges Problem und kann hier nicht dargestellt werden. Hierzu muß man die entsprechende Literatur heranziehen und versuchen, die dort beschriebenen Techniken mit Prolog zu realisieren. Wegen der Komplexität der Aufgabe ist es dabei unumgänglich, die in Kapitel 8 geschilderten Techniken zur Strukturierung und Modularisierung zu beachten.

11. Anhang

A. Syntax von Prolog

Nachfolgend ist die Syntax von Prolog-Programmen durch eine kontextfreie Grammatik in der in Kapitel 9 vorgestellten Notation definiert. Dabei ist die Möglichkeit, Operatoren zu verwenden, nicht berücksichtigt. Ebenso sind Grammatikregeln, die anstelle von Klauseln in einem Prolog-Programm stehen können, nicht beschrieben. Ihre genaue Syntax ist in Kapitel 9.4 definiert.

```
programm              --> klauselfolge.
klauselfolge          --> [] ; programmklausel, klauselfolge.
programmklausel       --> klausel ; anfrage.
klausel               --> faktum ; regel ; grammatikregel.
faktum                --> literal, ['.'].
regel                 --> literal, [':-'], alternativen, ['.'].
anfrage               --> [':-'], alternativen, ['.'].
alternativen          --> literal_cut_folge.
alternativen          --> literal_cut_folge, [';'], alternativen.
literal_cut_folge     --> literal_cut.
literal_cut_folge     --> literal_cut, [','], literal_cut_folge.
literal_cut           --> literal ; cut.

literal               --> praedikatname, parameter.
cut                   --> ['!'].
praedikatname         --> atom.
parameter             --> [] ; ['('], terme, [')'].
terme                 --> term ; term, [','], terme.
term                  --> konstante ; struktur ; variable ; liste ; text.
konstante             --> atom ; zahl ; ['[]'].
struktur              --> funktor, ['('], terme, [')'].
funktor               --> atom.
liste                 --> ['[]'].
liste                 --> ['['], terme, [']'].
liste                 --> ['['], terme, ['|'], term, [']'].
text                  --> ['"'], zeichenfolge, ['"'].

atom                  --> kleinbs, bs_ziffer_folge.
atom                  --> sonderzeichenfolge.
atom                  --> [''''], zeichenfolge, [''''].
sonderzeichenfolge    --> sonderzeichen.
sonderzeichenfolge    --> sonderzeichen, sonderzeichenfolge.
zeichenfolge          --> [] ; zeichen, zeichenfolge.
zeichen               --> [W], { ist_ASCII_Zeichen(W) }.
zahl                  --> ziffernfolge.
ziffernfolge          --> ziffer ; ziffer, ziffernfolge.
variable              --> (grossbs ; ['_'] ), bs_ziffer_folge.
bs_ziffer_folge       --> [] ; bs_ziffer, bs_ziffer_folge.
```

```
bs_ziffer              --> kleinbs ; grossbs ; ziffer ; ['_'].

kleinbs                --> ['a'] ; ['b'] ; ['c'] ; ... ; ['z'].
grossbs                --> ['A'] ; ['B'] ; ['C'] ; ... ; ['Z'].
ziffer                 --> ['0'] ; ['1'] ; ['2'] ; ... ; ['9'].
sonderzeichen          --> ['+'] ; ['-'] ; ['*'] ; ['/'] ; ['<'] ; ['='].
sonderzeichen          --> ['>'] ; ['`'] ; ['\'] ; [':'] ; ['.'] ; ['?'].
sonderzeichen          --> ['@'] ; ['#'] ; ['$'] ; ['&'] ; ['^'] ; ['~'].
```

Anmerkungen:
Innerhalb von Atomen, die in Apostrophs eingefaßt sind, und Texten (eingefaßt in
Anführungsstrichen) sind als Zeichen alle beliebigen ASCII-Zeichen erlaubt (die Verwendung
von Steuerzeichen ist bei einigen Prolog-Systemen eingeschränkt). Dabei gilt jedoch die
Regel: *Soll in Atomen das Apostroph als Zeichen vorkommen, so ist es doppelt zu schreiben.*
Ebenso sind Anführungsstriche innerhalb von Texten doppelt zu schreiben.

Beispiele:
Die folgenden Anfragen zeigen die Verwendung von Apostrophs in Atomen und
Anführungsstrichen in Texten:

```
?- A='Jetzt geht''s los!'.
A = Jetzt geht's los!
yes
?- T="""Prolog""", name(A,T).
T = [34,80,114,111,108,111,103,34]
A = "Prolog"
yes
```

Leerzeichen und Zeilenvorschübe können in einem Prolog-Programm unter folgenden
Bedingungen an beliebiger Stelle eingesetzt werden:

- Innerhalb von Atomen und Variablen sind keine Leerzeichen oder Zeilenvorschübe erlaubt (bei Atomen nur dann, wenn sie durch Apostrophs begrenzt werden).

- Bei Strukturen muß die öffnende Klammer unmittelbar hinter dem Funktor stehen. Das
  entsprechende gilt in Literalen mit Parametern.

- Unmittelbar hinter einer Klausel muß ein Zeilenvorschub oder ein Leerzeichen folgen.

Kommentare werden in Prolog durch das Zeichen % gekennzeichnet. Der Text hinter einem
% bis zum Anfang der nächsten Zeile wird als Kommentar angesehen (dies gilt nicht innerhalb
von Atomen). Eine weitere Möglichkeit, Texte als Kommentare zu kennzeichnen, sind in
vielen Prolog-Systemen die Zeichenfolgen /* und */: Ein Text, der innerhalb der Zeichen
/* und */ steht, wird als Kommentar angesehen. Im Kommentar kann jede beliebige
Zeichenfolge außer */ stehen. So gekennzeichnete Kommentare können sich also auch *über
mehrere Zeilen* erstrecken. Innerhalb eines Atoms werden diese Zeichen nicht als Kommentar
interpretiert.

B. ASCII-Zeichensatz

In der nachfolgenden Tabelle sind die ASCII-Zeichen und die dazugehörigen Dezimalwerte aufgeführt. Die Werte sind relevant bei der Ein- und Ausgabe von Zeichen mit den vordefinierten Prädikaten `get0`, `get`, `skip` und `put` und bei der Verarbeitung von Texten mit Prolog, weil eine Zeichenfolge automatisch in eine Liste der entsprechenden Dezimalwerte umgewandelt wird.

Der Dezimalwert eines ASCII-Zeichens errechnet sich nach der Tabelle aus der Summe der Zahlen, die sich links neben der Zeile und über der Spalte befinden, in der das ASCII-Zeichen steht. So hat z.B. das Zeichen '?' den Dezimalwert 60+3=63, das Leerzeichen den Dezimalwert 30+2=32.

ASCII-Zeichensatz									
0	1	2	3	4	5	6	7	8	9
□	□		!	"	#	$	%	&	'
(	)	*	+	,	-	.	/	0	1
2	3	4	5	6	7	8	9	:	;
<	=	>	?	@	A	B	C	D	E
F	G	H	I	J	K	L	M	N	O
P	Q	R	S	T	U	V	W	X	Y
Z	[	\	]	^	_	`	a	b	c
d	e	f	g	h	i	j	k	l	m
n	o	p	q	r	s	t	u	v	w
x	y	z	{	|	}	~	□	□	□

(Die Zeilen sind mit den Werten 30, 40, 50, 60, 70, 80, 90, 100, 110, 120 beschriftet.)

Das Symbol □ steht für Steuerzeichen, die nicht verwendet werden sollten. Das *Zeilenendezeichen* hat in der Regel den Dezimalwert 10.

C. Benutzung eines Prolog-Systems

Es gibt bisher noch keine Computer, die die Programmiersprache Prolog direkt "verstehen", sondern die meisten Computer müssen in einer speziellen Maschinensprache (dies sind für den Menschen kompliziert zu verstehende Folgen von Nullen und Einsen) programmiert werden. Damit der Benutzer den Computer in der Sprache Prolog programmieren kann, muß auf dem Computer ein spezielles Programm ablaufen, das die eingegebenen Prolog-Programme und Anfragen in die Maschinensprache umsetzt. Dieses Programm ist das in diesem Buch oft erwähnte **Prolog-System**. Das Prolog-System ermöglicht dem Benutzer die Eingabe von Klauseln und beweist Anfragen nach der in Kapitel 6.1 dargestellten Methode. Die Prolog-Systeme verschiedener Hersteller funktionieren häufig leicht unterschiedlich. In diesem Kapitel sind Hinweise zum elementaren Umgang mit einem Prolog-System gegeben, so daß die Beispiele in dem Buch praktisch ausprobiert werden können.

Das Prolog-System wird vom Betriebssystem des Computers wie jedes andere Programm durch Angabe des Programmnamens aufgerufen. In der Regel geschieht dies durch die Eingabe

```
prolog
```

(alle Eingaben des Benutzers von der Tastatur sind kursiv gedruckt). Nach kurzer Zeit sollte sich das Prolog-System mit der Angabe seines Namens melden und anschließend auf eine Anfrage warten:

```
xxx-Prolog  Version m.n
Copyright (C) ...
?-
```

Nun können Anfragen an das System gestellt werden. Da dem Prolog-System bis auf die vordefinierten Prädikate noch keine Klauseln bekannt sind, müssen wir ihm zunächst einige Klauseln eingeben. Dies geschieht durch Angabe von [user]. und einem <return> (Zeilenvorschub) dahinter. Danach können Fakten, Regeln und Grammatikregeln eingegeben werden. Nicht vergessen werden dürfen der Punkt und der Zeilenvorschub am Ende jeder Klausel:

```
?- [user].
istMutterVon(elfriede,maria).
istMutterVon(elfriede,anton).
user consulted
yes
?-
```

Nach Eingabe des zweiten Faktums hat der Benutzer die Tasten <Control> und <Z> gleichzeitig gedrückt, um das Ende seiner Klauseleingaben zu kennzeichnen (bei einigen Systemen kann dies auch <Control>+<D> sein oder die Eingabe des Terms end_of_file.). Nach Abschluß der Klauseleingaben ist das Prolog-System wieder bereit, Anfragen zu beweisen (was durch das ausgegebene ?- angezeigt wird):

```
?- istMutterVon(elfriede,X).
X = maria ;
X = anton ;
no
?-
```

Weitere Klauseln können wieder mit [user]. eingegeben werden, vorhandene Klauseln werden durch [-user]. überschrieben (vgl. kapitel 7.1).

Wie schon öfter erwähnt wurde, gibt es noch keinen Standard für die Sprache Prolog. Die in diesem Buch angegebene Syntax ist aber weit verbreitet und wird von vielen Prolog-Systemen benutzt. Da aber auch Prolog-Systeme existieren, die eine andere Syntax benutzen, muß man die Handbücher der verwendeten Systeme genau studieren. Nachfolgend sind einige mögliche syntaktische Unterschiede aufgeführt. Daraus ist ersichtlich, daß die Syntax der einzelnen Prolog-Systeme nur leicht voneinander abweicht und recht trivial übersetzbar ist.

- In diesem Buch wurden *Regeln* in der Form

$$L \quad :- \quad L_1, L_2, \ldots, L_n.$$

notiert (L, L_1, L_2, ..., L_n sind Literale). Stattdessen können für Regeln auch folgende Notationen möglich sein:

```
L   if   L1 and L2 and ... and Ln
L   <-   L1 & L2 & ... & Ln.
L   ->   L1 L2 ... Ln;
```

- Für Listen wurden beispielsweise folgende Darstellungen verwendet:

```
[]        [1,2,3]        [X|Y]
```

  Stattdessen können auch folgende Notationen möglich sein:

```
()        (1 2 3)          (X|Y)
nil       (1.2.3.nil)      (X.Y)
```

- Für den "Cut"-Operator wird anstelle des Symbols ! manchmal auch der Schrägstrich / verwendet.

- Variablen werden manchmal durch ein spezielles Zeichen am Anfang gekennzeichnet:

```
_X        _Y
?X        ?Y
*X        *Y
```

D. Prädikat-Verzeichnis

Die nachfolgende Tabelle gibt einen Überblick über die in diesem Buch definierten Prädikate, die entweder in anderen Prolog-Programmen verwendet werden können oder deren Definition im Hinblick auf andere Prädikatvereinbarungen interessant ist (Programmiertechnik). Die Prädikate sind nach Anwendungsgebieten geordnet. In der ersten Spalte steht immer der Prädikatname mit Argumenten, in der zweiten Spalte die Seitenangabe der Prädikatdefinition und in der letzten Spalte eine umgangssprachliche Formulierung der Bedingung, unter der das Prädikat erfüllt ist.

Listenverarbeitung:

`anhang(L,E,LE)`	53	LE ist die Liste, die sich ergibt, wenn an die Liste L das Element E angehängt wird.
`enthaelt(L,E)`	27	Der Term E ist als Element in der Liste L enthalten.
`konk(L1,L2,L12)`	58	Die Liste L12 ist die Konkatenation (Aneinanderhängen) der Listen L1 und L2.
`laenge(L,N)`	96	Die Liste L hat N Elemente.
`letztes(L,E)`	41	Der Term E ist das letzte Element der Liste L.
`nichtEnthalten(E,L)`	63	Das Element E ist in der Liste L nicht enthalten.
`permutation(L1,L2)`	52	Die Liste L1 ist eine Permutation der Liste L2.
`praedList(P,L1,L2)`	114	Die Listen L1 und L2 haben gleiche Länge und für jedes Element E1i der Liste L1 und das entsprechende Element E2i der Liste L2 ist das Prädikat P(E1i,E2i) erfüllt.
`streiche(E,L,R)`	52	R ist die Liste, die sich ergibt, wenn aus der Liste L das Element E gestrichen wird.
`teilliste(T,L)`	60	Die Liste T ist in der Liste L enthalten.
`umkehr(L,UL)`	214	Die Liste UL enthält die Elemente der Liste L in umgekehrter Reihenfolge.

Analyse und Synthese von Termen:

`blaetter(B,L)`	215	Die Liste `L` enthaelt die Blätter des Baumes `B`.
`drucke(T)`	112	Der Term `T` wird formatiert ausgegeben.
`konkAtom(A1,A2,A12)`	139	Das Atom `A12` ergibt sich durch Hintereinanderschreiben der Atome `A1` und `A2`.
`simplify(F,SF)`	215	`F` und `SF` sind Ausdrücke für gleiche mathematische Funktionen, wobei `SF` einen möglichst einfachen Aufbau hat (Termsimplifizierer).
`sucheKonst(T,L)`	111	`L` ist die Liste der Konstanten, die im Term `T` vorkommen.

Ein- und Ausgabe:

`drucke(T)`	112	Der Term `T` wird formatiert ausgegeben.
`liesSatz(S)`	217	Es wird ein Satz (Folge von Zeichen, die durch ".", "?" oder "!" abgeschlossen ist) eingelesen und `S` ist die Folge der Worte (Atome) dieses Satzes.

Programmierhilfen:

`konflikte(M)`	219	Die Dateien in der Liste `M` werden auf Namenskonflikte bei Prädikaten untersucht.
`undefined(D)`	218	Die Datei `D`, die Klauseln enthält, wird daraufhin untersucht, ob auf der rechten Seite von Regeln evtl. Literale vorkommen, bei denen die entsprechenden Prädikate nicht definiert sind.

Symbolische Mathematik:

`dx(F,DF)`	54	`F` ist eine mathematische Funktion und `DF` ist deren 1. Ableitung.
`simplify(F,SF)`	215	`F` und `SF` sind Ausdrücke für gleiche mathematische Funktionen, wobei `SF` einen möglichst einfachen Aufbau hat.

Arithmetik:

`fak(N,F)`	104	`F` ist die Fakultät der Zahl `N`.
`max(X,Y,M)`	105	`M` ist der wertmäßig größere der vollständig instantiierten arithmetischen Ausdrücke `X` und `Y`.
`partis(P,T)`	136	Der Ausdruck `P` ergibt sich durch partielle arithmetische Auswertung des Terms `T`.
`zahl(N)`	203	Beschreibt den Suchraum "natürliche Zahlen".

Lösungen:

In diesem Kapitel sind zu einigen ausgewählten Übungsaufgaben Lösungen angegeben. Dies sind allerdings nur Lösungs*vorschläge*. In Prolog existieren in der Regel mehrere korrekte Lösungen für das gleiche Problem. Aus diesem Grund sollte man erst seine eigene Lösung auf einem Prolog-System ausprobieren, bevor man die hier vorgeschlagene Lösung anschaut.

Übungsaufgabe 1.1:

Folgende Regeln müssen zusätzlich zu den im Verwandtschaftsbeispiel schon vorhandenen Klauseln eingegeben werden:

```
istBruderVon(Bruder,Person)  :-
        maennlich(Bruder),
        istMutterVon(Mutter,Bruder),
        istMutterVon(Mutter,Person),
        not Bruder=Person.

istTanteVon(Tante,Person)  :-
        verheiratet(Tante,Bruder),
        istBruderVon(Bruder,Vater),
        istVaterVon(Vater,Person).
istTanteVon(Tante,Person)  :-
        verheiratet(Tante,Bruder),
        istBruderVon(Bruder,Mutter),
        istMutterVon(Mutter,Person).
```

Übungsaufgabe 2.1:

Anfragen:

a) ?- geboren(Person,datum(1,4,_)).

b) ?- geboren(Person,datum(_,_,60)).

Prädikate:

```
zwilling(X,Y)  :-
        geboren(X,Datum),
        geboren(Y,Datum),
        istMutterVon(Mutter,X),
        istMutterVon(Mutter,Y).

geburtstag(Tag,Monat)  :-
        geboren(_,datum(Tag,Monat,_)).
```

Übungsaufgabe 3.1:

```
umkehr([],[]).
umkehr([K|R],L)  :-
        umkehr(R,UR),    % Umkehrung der Restliste
        anhang(UR,K,L). % Anhängen von K an das Ende von UR
```

Zur Definition von anhang vgl. Kapitel 4.2.

Übungsaufgabe 3.2:

```
blaetter(leaf(T),[leaf(T)]).
blaetter(tree(T1,T2),L) :-
        blaetter(T1,L1), blaetter(T2,L2),
        konk(L1,L2,L).
        % konk ist wie üblich definiert.


swap(leaf(T),leaf(T)).
swap(tree(T1,T2),tree(ST2,ST1)) :-
        swap(T1,ST1), swap(T2,ST2).
```

Übungsaufgabe 3.3:

a) `U = {H/a(b(D)), K/d(e(a(b(D)))), F/a(b(D))}`
b) Es existiert kein Unifikator.
c) Es existiert kein Unifikator.
d) `U = {A/g(h(t),h(t)), B/h(t), C/h(t)}`
e) `U = {A1/g(A0,A0), A2/g(g(A0,A0),g(A0,A0)),`
         `A3/g(g(g(A0,A0),g(A0,A0)),g(g(A0,A0),g(A0,A0))),`
         `A4/g(g(g(g(A0,A0),g(A0,A0)),g(g(A0,A0),g(A0,A0))),`
                `g(g(g(A0,A0),g(A0,A0)),g(g(A0,A0),g(A0,A0))))}`

Übungsaufgabe 4.1:

```
simplify(k(C),k(SC)) :-
        SC is C.          % Rechne den konstanten Ausdruck C aus.
simplify(F+G,S) :-
        simplify(F,SF), simplify(G,SG), applyRule(SF+SG,S).
simplify(F-G,S) :-
        simplify(F,SF), simplify(G,SG), applyRule(SF-SG,S).
simplify(F*G,S) :-
        simplify(F,SF), simplify(G,SG), applyRule(SF*SG,S).
simplify(F/G,S) :-
        simplify(F,SF), simplify(G,SG), applyRule(SF/SG,S).
simplify(exp(F,k(C)),S) :-
        simplify(F,SF), SC is C, applyRule(exp(SF,k(SC)),S).
simplify(ln(F),S) :-
        simplify(F,SF), applyRule(ln(SF),S).
simplify(F,F).  % Alle anderen Funktionen bleiben unveraendert.


applyRule(F,SF) :-
   % Eine Vereinfachungsregel wird auf F angewendet:
        rule(F,FR),
   % Der vereinfachte Term kann evtl. weiter simplifiziert werden:
        simplify(FR,SF).
applyRule(F,F).  % Es ist keine Vereinfachungsregel anwendbar.
```

```
rule(F+k(0),F).
rule(F*k(1),F).
rule(F*k(0),k(0)).
rule(F-k(0),F).
rule(F/k(1),F).
rule(exp(F,k(1)),F).
rule(k(C1)+k(C2),k(C1+C2)).
rule(k(C1)-k(C2),k(C1-C2)).
rule(k(C1)*k(C2),k(C1*C2)).
rule(k(C1)/k(C2),k(C1/C2)).
```

Die Regeln zur Vereinfachung von Funktionen können durch Hinzufügen von Klauseln für das 2-stellige Prädikat `rule` erweitert werden.

Beispiel für eine Funktionsvereinfachung mit `simplify`:

```
?- simplify(k(2)*k(3)*exp(x,k(3-2))*k(1),SF).
SF = k(6)*x
```

Übungsaufgabe 4.2:

```
zeichne(Kanten,[P1,P2|PL]) :-
        waehleKante(Kanten,k(P1,P2),RestKanten),
        zeichne(RestKanten,[P2|PL]).
zeichne([],[P]).

waehleKante([k(P1,P2)|RestKanten],k(P1,P2),RestKanten).
waehleKante([k(P1,P2)|RestKanten],k(P2,P1),RestKanten).
waehleKante([Kante|RestKanten],K,[Kante|RestKanten1]) :-
        waehleKante(RestKanten,K,RestKanten1).
```

Eine Lösung erhält man durch folgende Anfrage:

```
?- zeichne([k(a,b),k(a,c),k(b,c),k(b,d),
            k(b,e),k(c,d),k(c,e),k(d,e)],L).
L = [d,b,a,c,b,e,c,d,e]
```

Übungsaufgabe 5.2:

a) Das Universum sei U={0,1}, die Konstante a wird auf 0 abgebildet und das Prädikat p(X) ist für X=0 erfüllt und für X=1 nicht erfüllt. Dann wird die erste Formel p(a) als p(0) interpretiert und ist damit erfüllt. Weiterhin existiert ein X (nämlich X=1), so daß p(X) falsch und somit ¬p(X) wahr ist. Damit ist auch die zweite Formel ∃X:¬p(X) erfüllt und diese Interpretation ist ein Modell für die angegebene Formelmenge.

b) Das Herbrand-Universum ist U={a}. Damit die erste Formel wahr ist, muß p(X) für X=a erfüllt sein. Weil aber das Herbrand-Universum nur das Element a enthält, ist die zweite Formel nicht erfüllbar. Somit existiert keine Herbrand-Interpretation, die auch Modell ist.

Übungsaufgabe 6.3:

```
fnachg(T,NeuT) :-
        T =.. [Funktor|Argumente],
        aendere(Funktor,NeuFunktor),
        fnachgListe(Argumente,NeuArgumente),
        NeuT =.. [NeuFunktor|NeuArgumente].

fnachgListe([],[]).
fnachgListe([T|TListe],[NeuT|NeuTListe]) :-
        fnachg(T,NeuT), fnachgListe(TListe,NeuTListe).

aendere(f,g).
aendere(X,X).
```

Übungsaufgabe 7.1:

```
liesSatz(Satz) :-
        get0(Z), liesZeichenfolge(Z,[],[],Satz).

liesZeichenfolge(Zeichen,Wort,GeleseneWorte,Satz) :-
        satzendezeichen(Zeichen),
        anhang(Wort,Zeichen,GesamtWort),
        name(NeuesWort,GesamtWort),
        anhang(GeleseneWorte,NeuesWort,Satz).

liesZeichenfolge(Zeichen,[],GeleseneWorte,Satz) :-
        trennzeichen(Zeichen),
        get0(NaechstesZeichen),
        liesZeichenfolge(NaechstesZeichen,[],GeleseneWorte,Satz).

liesZeichenfolge(Zeichen,Wort,GeleseneWorte,Satz) :-
        trennzeichen(Zeichen),
        name(NeuesWort,Wort),
        anhang(GeleseneWorte,NeuesWort,NeueWorte),
        get0(NaechstesZeichen),
        liesZeichenfolge(NaechstesZeichen,[],NeueWorte,Satz).

liesZeichenfolge(Zeichen,Wort,GeleseneWorte,Satz) :-
        wortendezeichen(Zeichen),
        anhang(Wort,Zeichen,GesamtWort),
        name(NeuesWort,GesamtWort),
        anhang(GeleseneWorte,NeuesWort,NeueWorte),
        get0(NaechstesZeichen),
        liesZeichenfolge(NaechstesZeichen,[],NeueWorte,Satz).

liesZeichenfolge(Zeichen,Wort,GeleseneWorte,Satz) :-
        anhang(Wort,Zeichen,WortZeichen),
        get0(NaechstesZeichen),
        liesZeichenfolge(NaechstesZeichen,WortZeichen,
                          GeleseneWorte,Satz).
```

```
satzendezeichen(46).    % Punkt ist ein Satzendezeichen
satzendezeichen(63).    % Fragezeichen ist ein Satzendezeichen
satzendezeichen(33).    % Ausrufungszeichen ist ein Satzendezeichen

trennzeichen(32).       % Leerzeichen ist ein Trennzeichen
trennzeichen(10).       % Zeilenvorschub ist ein Trennzeichen

wortendezeichen(44).    % Komma ist ein Wortendezeichen

anhang([],E,[E]).
anhang([K|R],E,[K|RE]) :- anhang(R,E,RE).
```

Übungsaufgabe 7.3:

```
undefined(D) :-
        abolish(definiert,2),
    % Alle in der Datei definierten Prädikate werden gespeichert:
        see(D), repeat, read(K1), speicher(K1), seen,
    % Alle in der Datei stehenden Klauseln werden überprüft:
        see(D), repeat, read(K2), pruefeKlausel(K2), seen.

speicher(end_of_file).
speicher((Kopf :- Rumpf)) :-
        functor(Kopf,Praedikat,Stelligkeit),
        speicher_eventuell(Praedikat,Stelligkeit), !, fail.
speicher(Faktum) :-
        functor(Faktum,Praedikat,Stelligkeit),
        speicher_eventuell(Praedikat,Stelligkeit), !, fail.

speicher_eventuell(Praedikat,Stelligkeit) :-
        definiert(Praedikat,Stelligkeit).
speicher_eventuell(Praedikat,Stelligkeit) :-
        % Das Prädikat ist noch nicht abgespeichert:
        assertz(definiert(Praedikat,Stelligkeit)).

pruefeKlausel(end_of_file).
pruefeKlausel((Kopf :- Rumpf)) :-
        pruefeLiterale((Kopf :- Rumpf),Rumpf), !, fail.
pruefeKlausel(Faktum) :-
        !, fail.
```

```
pruefeLiterale(Klausel,(L1 , L2)) :-
        pruefeLiterale(Klausel,L1), pruefeLiterale(Klausel,L2).
pruefeLiterale(Klausel,Literal) :-
        functor(Literal,Praedikat,Stelligkeit),
        vordefiniert(Praedikat,Stelligkeit).
pruefeLiterale(Klausel,Literal) :-
        functor(Literal,Praedikat,Stelligkeit),
        definiert(Praedikat,Stelligkeit).
pruefeLiterale(Klausel,Literal) :-
        write('In der Klausel'), nl,
        tab(4), write(Klausel), nl,
        write('ist das Praedikat '), write(Literal),
        write(' nicht definiert.'), nl.


% Aufzählung aller vordefinierten Prädikate:
vordefiniert(is,2).
vordefiniert(nl,0).
vordefiniert(read,1).
vordefiniert(=..,2).
...
```

Übungsaufgabe 7.4:

```
p_abolish(Name,Stelligkeit) :-
        functor(Praedikat,Name,Stelligkeit),
        loescheKlauseln(Praedikat).


        % Vergleiche Kapitel 6.9:
loescheKlauseln(P) :- retract(P), fail.
loescheKlauseln(P) :- retract((P :- Rumpf)), fail.
loescheKlauseln(P).
```

Übungsaufgabe 8.2:

```
konflikte(Module) :-
        abolish(definiert,3),
        liesModule(Module), sucheKonflikte.


liesModule([]).
liesModule([M|Module]) :-
        see(M), repeat, read(Klausel), speicher(M,Klausel), seen,
        liesModule(Module).


speicher(Modul,end_of_file).
speicher(Modul,(Kopf :- Rumpf)) :-
        functor(Kopf,Praedikat,Stelligkeit),
        speicher_eventuell(Modul,Praedikat,Stelligkeit), !, fail.
speicher(Modul,Faktum) :-
        functor(Faktum,Praedikat,Stelligkeit),
        speicher_eventuell(Modul,Praedikat,Stelligkeit), !, fail.
```

```prolog
speicher_eventuell(Modul,Praedikat,Stelligkeit) :-
        definiert(Praedikat,Stelligkeit,[Modul|Module]).
speicher_eventuell(Modul,Praedikat,Stelligkeit) :-
        definiert(Praedikat,Stelligkeit,Module),
        retract(definiert(Praedikat,Stelligkeit,Module)),
        assertz(definiert(Praedikat,Stelligkeit,[Modul|Module])).
speicher_eventuell(Modul,Praedikat,Stelligkeit) :-
        % Das Prädikat ist noch nicht abgespeichert:
        assertz(definiert(Praedikat,Stelligkeit,[Modul])).


sucheKonflikte :-
        definiert(P,S,M), untersuche(P,S,M).
sucheKonflikte.


untersuche(Praedikat,Stelligkeit,[Modul]) :- !, fail.
untersuche(Praedikat,Stelligkeit,Module) :-
        % Das Praedikat ist in mehreren Moduln definiert:
        write('Praedikat "'), write(Praedikat), write('/'),
        write(Stelligkeit), write('" ist definiert in:'), nl,
        listeModule(Module), !, fail.


listeModule([]).
listeModule([M|Module]) :-
        write('Modul '), write(M), nl,
        listeModule(Module).
```

Übungsaufgabe 9.1:

```prolog
satz --> [a,b].
satz --> [a], satz, [b].
```

Literatur zu Prolog:

Die Literatur zu Prolog ist sehr umfangreich, insbesondere existieren viele Artikel, die sich mit Teilproblemen von Prolog beschäftigen. Hier sind nur die wichtigsten Bücher, die sich umfassend mit Prolog bzw. der logischen Programmierung beschäftigen, angegeben. In diesen Büchern findet man auch detailliertere Literaturangaben zu Prolog.

Bratko, I.:
  Prolog Programming for Artificial Intelligence
  Addison-Wesley, Reading (Mass.), 1986

Clocksin, W.F., Mellish, C.S.:
  Programming in Prolog
  Springer-Verlag, Berlin Heidelberg New York, 1981

Hogger, C.J.:
  Introduction to Logic Programming
  Academic Press, London, 1984

Kluźniak, F., Szpakowicz, S.:
  Prolog for Programmers
  Academic Press, London, 1985

Lloyd, J.W.:
  Foundations of Logic Programming
  Springer-Verlag, Berlin Heidelberg New York Tokyo, 1984

Sterling, L., Shapiro, E.:
  The Art of Prolog
  MIT Press, Cambridge (Mass.) London, 1986

Stichwortverzeichnis:

Anmerkung: Vordefinierte Prädikate sind im Stichwortverzeichnis in der Form "name /s" aufgenommen, wobei "name" der Prädikatname und "s" die Stelligkeit des Prädikats ist.

MikroComputer-Praxis Fortsetzung

Die Teubner Buch- und Diskettenreihe für
Schule, Ausbildung, Beruf, Freizeit, Hobby

Klingen/Liedtke: **Programmieren mit ELAN**
207 Seiten. DM 24,80

Könke: **Lineare und stochastische Optimierung mit dem PC**
157 Seiten. DM 26,80

Koschwitz/Wedekind: **BASIC-Biologieprogramme**
191 Seiten. DM 24,80

Lehmann: **Fallstudien mit dem Computer**
Markow-Ketten und weitere Beispiele aus der Linearen Algebra
und Wahrscheinlichkeitsrechnung
256 Seiten. DM 24,80

Lehmann: **Lineare Algebra mit dem Computer**
285 Seiten. DM 24,80

Lehmann: **Projektarbeit im Informatikunterricht**
Entwicklung von Softwarepaketen und Realisierung in PASCAL
236 Seiten. DM 24,80

Löthe/Quehl: **Systematisches Arbeiten mit BASIC**
2. Aufl. 188 Seiten. DM 24,80

Lorbeer/Werner: **Wie funktionieren Roboter**
2 Aufl. 144 Seiten. DM 24,80

Mehl/Nold: **d BASE III Plus in 100 Beispielen**
In Vorbereitung

Mehl/Stolz: **Erste Anwendungen mit dem IBM-PC**
284 Seiten. DM 26,80

Menzel: **BASIC in 100 Beispielen**
4. Aufl. 244 Seiten. DM 25,80

Menzel: **Dateiverarbeitung mit BASIC**
237 Seiten. DM 28.80

Menzel: **LOGO in 100 Beispielen**
234 Seiten. DM 25,80

Mittelbach: **Simulationen in BASIC**
182 Seiten. DM 24,80

Mittelbach/Wermuth: **TURBO-PASCAL aus der Praxis**
219 Seiten. DM 24,80

Nievergelt/Ventura: **Die Gestaltung interaktiver Programme**
124 Seiten. DM 24,80

Ottmann/Schrapp/Widmayer: **PASCAL in 100 Beispielen**
258 Seiten. DM 26,80

Otto: **Analysis mit dem Computer**
239 Seiten. DM 24,80

v. Puttkamer/Rissberger: **Informatik für technische Berufe**
Ein Lehr- und Arbeitsbuch zur programmierbaren Mikroelektronik
284 Seiten. DM 24,80

Weber: **PASCAL in Übungsaufgaben**
Fragen, Fallen, Fehlerquellen
152 Seiten. DM 23,80

Preisänderungen vorbehalten